全国高职高专新能源类"十三五"精品规划教材

风电场建设基础

主　编　张振伟
副主编　方占萍　程明杰　张　康　冯黎成

中国水利水电出版社
www.waterpub.com.cn

内 容 提 要

本书按照"基于工作过程情境化教学"模式，基于不同地形风电场的建设过程与内容编写而成，内容包括风资源的测量与评估、风电场的选址、风力发电机组的选型、风力发电机组布置、风力发电机组的现场安装、风电场的工程施工、风电场的运营管理等七个学习情境。

本书是高职高专教育三年制风电类专业教材，也适合于成人教育、中等职业学校风电类专业、风电企业新员工培训使用，同时可供风电场的设计、施工、运行、维护和管理等工程技术人员参考。

图书在版编目（CIP）数据

风电场建设基础 / 张振伟主编. -- 北京 : 中国水利水电出版社，2016.1（2021.1重印）
全国高职高专新能源类"十三五"精品规划教材
ISBN 978-7-5170-3891-7

Ⅰ．①风… Ⅱ．①张… Ⅲ．①风力发电－发电厂－高等职业教育－教材 Ⅳ．①TM62

中国版本图书馆CIP数据核字（2016）第028704号

书　　名	全国高职高专新能源类"十三五"精品规划教材 **风电场建设基础**	
作　　者	主编　张振伟　副主编　方占萍　程明杰　张康　冯黎成	
出版发行	中国水利水电出版社 （北京市海淀区玉渊潭南路1号D座　100038） 网址：www. waterpub. com. cn E-mail：sales@waterpub. com. cn 电话：（010）68367658（营销中心）	
经　　售	北京科水图书销售中心（零售） 电话：（010）88383994、63202643、68545874 全国各地新华书店和相关出版物销售网点	
排　　版	中国水利水电出版社微机排版中心	
印　　刷	天津嘉恒印务有限公司	
规　　格	184mm×260mm　16开本　17.75印张　421千字	
版　　次	2016年1月第1版　2021年1月第3次印刷	
印　　数	4001—6000册	
定　　价	**48.00元**	

前　言

　　风能是清洁的可再生能源，风力发电是新能源领域中技术最成熟、最具规模化开发条件和商业化发展前景的发电方式之一。发展风电对于调整能源结构、减轻环境污染等方面有着非常重要的意义。近年来，世界风电装机容量以年均30％以上的速度快速增长，风电技术日渐成熟，单机容量不断增大，发电成本大幅降低。同时我国风电产业也呈现快速大规模发展趋势，陆上风电场大规模建设，海上风电场建设规模也逐步扩大，展现了良好的发展前景。

　　为适应风电产业快速发展，促进风电类专业建设，做好高职院校风电类专业精品课程建设，培养风电场建设技术人员，提高风力发电机组安装质量，规范施工工艺，推进技术创新，本书编者根据国内有关风电场工程施工实际、有关设计及设备资料，结合传统的电力建设、施工、建立、验收、风电场管理等通用经验，并参考有关文献、报告，同时与企业合作，较好地利用了金风科技股份有限公司、东方汽轮机有限公司等风电企业的技术资源，参照行业标准、职业标准，结合企业典型工作任务，体现工学结合思想，按企业实际工作过程组织内容，且符合高职教育理念，编写了此书。

　　本书的编写紧紧围绕培养风电类专业高级技术应用型专门人才开展工作，注重针对性和实用性，注重内容和体系的改革，注重方法和手段的改革，完全体现了校企合作、工学结合的特点，遵循"以就业为导向，以任务引领、项目主导"，突显岗位技能要求，提升实践操作技能，为风电专业类学生可持续发展和创新能力的提高打下坚实的基础。

　　本书的编写分工如下：学习情境一、学习情境二、学习情境六由张振伟编写，学习情境三由程明杰编写，学习情境四由张康编写，学习情境五由方占萍编写，学习情境七由冯黎成编写。全书由张振伟统稿。

　　本书编写过程中得到了金风科技股份有限公司、航天万源风电设备制造公司、东方汽轮机有限公司等企业工程技术人员的大力支持和帮助，他们对本书的编写提出了很多宝贵意见，在此一并表示感谢！

由于编者水平有限，时间仓促，书中内容难免有不足和疏误，敬请读者批评指正。

作 者

2015 年 11 月

目 录

前言

学习情境一　风资源的测量与评估

任务一　平坦地形风资源的测量与评估

学习目标：

1. 了解风的形成。
2. 掌握测风系统的组成、工作原理、系统类型与设备功能。
3. 熟悉风资源的测量过程，学会正确使用各测风仪器设备。
4. 掌握测风数据的验证、计算、订正处理。
5. 学会风能资源的统计计算与评估。

风资源的形成受多种自然因素的影响，特别是天气气候背景及地形和海陆对风资源的形成有着至关重要的影响。由于风能在空间分布分散，时间分布具有不稳定和不连续性，风速对天气气候非常敏感。尽管如此，风能资源在时间和空间分布上仍存在着很强的地域性和时间性。中国风能资源丰富且主要分布在东北、西北、华北、江苏沿海及岛屿，在一些特殊地形或湖岸地区呈孤岛式分布。

要研究风能利用的发展前景，则需要对它的总储量进行科学的估算。风能的大小即计算气流所具有的动能，与气流通过的面积、空气密度和气流速度的立方成正比。要评价一个地区风能的潜力，需要分析当地的风况。风况是影响风力发电经济性的一个重要因素。风能资源的测量与评价是建设风电场成败的关键所在。

随着风力发电技术的不断完善，根据国内外大型风电场的开发建设经验，为保证风力发电机组稳定高效地运行，达到预期目的，风电场场址必须具备较丰富的风能资源。由此，对风能资源进行详细的勘测和研究越来越被人们所重视。风能资源评价主要是以现有测风塔和气象台站的测风数据为基础，通过整理、分析，对目标地区（区域）风况分布和风能资源的大小进行评价。

基于大型风电场的建设，要对预建风电场区域的风资源进行测量统计计算和评估，判定风资源是否满足风力发电场的建设要求和条件。

一、风能资源测量与评估的理论基础

（一）风的形成

风是人类最熟悉的一种自然现象，风无处不在。太阳辐射造成地球表面大气层受热不均，引起大气压力分布不均。在不均压力作用下，空气沿水平方向运动就形成了风。尽管大气运动很复杂，但大气运动始终遵循着大气动力学和热力学变化的规律。

1. 大气环流

风的形成是空气流动的结果。空气流动的原因是地球绕太阳运转，由于日地距离和方位不同，地球上各纬度所接受的太阳辐射强度也就各异。在赤道和低纬地区与极地和高纬地区相比太阳辐射强度强，地面和大气接受的热量多，因而温度高。这种温差形成了南北间的气压梯度，在北半球等压面向北倾斜，空气向北流动。

由于地球自转形成的地转偏向力称作科里奥利力，简称偏向力或科氏力。在此力的作用下，北半球使气流向右偏转，南半球使气流向左偏转。所以，地球大气的运动，除受到气压梯度力的作用外，还受地转偏向力的影响。地转偏向力在赤道为零，随着纬度的增高而增大，在极地达到最大。

当空气由赤道两侧上升向极地流动时，开始因地转偏向力很小，空气基本受气压梯度力影响，在北半球，由南向北流动，随着纬度的增加．地转偏向力逐渐加大，空气运动也就逐渐地向右偏转，即逐渐转向东方。在纬度30°附近，偏角到达90°，地转偏向力与气压梯度力相当，空气运动方向与纬圈平行，所以在纬度30°附近上空，赤道来的气流受到阻塞而聚积，气流下沉，形成这一地区地面气压升高，即副热带高压。

副热带高压下沉气流分为两支。一支从副热带高压向南流动，指向赤道。在地转偏向力的作用下，北半球吹东北风，南半球吹东南风，风速稳定且不大，约3～4级，即信风，所以在南北纬30°之间的地带称为信风带。这一支气流补充了赤道上升气流，构成了一个闭合的环流圈，称此为哈德来（Hadley）环流，也称为正环流圈。此环流圈南面上升，北面下沉。另一支从副热带高压向北流动的气流，在地转偏向力的作用下，北半球吹西风，且风速较大，这就是所调的西风带。在北纬60°附近处，西风带遇到了由极地向南流来的冷空气，被迫沿冷空气上面爬升，在北纬60°地面出现一个副极地低压带。

副极地低压带的上升气流到了高空又分成两股：一股向南，一股向北。向南的一股气流在副热带地区下沉，构成一个中纬度闭合圈，正好与哈德来环流流向相反，此环流圈北面上升、南面下沉，所以称为反环流圈，也称费雷尔（Ferrel）环流圈。向北的一股气流从上升到达极地后冷却下沉，形成极地高压带，这股气流补偿了地面流向副极地带的气流，而且形成了一个闭合圈，此环流圈南面上升、北面下沉，且与哈德来环流流向类似的环流圈，因此也称为正环流。在北半球，此气流由北向南，受地转偏向力的作用，吹偏东风，在60°～90°之间，形成了极地东风带。

综上所述，在地球上由于地球表面受热不均形成地面与高空的大气环流。各环流圈伸屈的高度，以热带最高，中纬度次之，极低最低，这主要由于地球表面增热程度随纬度增高而降低的缘故。这种环流在地球白转偏向力的作用下，形成了赤道到纬度30°环流圈（哈德来环流）、北纬30°～60°环流圈和纬度北纬60°～90°环流赤道圈，这便是著名的"三圈环流"，如图1-1-1所示。

当然，"三圈环流"仍是一种理论的环流模型。由于地球上海陆分布不均匀，因此，实际的环流比上述情况要复杂得多。

2. 季风环流

在一个大范围地区内，它的盛行风向或气压系统有明显的季节变化，这种在一年内随着季节不同而有规律转变风向的风称为季风。季风盛行地区的气候又称季风气候。

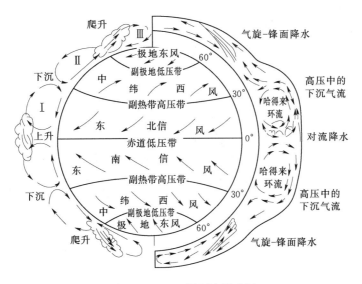

图 1-1-1　三圈环流示意图

季风明显的程度可用一个定量的参数来表示，称为季风指数。地面冬夏盛行风向之间的夹角在 120°～180°之间称为季风，季风指数采用 1 月和 7 月盛行风向出现的频率 F_1 和 F_2 表示为

$$I = \frac{(F_1 + F_7)}{2}$$

当 $I > 40\%$ 为季风区（1 区），$I = 40\% \sim 60\%$ 为较明显季风区（2 区），$I > 60\%$ 为明显季风区（3 区）。亚洲东部的季风主要包括我国的东部、朝鲜、日本等地区；亚洲南部的季风以印度半岛最为显著，这是世界闻名的印度季风。

我国位于亚洲的东南部，所以东亚季风和南亚季风对我国天气气候变化都有很大影响。

形成我国季风环流的因素很多，主要包括海陆分布、行星风带位置的季节转换以及地形特征等。

（1）海陆分布对我国季风的作用。海洋的热容量比陆地大得多，冬季陆地比海洋冷，大陆气压高于海洋，气压梯度力自大陆指向海洋，风从大陆吹向海洋；夏季则相反，陆地很快变暖，海洋相对较冷，陆地气压低于海洋，气压梯度力由海洋指向大陆，风从海洋吹向大陆。我国东临太平洋，南临印度洋，冬夏的海陆温差大，所以季风明显。

（2）行星风带位置的季节转换对我国季风的作用。地球上存在着 5 个风带，即信风带、盛行西风带、极地东风带，这 5 个风带在南半球和北半球对称分布，在北半球的夏季都向北移动，而冬季则向南移动。冬季西风带的南缘地带，夏季可以变成东风带，因此，冬夏盛行风就会发生 180°的变化。冬季我国主要在西风带影响下，强大的西伯利亚高压笼罩着全国，盛行偏北气流。夏季西风带北移，我国在大陆热低压控制之下，副热带高压也北移，盛行偏南风。

（3）地形特征对我国季风的作用。青藏高原占我国陆地的 1/4，平均海拔在 4000m 以上，对应于周围地区具有热力作用。在冬季，高原上温度较低，周围大气温度较高，这样形成下沉气流，从而加强了地面高压系统，使冬季风增强；在夏季，高原相对于周围自由大气是一个热源，加强了高原周围地区的低区系统，使夏季风得到加强。另外，在夏季，西南季风由孟加拉湾向北推进时，沿着青藏高原东部的南北走向的横断山脉流向我国的西南地区。

3. 局地环流

（1）海陆风。海陆风的形成与季风相同，也是大陆与海洋之间的温度差异的转变引起的。不过海陆风的范围小，以日为周期，势力也薄弱。

由于海陆物理属性的差异，造成海陆受热不均，白天陆上增温比海洋快，空气上升，而海洋上空气温相对较低，使地面有风自海洋吹向大陆，补充大陆地区上升气流，而陆上的上升气流流向海洋上空而下沉，补充海上吹向大陆气流，形成一个完整的热力环流；夜间环流的方向正好相反，所以风从陆地吹向海洋。将这种白天风从海洋吹向大陆称海风，夜间风从陆地吹向海洋称陆风，故将在1d中海陆之间的周期性环流总称为海陆风（图1-1-2）。

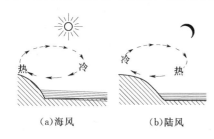

图1-1-2　海陆风形成示意

海陆风的强度在海岸最大，随着离岸距离的增大而减弱，一般影响距离在20～50km左右。海风的风速比陆风大，在典型的情况下，风速可达4～7m/s。而陆风一般仅2m/s左右。海陆风最强烈的地区，发生在温度日变化最大及昼夜海陆温度最大的地区。低纬度日射强，所以海陆风较为明显，尤以夏季为甚。

此外，在大湖附近同样日间有风自湖面吹向陆地称为湖风，夜间自陆地吹向湖面称为陆风，合称湖陆风。

（2）山谷风。山谷风的形成原理跟海陆风类似。白天，山坡接受太阳光热较多，空气增温较多；而山谷上空同高度上的空气因离地较远，增温较少。于是山坡上的暖空气不断上升，并从山坡上空流向谷地上空，谷底的空气则沿山坡向山顶补充，这样便在山坡与山谷之间形成一个热力环流。下层风由谷底吹向山坡，称为谷风。到了夜间，山坡上的空气受山坡辐射冷却影响，空气降温较多；而谷地上空，同高度的空气因离地面较远，降温较少。于是山坡上的冷空气因密度大，顺山坡流入谷地，谷底的空气因会合而上升，并从上面向山顶上空流去，形成与白天相反的热力环流。下层风由山坡吹向谷地，称为山风。白天风从山谷吹向山坡的风称为谷风；到夜间，风自山坡吹向山谷，这种风称为山风。山风和谷风又总称为山谷风（图1-1-3）。

山谷风一般较弱，谷风比山风大一些，谷风一般为2～4m/s，有时可达6～7m/s，谷风通过山隘时，风速加大。山风一般仅1～2m/s，但在峡谷中，风力还能增大一些。

（二）风力等级

风力等级是风速的数值等级，它是表示风强度的一种方法，风越强，数值越大。用风速仪测得的风速可以套用为风级，同时也可目测海面、陆地上物体征象估计风力等级。

1. 风级

风力等级（简称风级）是根据风对地面或海面物体影响而引起的各种现象，按风力的

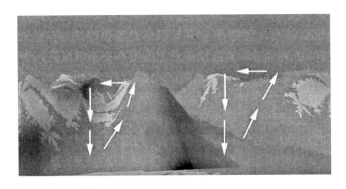

图 1-1-3　山谷风形成示意图

强度等级来估计风力的大小。国际上采用的系英国人蒲福（Francis Beaufort，1774—1859）于 1805 年所拟定的风力等级，故又称"蒲福风级"。蒲福风级从静风到飓风共分 13 级。自 1946 年以来，人们又对蒲福风级做了一些修订，由 13 级变为 17 级，见表 1-1-1。

表 1-1-1　　　　　　　　　　　　　蒲福（Beaufort）风级表

风力等级	名　称		相当于平地十米高处的风速/(m/s)		陆上地物征象	海面和渔船征象	海面大概的波高/m	
	中文	英文	范围	中数			一般	最高
0	静风	calm	0.0～0.2	0	静、烟直上	海面平静	—	—
1	轻风	light air	0.3～1.5	1	烟能表示风向，树叶略有动摇	微波如鱼鳞状，没有浪花，刚好能使舵	0.1	0.1
2	轻风	light breeze	1.6～3.3	2	人面感觉有风，树叶有微响，旗子开始飘动，高的草开始摇动	小波，波长尚短，但波形显著，波峰光亮但部破裂。渔船张帆时，可随风移行 1.86～3.71km/h	0.2	0.3
3	微风	centle breeze	3.4～5.4	4	树叶及小枝摇动不息，旗子展开。高的草，摇动不息	小波加大，波峰开始破裂；浪沫光亮，有时可有散见的白浪花。渔船开始簸动	0.6	1.0
4	和风	moderate breeze	5.5～7.9	7	能吹风地面灰尘和纸张，树枝动摇。高的草呈波浪起伏	小波，波长变长；白波成群出现。渔船满帆的时可使船身倾于一侧	1.0	1.5
5	清劲风	fresh breeze	8.0～10.7	9	有叶的小树摇摆，内陆的水面有小波。高的草波浪起伏明显	中浪，具有较显著的长波形状；许多波浪形成（偶有飞沫）。渔船需缩船一部分	2.0	2.5
6	强风	stong breeze	10.8～13.8	12	大树枝摇动，电线呼呼有声，撑伞困难。高的草不时倾于地	轻度大浪开始形成；到处都有更大的白沫峰（有时有些飞沫）。渔船缩船大部分	3.0	4.0

续表

风力等级	名　称		相当于平地十米高处的风速/(m/s)		陆上地物征象	海面和渔船征象	海面大概的波高/m	
	中文	英文	范围	中数			一般	最高
7	疾风	near gale	13.9～17.1	16	全树摇动，大树枝弯下来，迎风前行感觉不便	轻度大浪，碎浪而成白沫沿风向呈条状。渔船不再出港，在海者下锚	4.0	5.5
8	大风	gale	17.2～20.7	19	可折毁小树枝，人迎风前行感觉阻力甚大	有中度的大浪，波长较长，波峰边缘开始破碎成飞沫片；白沫沿风向明显的条带。所有近海渔船都要靠港，停留不出	5.5	7.5
9	烈风	stong gale	20.8～24.4	23	草房遭受破坏，屋瓦被掀起，大树枝可折断	狂浪，沿风向白沫呈浓密的条带状，波峰开始翻滚，飞沫可影响能见度。机帆船航行困难	7.0	10.0
10	狂风	storm	24.5～28.4	26	树枝可被吹到，一般建筑物遭破坏	狂浪，波峰长而翻卷；白沫成片出现，沿风向呈白沫浓密条带；整个海面颠簸加大的振动感，能见度受影响。机帆船航行颇危险	9.0	12.5
11	暴风	violent storm	28.5～32.6	31	大树可被吹倒，一般建筑物遭严重破坏	异常狂涛（中小船只可一时隐没在浪后）；海面完全被沿风向吹出的白沫片所掩盖；波浪到处破成泡沫，能见度受影响。机帆船遇之极危险	11.5	16.0
12	飓风	hurricane	＞32.6	＞33	陆上少见，其推毁力极大	空中充满了白色的浪花和飞沫；海面完全变白，能见度严重受到影响	14.0	—
13			37.0～41.4					
14			41.5～46.1					
15			46.2～50.9					
16			51.0～56.0					
17			56.1～61.2					

注　13～17 级风力是当风速可以用仪器测定时使用，故未列特征。

2. 风速与风级的关系

除查表外，还可以通过风速与风级之间的关系来计算风速，即

$$\overline{v}_N = 0.1 + 0.824 N^{1.505}$$

式中　N——风的级数；

　　　$\overline{v}_N$——N 级风的平均风速，m/s。

如已知风的级数 N，即可算出平均风速 $\overline{v}_N$。

N 级风的最大风速 $\overline{v}_{N,max}$ 的计算式为

$$\overline{v}_{N,\max}=0.2+0.824N^{1.505}+0.5N^{0.56}$$

N 级风的最小风速 $\overline{v}_{N,\min}$ 的计算式为

$$\overline{v}_{N,\min}=0.824N^{1.505}-0.056$$

（三）测风系统

风电场选址时，当采用气象台、站所提供的统计数据时，往往只是提供较大区域内的风能资源情况，而且其采用的测量设备精度也不一定能满足风电场微观选址的需要。因此，一般要求对初选的风电场选址区用高精度的自动测风系统进行风的测量。

1. 测风系统的组成

自动测风系统主要由六部分组成，包括传感器、主机、数据存储装置、电源、安全与保护装置。

传感器分风速传感器、风向传感器、温度传感器（即温度计）和气压传感器。输出信号为频率（数字）或模拟信号。

主机利用微处理器对传感器发送的信号进行采集、计算和存储，由数据记录装置、数据读取装置、微处理器、就地显示装置组成。

由于测风系统安装在野外，因此数据存储装置（数据存储盒）应有足够的存储容量，而且为了野外操作方便，采用可插接形式。一般，系统工作一定时间后，将已存有数据的存储盒从主机上替换下来，进行风能资源数据分析处理。

测风系统电源一般采用电池。为提高系统工作可靠性，应配备一套或两套备用电源，如太阳能光电板等。主电源和备用电源互为备用，当出现某一故障时可自动切换。对有固定电源地段（如地方电网），可利用其为主电源，但也应配备一套备用电源。

由于系统长期工作在野外，输入信号可能会受到各种干扰，设备会随时遭受破坏，如恶劣的冰雪天气会影响传感器信号、雷电天气干扰传输信号出现误差，甚至毁坏设备等，因此，一般在传感器输入信号和主机之间增设保护和隔离装置，从而提高系统运行可靠性。另外，测风设备应远离居住区，并在离地面一定高度区内采取措施进行保护以防人为破坏，主机箱应严格密封，防止沙尘进入。

总之，测风系统应具有较高的性能和精度，防止自然灾害和人为破坏和保护数据安全准确的功能。

风为矢量，既有大小，又有方向。风的测量包括风向测量和风速测量。风向测量是指测量风的来向，风速测量是测量单位时间内空气在水平方向上所移动的距离。

2. 风向测量

风向一般用 16 个方位表示，即北东北（NNE）、东北（NE）、东东北（ENE）、东（E）、东东南（ESE）、东南（SE）、南东南（SSE）、南（S）、南西南（SSW）、西南（SW）、西西南（WSW）、西（W）、西西北（WNW）、西北（NW）、北西北（NNW）、北（N）。静风记为 C。

风向也可以用角度来表示，以正北为基准，顺时针方向旋转，东风为 $90°$，南风为 $180°$，西风为 $270°$，北风为 $360°$，如图 1-1-4 所示。

各种风向的出现频率通常用风向玫瑰图来表示。风向玫瑰图是在极坐标图上点出某年或某月各种风向出现的频率，称为风向玫瑰图，如图 1-1-5 所示。同理，统计各种风向

的风能图称为风能玫瑰图。

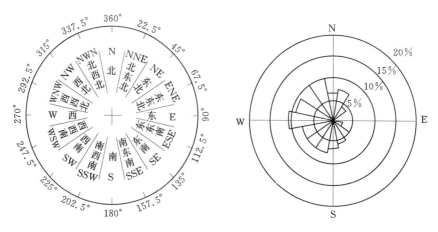

图1-1-4　风向16方位图　　　　　图1-1-5　风向玫瑰图

风向标是测量风向的最通用的装置，有单翼型、双翼型和流线型等（图1-1-6）。风向标一般是由尾翼、指向杆、平衡锤及旋转主轴四部分组成的首尾不对称的平衡装置。其重心在支撑轴的轴心上，整个风向标可以绕垂直轴自由摆动。在风的动压力作用下取得指向风的来向的一个平衡位置，即为风向的指示。传送和指示风向标所在方位的方法很多，有电触点盘、环形电位、自整角机和光电码盘4种类型，其中最常用的是码盘。

风向杆的安装方位指向正南，风速仪（风速和风向）一般安装在离地10m的高度上。

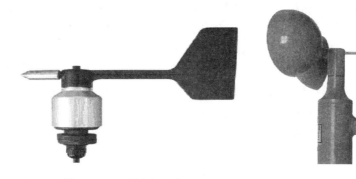

图1-1-6　风向标示意图　　　　　图1-1-7　旋转式风速计

3. 风速测量

风速是单位时间内空气在水平方向上移动的距离。风速的测量仪器有旋转式风速计、散热式风速计、超声波风速计、风廓线仪等。

（1）旋转式风速计。旋转式风速计如图1-1-7所示。它的感应部分是一个固定转轴上的感应风的组件，常用的有风杯和螺旋桨叶片两种类型。风杯旋转轴垂直于风的来向，螺旋桨叶片的旋转轴平行于风的来向。

测定风速最常用的传感器是风杯，杯形风速计的主要优点是它与风向无关，所以百余年来获得了世界上广泛的采用。

杯形风速计一般由3个或4个半球形或抛物锥形的空心杯壳组成。杯形风速计固定在互成 120°的三叉星形支架上或互成 90°的十字形支架上，杯的凹面顺着同一方向，整个横臂架则固定在能旋转的垂直轴上。

由于凹面和凸面所受的风压力不相等，在风杯受到扭力作用而开始旋转。它的转速与风速成一定的关系。推导风标转速与风速关系可以有多种途径，大都在设计风速计时要进行详细的推导。

（2）压力式风速计。压力式风速计是利用风的压力测定风速的仪器，利用流体的全压力与静压差来测定风速的大小。

压力式风速计具有双联皮托管，一个管口迎着气流的来向，它感应着气流的全压力 p_0；另一个管口背着气流的来向，因为所感应的压力 p 有抽吸作用，比静压力稍低些。两个管子所感应的有一个压力差 Δp 为

$$\Delta p = p_0 - p = \frac{1}{2}\rho v^2(1+c)$$

$$v = \left[\frac{2\Delta p}{\rho(1+c)}\right]^{\frac{1}{2}}$$

式中　ρ——空气密度，kg/m^3；

　　　v——风速，m/s；

　　　c——修正系数。

由上式可计算出风速，并可以看出 v 与 Δp 不是线性关系。

（3）散热式风速计。散热式风速计利用被加热物体的散热速率与周围空气流速的关系来测量风速。它主要适用于测量小风速，但不能测量风向。

（4）声学风速计。声学风速计是利用声波在大气中传播速度与风速间的函数关系来测量风速。在大气中传播的速度为声波传播速度与气流速度的代数和，它与气温、气压、湿度等有关。在一定距离内，声波顺风与逆风传播有一个时间差，由这个时间差，便可确定气度。

声学风速计没有转动部件，响应快，能测定沿任何指定方向的风速分量等特性，但造价太高。一般的测量风速还是用旋转式风速计。

4. 风速记录

风速记录是通过信号的转换方法来实现，一般有 4 种方法。

（1）机械式。当风速感应器旋转时，通过蜗杆带动涡轮转动，再通过齿轮系统带动指针旋转，从刻度盘上直接读出风的行程，除以时间得到平均风速。

（2）电接式。由风杯驱动的蜗杆通过齿轮系统连接到一个偏心凸轮上，风速旋转一定圈数，凸轮相当于开关，使两个接点闭合或打开，完成一次接触，表示一定的风程。

（3）电机式。风速感应器驱动一个小型发电机中的转子，输出与风速感应器转速成正比的交变电流，输送到风速的指示系统。

（4）光电式。风杯旋转轴上装有一圆盘，盘上有等距的孔，孔上面有一红外光源，正下方有一光电半导体，风杯带动圆盘旋转时，由于孔的不连续性，形成光脉冲信号，经光电半导体元件接收放大后变成电脉冲信号输出，每一个脉冲信号表示一定的风程。

5. 风速表示

各国表示速度的单位的方法不尽相同，如用 m/s、n mile/h、km/h、ft/s、mil/h 等。各种单位换算的方法见表 1-1-2。

表 1-1-2 　　　　　　　　　　　　各种风速单位换算表

单位	m/s	n mile/h	km/h	ft/s	mile/h
m/s	1	1.944	3.600	3.281	2.237
n mile/h	0.514	1	1.852	1.688	1.151
km/h	0.278	0.540	1	0.911	0.621
ft/s	0.305	0.592	1.097	1	0.682
mile/h	0.447	0.869	1.609	1.467	1

风速大小与风速计安装高度和观测时间有关。

各国基本上都以 10m 高度处观测为基准，但取多长时间的平均风速不统一，有取 1min、2min、10min 平均风速，有取 1h 平均风速，也有取瞬时风速等。

我国气象站观测时有三种风速：一日 4 次定时 2min 平均风速，自记 10min 平均风速和瞬时风速。风能资源计算时，都用自记 10min 平均风速。安全风速计算时用最大风速（10min 平均最大风速）或瞬时风速。

在实际风电场建设中会用到以下几种风速：

（1）3s 平均风速。在风机运行过程中，只要检测到 3s 内的平均风速超出了风机的最大切出风机，风机就会停机。

（2）10min 平均风速。风机在启动过程中，只要 10min 的平均分速达到风机的切入风速，风机就会启动。

（3）年平均风速。根据年平均风速，可以得出该地区的风资源是否丰富，是否具有开发风电场的意义。

（4）有效风速。风机在启动和停机之间的风速。

（四）风资源测量与评估的通用方法

风能资源评估方法可分为统计分析方法和数值模拟方法两类。其中统计分析方法又可分为基于气象站历史观测资料的统计分析方法和基于测风塔观测资料的统计分析方法两种。我国目前主要采用基于气象站历史观测资料的统计分析方法和数值模拟方法对风能资源进行评估。

在一个给定的地区内调查风能资源时可以划分为 3 种基本的风能资源评估的规模或阶段：区域的初步识别、区域风能资源估计和微观选址。

1. 区域的初步识别

区域的初步识别是从一个相对大的区域中筛选合适的风能资源区域，筛选是基于气象站测风资料、地貌、被风吹得倾向一侧的树木和其他标志物等。在这个阶段，可以选择新的测风位置。

2. 区域风能资源估计

区域风能资源估计阶段采用测风计划以表征一个指定区域或一组区域的风能资源，这些区域已经考虑要发展风电。在这个规模上测风最基本的目标是：①确定和验证该区域内是否存在充足的风能资源，以支持进一步的具体场址调查；②比较各区域以辨别相对发展潜力；③获得代表性资料来估计选择的风电机组的性能及经济性；④筛选潜在的风电机组安装场址。

3. 微观选址

风能资源评估的第三步是微观选址，用来为一台或更多风电机组定位，以使风电场的全部电力输出最大，风电机组排布最佳。

（五）风能资源测量与评估程序与步骤

1. 风资源测量与评估程序

风能资源评估的目标是确定该区域是否有丰富（或者较好）的风能资源，通过数据估算选择合适的风电机组，提高经济性，并为微观选址提供依据。风能资源测评程序如图1-1-8所示。

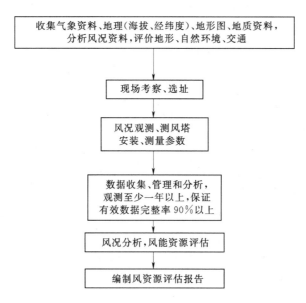

图 1-1-8　风能资源测量与评估程序

2. 测风步骤

现场测风的目的是获取准确的风电场选址区的风况数据，要求数据具有代表性、精确性和完整性。因此，应制定严格的测风计划和步骤。

（1）制定测风原则。为了能够确定在各种时间和空间条件下风能变化的特性，需要测量风速、风向及其湍流特性；为进行风力发电机组微观选址，根据建设项目规模和地形地貌，需要确定测风点及塔的数量、测风设备的数量。测风时间应足够长，以便分析风能的日变化和年变化，还应借助与风电场有关联的气象台、站长期记录数据以分析风的年际变化。

测风时间应连续，至少一年以上。连续漏测时间应不大于全年的5%。有效数据不得少于全部测风时间的90%。采样时间为1s，每10min计算有关参数并进行记录。

（2）测风设备选定。选用精度高、性能好、功耗低的自动测风设备，并具有抗自然灾害和人为破坏、保护数据安全准确的功能。

（3）确定测风方案。测风方案依测风的目的可分为短期临时测风方案和长期测风方案。短期临时测风方案可设立临时测风塔，测风高度一般为 10m 高度和预计轮毂高度；长期测风方案则需设立固定的多层塔，测风塔一般要求具有上、下直径相等的拉线塔，伸出的臂长是塔身直径的 6 倍以上，但有的预选风电场是用自立式（衍架式结构）塔，下粗上细，臂长要求是塔身直径 3 倍以上，而实际上很难做到，因此，由于塔身对风的绕流的影响，也可造成风速不准确。测风高度一般为 10m、30m、50m、70m。

对于复杂地形，需增设测风塔及测风设备数量，视现场具体情况定，每个风电场应安装一个温度传感器和一个气压传感器。安装高度为 2～3m。

（4）测风位置确定。测风塔应尽量设立在能够代表并反映风电场风况的位置。测风应在空旷的开阔地进行，尽量远离高大树木和建筑物。在选择位置时应充分考虑地形和障碍物影响。最好采用 1∶10000 比例地图或详细的地形图确定测风塔位置。如果测风塔必须位于障碍物附近，则在盛行风向的下风向与障碍物的水平距离不应少于该障碍物高度的 10 倍；如果测风塔必须设立在树木密集的地方，则至少应高出树木顶端 10m。塔的数量依地形和项目的规模而定。为进行精确的风力发电机组微观选址，在平坦地区，测风塔的数量一般不能少于 2 座；在地形较复杂的地区，有条件应增至 4～8 座。

（5）测风数据文件的记录。记录内容包括数据文件名称、采集开始和结束时间、测风塔编号、海拔及经纬度等。

（6）测风数据的提取、存储和保存。测风数据提取后，每次以文件形式保存并对其进行编号，记录编号内容，包括数据文件名称、数据采集开始及结束时间、风电场所在地名称、风电场名称、测风塔编号、测风塔海拔及经纬度等。

（六）我国风资源测量与评价标准

我国现有的关于风资源测量与评价的相关标准如下：

（1）GB/T 18709—2002《风电场风能资源测量方法》。为适应中国风电场开发建设的需要，规范风能资源测量方法而制定的。标准是在总结我国风电场开发建设中风能资源测量方法的基础上，参考国外有关标准编制而成。

标准中规定了风电场进行风能资源测量的方法，包括测量位置、测量参数、测量仪器及其安装、测量和数据采集，标准适用于拟开发和建设的风电场风能资源的测量。

（2）GB/T 18710—2002《风电场风能资源评估方法》。本标准规定了评估风能资源应收集的气象数据、测风数据的处理及主要参数的计算方法、风功率密度的分级、评估风能资源的参考判据、风能资源评估报告的内容和格式，适用于风电场风能资源评估。

（3）《全国风能资源评价技术规定》。本规定介绍测风宏观选址方法、风电场联网条件、交通运输和施工安装条件、工程地质条件等。

（4）《风电场风能资源测量和评估技术规定》。为加强风电场风能资源测量和评估技术管理，统一和规范工作内容、方法和技术要求，提高工作成果质量，根据 GB/T 18709—2002《风电场风能资源测量方法》和 GB/T 18710—2002《风电场风能资源评估方法》，中国水电工程顾问集团公司作为"加速中国可再生能源商业化能力建设项目"中数据处理和风资源评估的承担单位制定了《风电场风能资源测量和评估技术规定》。

该规定适用于规划建设的大型风电场项目，其他风电场项目可参照执行。规定中给出了测风塔位置和数量的确定原则，明确了测量参数，提出了对测量设备及其安装的要求，对数据的采集及质量控制也做出了规定。

（5）《风电场场址选择技术规定》。该规定介绍了风能资源测量时场址选择的内容、深度和技术要求。第三条明确提出了使用现有的气象数据作为风能资源评价的依据，规定中还给出了数据不足和地形复杂地区判断风能资源是否丰富的定性分析方法。

二、测风仪器设备的使用及测风数据处理

风能资源评估项目所采用的仪器应满足所有数据测量规范。例如，设备应在整个测量过程中在规定高度可靠地测量所选参数，并且保证规定水平的数据完整率和准确性。它还应该适应要进行测风地点的环境（如极端天气、沙尘、盐碱）和距离的遥远（如数据是手工提取还是通过通信连接）。设备还应经过检验，价位合理，并易于应用。

本任务描述了一个风能资源测站的设备组成，详述了测站的主要部件（如传感器、塔架和数据采集器）及辅助部件，如电源、电缆、接地、数据存储设备、软件和通信系统。

（一）测量参数

1. 基本参数

测量项目的核心是收集风速、风向和气温数据。使用这些指定的参数，以获得评估风能开发可行性时所需与资源有关的基本资料。

（1）风速。风速数据是场址风能资源的最重要的指标，推荐在多个高度测量，以确定场址的风切变特性，进行风电机组在几个轮毂高度的性能模拟，同时多个高度的测量数据可以互为备用。

（2）风向。要确定盛行风向，应在全部有意义的高度设置风向标，风向频率资料对确定更好的地形和方向，以及优化风电机组在风电场内的布置很重要。

（3）气温。空气温度是风电场运行环境的一个重要表征，通常测量高度或者接近地面（2～3m），或者接近轮毂高度。在很多地方，近地面平均温度与轮毂高度处平均温度相差1℃以内。它也用于计算空气密度，这是估算风功率密度和风电机组功率输出所需的一个变量。

2. 可选参数

如要扩展测量范围，额外的测量参数有太阳辐射、垂直风速、温度变化和大气压。

（1）太阳辐射。当太阳辐射与风速和每天发生时间结合应用时，太阳辐射也是大气稳定性的一个指标，用于风流动的数值模拟。推荐测量高度为地面上3～4m。利用风能测量系统来测量太阳能资源，也可用于以后的太阳能评估研究。

（2）垂直风速。此参数提供了场址内湍流参数的信息，是风电机组负载状况是否良好的预测因素。为了测量垂直风速分量，使之作为风湍流的指标之一，要在较高的基本风速测量高度附近安装一台声学式风速计，但不要恰好在那个高度，以避免仪器干扰。

（3）温度随高度的变化。该项测量也称为 AT（温差），它提供了有关湍流的信息，

过去用于指示大气稳定性，需要在不干扰风测量的较高和较低的测量高度安装一套温度传感器。

（4）大气压。大气压与空气温度用于确定空气密度。大风的环境难以精确测量，因为当风吹过仪器部件时产生压力波动，压力传感器最好安装在室内。因此，多数资源评估项目并不测量大气压，而代之以当地国家气象站的相关资料，再根据海拔做调整。

3. 记录参数和采样间隔

被测参数风速、风向、气压代表了数据采集器的内部处理功能。所有参数应每 1s 或 2s 采样一次，并记录平均值，标准偏差和最大，最小值，见表 1-1-3。数据记录应自然成系列，并注明相应的时间和日期标记。

表 1-1-3   基本和可选参数表

项　目	测量参数	记　录　值
基本参数	风速/(m/s)	平均值，标准偏差，最大和最小值
	风向/(°)	平均值，标准偏差
	气温/℃	平均值，最大和最小值
可选参数	太阳辐射/(W/m²)	平均值，最大和最小值
	垂直风速/(m/s)	平均值，标准偏差
	大气压/hPa	平均值，最大和最小值
	温度变化/℃	平均值，最大和最小值

（1）平均值。应计算所有参数的 10min 平均值，这是风能测量的国际标准间隔。除风向外，平均值定义为所有样本的平均。风向的平均值应为一个单位矢量（合成矢量）值。平均数据用于报告风速变化率及风速和风向的频率分布。

（2）标准偏差。风速和风向的标准偏差定义为所有 1s 或 2s 样本在每个平均时段内的真实总量标准偏差（万）。风速和风向的标准偏差是湍流水平和大气稳定性的指标。标准偏差也在验证平均值时用于检验可疑或错误数据。

（3）最大和最小值。至少要计算每天的风速和气温的最大、最小值。最大和最小值定义为所选时段内 1s 或 2s 读数的最高和最低值。对应于最大和最小风速的风向也应当记录。

测风计划的最主要目的是收集资料，用于基本的风能资源评估。然而，进一步处理如下数据，将为风电场提供更详细的资料；应记录每 10min 的每秒风速最大值及对应的风向；应确定安装在不同高度的两台测风仪之间的风速差异；应每 10min 记录一次每秒风速差异的平均值、准偏差和最大值。

（二）传感器

1. 基本传感器

气象传感器用来测量指定的环境参数。表 1-1-4 列出了部分气象传感器的标准规格。

表1-1-4　　　　　　　　　　　　基本传感器规格表

规　格	风速计（风速）	风向标（风向）	温度计
测量范围	0～50m/s	0°～360°（≤8°为死区）	−55～60℃
启动下限	≤1.0m/s	≤1.0m/s	N/A
距离常数	≤4.0m	N/A	N/A
运行温度范围	−50～60℃	−50～60℃	−50～60℃
运行温度范围	0～100%	0～100%	0～100%
系统误差	≤3%	≤5°	≤1℃
记录分辨率	≤0.1m/s	≤1°	≤0.1℃

注　表中"N/A"表示不适用的（not applicable）。

（1）风速计。应用最普遍的测量水平风速的传感器类型有杯式风速计和螺旋桨风速计。

图1-1-9　杯式风速计　　　　图1-1-10　螺旋桨风速计

1）杯式风速计。如图1-1-9所示，杯式风速计的转换器把旋转运动转换成电信号，通过线路送至数据采集器，然后记录仪用已知的斜率和偏移（或截距）常数来计算实际风速。

2）螺旋桨式风速计。如图1-1-10所示，螺旋桨式风速计传感器需要一个转换器把螺旋桨的旋转方向（显示风向上或向下运动）和速度都转换成电信号。这个信号通常是由数据记录系统（或接口设备）分解成有极性的直流电压。极性代表旋转方向，数量值代表旋转速度，然后数据记录器应用已知的斜率和偏移计算实际垂直风速。

3）风速计的选择。尽管这两种传感器型式对风速波动的响应多少有些不同，但相对比都没有明显的优势。实际上杯式风速计是风能资源测量中最普遍应用的。选择风速计型式时，应考虑以下几点：

a.应用目的。用于低风速的测风仪，如空气污染研究，通常由轻材料制造，可能不适用于高风速或冰冻环境。

b.启动阈值。启动阈值是风速计启动和保持旋转的最小风速。对于风能资源评估目的，风速计能经受25m/s的阵风非常重要。

c.距离常数。距离常数是当风速变化时，风使风杯或螺旋桨达到稳定速度的63%的时间内空气经过风速计的距离。这是风速计对风速变化的"反应时间"，较长的距离常数通常对应着较重的风速计，当风速降低时，惯性使它们需要较长的时间慢下来。较大距离常数的风速计可能会高估风速。

d. 可靠性和维护。测风传感器是机械的，尽管大多数装有较长寿命（2 年以上）的轴承，但最终会因磨损而废弃。

风能资源测量最常用的测风传感器是 NRG Maximum 40 号三杯风速计。它有长期的可靠性和稳定性。风杯的材料是黑色聚碳酸酯塑料模塑，它被连接到一个加硬的铜铍合金轴上，通过改进的特弗龙（Teflon）轴承来旋转。此轴承配件不需维护，并在大多数环境下至少能够保持 2 年的精确度。

通常在轮毂高度使用一台备用风速计，以使主要传感器失灵造成的风速数据丢失的风险最小化。备用传感器的位置应不干扰主要传感器测风，当主要传感器处在塔架尾流中（即当风向使主要传感器恰好处于塔架的下风向时，会导致错误数据），备用传感器也可用于提供替代数据。测量开始时，备用传感器测量的结果要与紧邻的主要传感器的连续记录值比较，这种检验将明确仪器本身引起的读数差异。为保证收集的样本数量充足并代表了较大范围的风速，检验期应至少持续一周。这期间应注意风向，使

图 1 - 1 - 11　风向标

得任何一个处于塔架下风向的传感器的数据不被包括在比较范围内。对有效数据的最小平方回归分析提供了备用传感器的斜率和偏移标定常数。

（2）风向标。如图 1 - 1 - 11 所示，用风向标测量风向最普遍应用的型式是一个叶片连接到一根垂直轴上。风向标不断通过对准风向寻找力平衡的位置。大多数风向标使用电位表型式的转换器，产生与风向标位置相关的电信号。电信号通过电线传送到数据采集器，把风向标的位置联系到一个已知的参考点（通常是正北），与一个指定参考点风向标对齐（或定向）。

数据采集器提供一个已知的、经过全部电位表元件的信号电压，测量一个电刷臂接触导电元件处的电压，这两个电压间的比例确定了风向标的位置。信号被数据采集器系统解释，应用已知的斜率和偏移来计算实际的风向。从电子角度讲，线性电位表元件不能覆盖整个 360°角。"开口"区域是风向标的死区，当电刷臂处于此区时，输出信号是随机的。一些制造商在他们的数据采集器软件中对死区做了补充，以防止产生随机信号。因此，死区不应对准或接近主风向。

选择风向标时，应注意电位表开口死区的大小，它不应该超过 80°。风向标的分辨率也很重要，一些风向标将整个 360°旋转范围分成 16 个 22.5°扇区。普遍应用的风向标型号是 NRG 200P，因为它设计简单，维护要求低，是一种热塑塑料和不锈钢零件组成的负电位计。其他型号提供的性能有较高灵敏度，但价格高。

（3）空气温度传感器。如图 1 - 1 - 12 所示，典型的空气温度传感器由三部分组成，即转换器、接口设备和辐射防护罩。转换器的原材料（通常为镍或铂）电阻与温度有关。通常推荐使用的元件为热敏电阻、电阻热探测仪和半导体。电阻值通过数据采集器（或接口设备）测量，用一个已知的公式计算实际

图 1 - 1 - 12　空气温度
传感器

空气温度。转换器装在一个辐射防护罩内，以防止直接的太阳辐射。常用的防护罩是 Gill 型、多层、被动式防护罩。

2. 可选传感器

（1）太阳辐射计。太阳辐射计用来测量球状（或总强度）的太阳辐射，包括太阳直射和天空散射。通常的型式是应用光电二极管在一个固定电阻两边产生与辐射量（日射）成比例的微小电压（mV 级）。常见的有 LICOR 的 LI-200S 型，它是光电二极管传感器。另一种常用型式应用了热电堆，即一组反应辐射能量的热传感器，并产生与温度成比例的电压。数据采集器（或接口设备）测量这两种型式产生的输出电流，应用已知的斜率和偏移计算地球太阳辐射。输出电流通常非常小（$1\mu A$ 或更小）。通常，测量仪器有一个微小电阻和放大器处理信号，产生合适的输出范围。

为了测量准确，太阳辐射计应水平安装，它的吊臂伸向南方（在北半球），以防止遮挡或使遮挡最少。

（2）超声波测风仪。超声波测风仪用来测量湍流强度，其技术要求见表 1-1-5。

表 1-1-5　　　　　　　　　　超声波测风仪的技术要求

技术参数	参数取值	技术参数	取值范围
测量范围/（m/s）	0～40	运行湿度范围/%	0～100
启动下限/（m/s）	0.01	系统误差/%	$\leqslant 1\pm 0.05$m/s
运行温度范围/℃	-50～50	记录分辨率/（m/s）	0.01

（3）气压传感器。气压计测量大气压力。多数是应用一个压电传送器产生一个标准输出给数据采集器，这可能需要外部电源才能正常运行。同样，咨询数据采集器制造商来确定相配的传感器型式。

（三）数据采集器

数据采集器有不同的型式，从简单的条形图表记录器计算机的集成电子板卡，提供包括外围存储和数据传输设备的完整的数据记录系统。

数据采集器可以通过数据传输的方式分类为现场或遥控。拥有远端电话调制解调器和移动电话数据传送器的性能，无需频繁去现场就可获得和检查存储的数据。

数据采集器应是电子仪器，并能与传感器类型、传感器数量、测量参数和要求的取样和记录间隔匹配。它应安装在无腐蚀、防水和封闭的电器箱中，以保护它与外围设备不受环境影响和破坏。数据采集器应具备以下特点：

（1）能够以连续的格式存储数据值，并标明对应的时间和日期。

（2）对从传感器接收来的信号产生的误差可以忽略。

（3）内部数据存储容量至少 40d。

（4）运行的极限环境条件同表 1-1-5 所列。

（5）提供可重复使用的数据存储媒体。

（6）用电池电源运行。

（四）数据存储设备

每种电子数据采集器都有一些运行软件，用一个小的内部数据缓冲器来临时存储增量

（如每秒一次）数据。内部算法利用此缓冲器来计算和记录所要求的数据参数，数据值存储在两个内存中的某一个之中。某些数据采集器有一个不能更换的固定内部程序，其他是人机对话式的，可以为某个特定的目的编程，程序和数据缓冲器通常存储在临时内存中。它们的缺陷是需要一个连续的电源来保留数据，包含内部备用电池或用非临时性内存的数据采集器。

1. 数据处理和存储

数据加工和存储的方法要依数据采集器的选择而定。在数据保护方面，对记录器如何处理数据是非常重要的。有两种常用的记录和存储数据的方法，即环存储器和即满即止存储器。

（1）环存储器。在这种格式下，数据连续归档。然而，一旦获得的信息充满容量，最新的数据就重写在最陈旧的数据上。一定要在存储设备的内存容量充满之前取出数据。

（2）即满即止存储器。在这种配置下，内存容量充满后，就不再读取数据。在获得更多内存之前，可以有效地停止数据的记录处理。这种设备必须在更换或卸载和删除后才能读取新数据。

2. 存储设备

最常用的数据存储设备参见表1-1-6。

表1-1-6　　　　　　　　　　**最常用的数据存储设备**

存储设备	描述	内存/存储配置	下载方式/要求
固体静态模块	直接与数据采集器接口的集成电子设备	环形或即满即止临时	现场读数和删除或更换，需要读数设备和软件
数据卡	程序读写设备，插到特定的数据采集器插座	即满即止，临时/非临时	现场读数和删除或更换，需要读数设备和软件
EEPROM数据芯片	集成电路芯片	即满即止，非临时	需要EEPROM读数设备和软件
磁性介质	常见软盘或磁带	即满即止，临时/非临时	需要软件通过介质读数
便携计算机	便携式计算机	磁性介质型式	特定电缆，接口设备，需要软件

（五）数据传输设备

通常依据用户资金和要求选择数据传输和处理程序及数据采集器型号。数据一般通过手动或遥控方式取出并传送给计算机。

1. 人工数据传输

人工数据传输需要去现场传输数据。一般需要以下两步：

（1）取出和更换现有存储设备（如数据卡）或直接把数据传输到便携式计算机。

（2）把数据装载到办公室内的中心计算机。

人工数据传输的优点是促进了对设备的现场检查。缺点是加上了额外的数据处理步骤（导致数据丢失的可能性增加）和频繁的现场检查。

2. 远程数据传输

远程数据传输需要通信系统把现场数据采集器与中心计算机连接起来。通信系统包括直接电缆、调制解调器、电话线、移动电话设备或遥测设备，或一些它们的组合。这种方法的优点是可以更频繁地获取和检查数据，不必亲自去现场，而且更快地检查和解决现场问题。其缺点是成本高，购买和安装设备的周期长。但是如果测量问题能被更早检查和迅速纠正，采用远程传输是可取的。

获取远程数据有两种基本类型：第一种需要用户引入通信设备（呼出）；另一种与中心计算机联系（呼入）。两种都是以事先设定好的时间间隔为准来收取数据。第一种类型需要监视通讯系统的运行，首先建立与现场数据采集器的通信联系，下载数据，检验数据传输情况，然后删除记录器的内容。某些呼出数据采集器与计算机终端模拟软件兼容，这些软件有成批呼叫特性。通过使调制解调器事先设定的时间间隔按顺序拨号，从而为不同场址测站排序，成批呼叫与数据传输过程自动匹配。批处理程序还可以包括常规的数据检验过程。用户可与数据采集器制造商咨询，以确定他们的设备能否与这种有益的功能特性兼容。

呼入型数据采集器自动呼叫中心计算机传输数据。与呼入模式相比，呼出模式下的一台个人计算机可以与大量场址联系。在呼入模式下，每次呼叫都要分配足够的时间来完成一次常规的数据传输，对失败的传输要多次重试。移动电话式数据采集器具有易于应用、价格合理的优点。研究这种型式的系统时，要确定数据采集器所要求的最小信号强度并与实际现场测试联系起来。可以用手机在规划的场址确定信号强度和移动电话公司情况。信号弱的位置可以选择通过有较强接收功能的天线来增强。通常数据采集器供应商提供建立移动系统的指导，用户应与供应商和移动电话公司密切合作，在开始监测前解决所有问题。为避免与当地或区域移动工作网冲突，应该把资料传输安排在非高峰时间，以满足数据传输频繁地进行，并且使数据完整率达到最大化。

（六）电源供应

所有电子数据采集器系统都需要一个满足整个系统供电要求的主电源系统。为尽量减少因电源失效造成的数据丢失，还应设置备用电源。备用电源设计的目的是保护存储的数据，这可以通过在电压降到规定的低水平时关闭外围设备（调制解调器、移动电话功能和其他数据传输设备），或留出指定用于保护数据的特定电源来实现。

很多系统应选择不同的电池供电，如长寿命锂电池或不同充电方式（交流电或太阳能）的铅酸蓄电池。镍镉电池在低温下充电不良。供电电源的形式如下：

1. 交流电

交流电（通过变压器）只有在有备用蓄电池的情况下才能用作系统的直接电源。这种情况下，应该用交流电给数据采集器提供电源的蓄电池点滴式充电。一定要安装涌流/尖峰抑制设备，保护系统免于电力波动影响，另外，确定这两个系统都合理接地。

2. 铅酸电池

深度放电、凝胶型铅酸蓄电池是更好的电源。它允许反复地充电和放电，而不会明显地影响电池的蓄电容量。它还提供了超过湿铅酸蓄电池的安全余量，因为酸被包在凝胶里，不容易溢出。使用蓄电池时需要小心，以避免电池终端间短路。

3. 太阳能电池

不能获得交流电时，用太阳能充电是给铅酸电池充电的一种简便方式。

太阳能电池板必须能够在低日照的情况下（例如冬季）提供足够的电能来给蓄电池充电并且维持系统供电。作为预防，蓄电池的储备容量应能提供全系统至少一周的电力供应而无需充电。应确定太阳能电池板带有二极管进行反偏压保护，以防止蓄电池的电力在夜间流向太阳能电池板。另外，太阳能电池板必须包括电压调节器，以提供与蓄电池相容的电压并防止过度充电。

（七）塔架和传感器支撑构件

1. 塔架

安装传感器的塔架有圆筒式和桁架式两种基本型式。这两种型式都有上斜式、嵌套式和固定式。另外，这些型式或者是桅杆拉绳型，或者是自立型。在新场址，常使用圆筒式桅杆拉绳支撑的型式，因为它们容易安装（塔架装配和传感器安装及维修可在地面高度），地面准备工作较少，并且成本相对低。塔架应具备以下条件：

（1）安装高度应满足最高的测量高度。

（2）能经受该处可能发生极端情况下风和冰的载荷。

（3）结构稳定，风引起的振动最小。

（4）具有安全的拉绳和适当型式的地锚，地锚应与场址的土壤情况匹配。

（5）装备有雷电保护设备，包括避雷针、电缆和接地杆。

（6）防止故意破坏和未经许可攀登塔架。

（7）地面的所有部件要有明显标识，以避免冲撞事故。

（8）防止环境造成的腐蚀，包括海上基础。

（9）防止牲畜或其他食草动物的破坏。

2. 传感器支撑构件

传感器支撑构件包括支柱（垂直方向）和横梁（水平方向）。这两者都必须使传感器的位置离开塔架，以使塔架和横梁构件对测量参数的影响最小。传感器支持构件应具备以下条件：

（1）能经受该处可能发生极端情况下风和冰的载荷。

（2）结构稳定，风引起的振动最小。

（3）正确定向到主风向并固定于塔架。

（4）防止环境造成的腐蚀，包括海上基础。

（5）不要堵塞传感器外罩的排水孔，冰冻条件下积水膨胀可能会破坏传感器内部元件，应使用管式（中空）传感器支柱，而不是实心杆材。

（八）电线和电缆

应用电线电缆的指导原则如下：

（1）应用电压水平（典型的低电压）对应的合适等级的电线。

（2）应用带有防紫外线（UV）绝缘套管的电线。

（3）应用在场址可能发生的整个温度范围内都保持柔韧的绝缘体和导体类型。

（4）应用屏蔽式或双绞线式电缆，通常使用中仅把屏蔽电缆的屏蔽线的一端接地。

（九）接地和防雷保护

使用电子数据采集器和传感器时，接地设备特别重要。电子涌流事故，因静电放电、雷电导致的脉冲或涌流或大地的电位差在整个监测过程中都可能发生。在每种事故中，由于单个传感器失效或数据采集器熔毁，连续的数据都有中断的危险。塔架和数据采集器制造商可能提供保护系统的完整接地组件。牢记不同的地区可能有不同的需要。易于雷击的场址可能需要高水平的防护，但并不能保证对直击雷的防护。

单点接地系统如图1-1-13所示，可以使接地环造成的电势差最小。在这种系统中，下行导线通过接地杆，埋于地下的环或金属板直接连接到地（或其组合）。它的路线不经过数据采集器的接地接线柱。传感器输出线或屏蔽线经过数据采集器的通用接地接口（端子板）的电气连接到相同的接地点。地势是对应于大地的电势（电

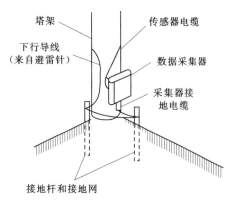

图1-1-13　单点接地系统

压）水平。典型的接地杆、环或盘是铜质的，以使放电电阻较低，其尺寸决定了与土壤的接触面积，是系统接地是否合理的关键因素，如果它们之间是电气连接，可以用三者的组合来增加接触面积。

了解土壤的阻抗特性有利于选择合适的接地系统，即单位体积的土壤（通常接近地面）对流过的电流的电阻，可以通过测量两个传导杆之间的阻抗来估计，传导杆以规定的深度和距离插入土壤。土壤阻抗越低，它提供的接地越好。低阻抗的土壤（如湿土）可以迅速消散掉两点间积累的电压，从而提供较好的接地。高阻抗的土壤（如干沙）可能产生带破坏性的高电压或电流。接地系统和土地之间的阻抗应小于100Ω。土壤阻抗可能随季节变化。早春时节、冬季的雪融化之后的值可能不能反映雷雨季节的土壤情况。另外，如果塔架在干燥气候下接地不良，可能容易发生静电放电。如果有疑问，可以用保守的方式增加保护。

1. 数据采集器和传感器接地

雷电保护装置如放电器、高电压冲击保护器和金属氧化物压敏电阻应包括在数据采集器系统中以增强接地，作为风速计和风向标电路的一部分，已经带有金属氧化物压敏电阻，如果没有也容易配备。它们的主要目的是在转移破坏性涌流电流时限制了允许到达被保护设备的尖峰涌浪电流。应该调查每个数据采集器制造商提供的保护设备，雷电多发区可能需要额外的保护设备。

2. 塔架接地

塔架上一定要安装雷电保护设备，并与地连接。一套雷电保护装备包括避雷针以及大尺寸非绝缘铜导线（该导线被称为下行导体），通过接地杆或环连接到地。避雷针的接地应至少有一个点，建议有几个点（电流延迟避雷针）。

防护设备设计成能平衡土壤和塔顶空气之间的任何电势。这项功能的实现是使电子通过下行导线从土壤表面向上流动，再通过避雷针分散到周围空气中。这种设备不作为闪电

通过的途径。

（十）测风数据处理

测风数据处理包括对测风数据验证、缺测数据订正、计算处理及其评估。

1. 数据验证

在验证处理测风数据时，必须先进行审定，主要从数据的代表性、准确性和完整性着手，因为它直接关系到现场风能资源的大小。对提取的测风数据进行检查，判断其完整性、连贯性和合理性，挑选出不合理的、可疑的数据以及漏测的数据，对其进行适当的修补处理，从而整理出较实际合理的完整数据以供进一步分析处理。

完整性及连贯性检查包括检查测风数据的数量是否等于测风时间内预期的数据数量；时间顺序是否符合预期的开始结束时间，时间是否连续。合理性检查包括测风数据范围检验，即各测量参数是否超出实际极限；测风数据相关性检验，即同一测量参数在不同高度的值差是否合理；测风数据的趋势检验，即各测量参数的变化趋势是否合理等，见表 1-1-7～表 1-1-9。

表 1-1-7　　　　　　　　各测量参数的合理范围

测量参数	合理范围	测量参数	合理范围
风速/(m/s)	$0<v<60$	风向/(°)	$0<D<360$
湍流强度	$0<I<1$	气压/hPa	$940<p<1060$

表 1-1-8　　　　　　　　各测量参数的相关性

测量参数	相关性	测量参数	相关性
50m/30m 高度风速差值	<2.0m/s	50m/30m 高度风向差值	<22.5°
50m/10m 高度风速差值	<4.0m/s		

表 1-1-9　　　　　　　　各测量参数的合理变化趋势

测量参数	合理变化趋势	测量参数	合理变化趋势
平均风速的 1h 变化	<6.0m/s	平均气压的 3h 变化	<10hPa
平均温度的 1h 变化	<5℃		

（1）数据代表性。首先了解现场测点的位置，现场是简单的平坦地形、还是丘陵或者是复杂的地形，测点在这几种地形下所处的位置。在一个场地测风仪安装在最高、最低或者峡谷口等不具有代表性，因为将来安装风力发电机组是几十台或几百台，面积较大，测风点应是在平均地形状况下测得的风速，否则就偏大或偏小。因为建造在经济上可行的风电场，必须有最低限度的风能资源要求，可能在山顶上达到了最低限度的风能资源要求，在谷地达不到要求。

若在预选风电场有多点测风数据，可以进行对比分析，进行多点平均。在平均时删除最低风速地形的值。而且以后安装风力发电机组时，这些地形也不予以考虑。

此外，在测风点附近有无建筑物和树木，如有，测风点是否在建筑物和树木高度的10 倍距离之外，这也是衡量测风点是否具有代表性的一个要素。

（2）数据准确性。数据序列既然是一种观测结果的时间序列，必然受到风速本身变化和观测仪器、观测方法以及观测人员诸因素变化的影响。对于风电场测风的数据不能只从数据上分析其准确性，而要从现场测风点做实地考察，如风速感应器是否水平。如某一风电场在 40m 高处的风杯支臂向西倾斜 $45°$，影响风速的记录，某咨询公司做可行性研究报告时，在风洞中进行测试，其结果如下：

正常 $\quad\quad\quad\quad\quad\quad\quad v_y = -0.051 + 0.998v_x$

右倾 $\quad\quad\quad\quad\quad v_y = -0.051 + 0.998v_x \quad$（相当于南风、北风）

前倾 $\quad\quad\quad\quad\quad v_y = 0.024 + 0.880v_x \quad$（相当于南风、北风）

后倾 $\quad\quad\quad\quad v_y = 0.048 + 0.943v_x \quad$（相当于东风）

由上式可知：当吹 10m/s 西风时，风速偏小 1.2m/s；又如某一风电场测风杯盐蚀严重，再风洞进行测试，风速 2m/s 时，还不能启动。根据风洞测试两台风速仪结果为

$$v_{y1} = 0.601 + 0.965v_x$$

$$v_{y2} = 1.59 + 0.923v_x$$

式中 $\quad v_{y1}$，v_{y2}——现场测风的风速，m/s；

$\quad\quad\quad v_x$——风洞风速，m/s。

由此可见，现场测风的数据非常不准确，在风速为 0 时，实际上已有 1.59m/s 的风速，在 10m/s 时，已有 10.82m/s 的风速。无疑现场风速测量的准确性差。

风向的准确性关系到确定主导风向，但有的现场测风站仅用罗盘，把北标记对准地磁方向的"北"，没有进行地磁偏角方向找正。还有的风向指北杆各点不一致，在测量塔装多层风向标，上下指北杆有 $5° \sim 10°$ 的差异，这些都影响风向玫瑰图的精度。

（3）数据完整性。由于传感器、数据处理器和记录器的失灵或者电池更换不及时等都能引起数据遗漏，使现场观测的风速值产生不连续，形成资料不完整，实际上一年的资料中间断断续续加起来仅七八个月的数据，这样的资料无法用 WASP 软件进行计算，也缺乏其代表性。数据完整率应是采集时间的 95% 以上，最差也不能低于 90%。有效数据完整率为

$$有效数据完整率 = \frac{应测数目 - 缺测数目 - 无效数据数目}{应测数目} \times 100\%$$

应测数目是测量期间总小时数，缺测数目为没有记录到小时的数目，无效数据数目为确认是不合理的小时数目。

风电场要求至少有一年的完整数据（最好是一个自然年从 1 月 1 日至 12 月 31 日）。因为一年是建立风况季节性特性资料的最短期限，这样也有利于与气象站资料进行对比分析，若用前一年的下半年和后一年的上半年作为一年，往往很难判断是大风年还是小风年。

一般来说，数据验证工作应在测风数据提取后立即进行。检验后列出所有可疑的数据和漏测的数据及其发生时间。对可疑数据进行再判断，从中挑选出符合实际的有效数据放回原数据中；无效数据则采用前后相邻数据取平均、参考其他类似测风设备同期数据、或者凭经验进行替代而变为有效数据，对无法平均或无法替代的则视为无效数据；误测和漏测数据除按可疑数据进行处理外，应及时通知测风人员尽快采取措施予以纠正，最终整理

出一组连续的数据，数据完整率（即除去漏测数据数量和无效数据数量后的实际数据数量占应测量数据的比例）应达到90%以上。

最后，将所有经验证后的数据汇总，得到至少连续一年的一套完整的数据。

2. 缺测数据订正

缺测数据可参照如下方法进行订正：

（1）按不同风向求相关。需要借助邻近气象站或者现场多点观测的其他点数据进行比较。这种方法的基础是同大气环流形势、相邻的观测数据变化是有联系的，其振动幅度大致是一致的。于是，两点间风的变化是相关的。

从理论上讲，在同一天气系统下，相邻两点风向一致，所以寻求各风向下的风速相关是合理的。其方法是建一直角坐标系，横坐标为基准站（气象站）风速，纵坐标为风电场场测站的风速。按风电场测点在某一象限内（如西北风）的风速值，找出参考站对应时刻的风速值点图，求出相关性，最好能建立回归方程式，对于其他象限重复上述过程，可获得16个风向测点的相关性，然后按各方向对缺测的数据进行订正。

（2）按不同风速求相关性。风速相关性一般来说，小风即风速3m/s以下时，相关性较差，因为小风时受局地影响很大，如甲地风速在1m/s内时，相邻乙地可能是2m/s，绝对不能得出甲地比乙地风速小50%的结论。同时小风时风向也不稳。只有当风速较大时相关性才较好。

（3）长年数据订正。在风电场测风，虽有一两年的资料，想取得历年之间及各季之间的风力变化资料，显然是做不到的。所以必须根据相邻气象站或水文站、海洋站的长时间（30年以上）资料进行订正。

从长时间来看，由于风电场测风时的年份所测的风速可能是正常年，也可能是大风年或者是小风年的风速，若不作修正，有产生风能估计偏大或偏小的可能，但也不能简单地将气象站的30年资料拿来进行对比。因为气象要素随时间的变化不仅含有气候的变化的影响，而且还含有站址的搬迁，站址周围建筑物和树木的成长等变化的影响，所以往往气象站的风速有随着年代推移逐年偏小的趋势，故不能看到气象站的风速序列中与风电场测风的年份比20世纪50—80年代小就认为是小风年。应该分析气象站资料，最近一些年来周围环境的变化，再确定相应风电场哪一年属于是什么年（大风、小风或正常年），然后以每年与气象站风速的差值推算出风电场长时间资料。即反映风电场长期平均水平的代表性资料。

3. 数据计算处理

将验证后的数据与附近气象台、站获取的长期统计数据进行相关比较并对其进行修正，从而得出能反映风电场长期风况的代表性数据；将修正后的数据通过分析计算如应用WASP程序，变成评估风电场风能资源所需的标准参数指标，如月平均风速、年平均风速、风速和风能频率分布（每个单位风速间隔内风速和风能出现的频率）、风功率密度、风向频率（在各风向扇区内风向出现的频率）等，计算风功率密度和有效风速小时数，绘制出风速频率曲线、风向玫瑰图、风能玫瑰图，年、月、日风速变化曲线。

4. 测风数据用于风能资源的评估

对计算处理后的各参数指标及其他因素进行评估。其中包括重要参数指标的分析与判断，如风功率密度等级的确定、风向频率及风能的方向分布、风速的日变化和年变化、湍流强度分析、天气等；将各种参数以图表形式绘制出来。如绘制全年各月平均风速，风速频率分布图，各月、年风向和风能玫瑰图等，以便能直观地判断风速风向变化情况，从而估计及确定风力发电机组机型和风力发电机组排列方式。

三、风能资源的统计计算

（一）风况

1. 年平均风速

年平均风速是一年中各次观测的风速之和除以观测次数，它是最直观简单地表示风能大小的指标之一。

我国建设风电场时，一般要求当地在 10m 高处的年平均风速在 6m/s 左右，这时，风功率密度在 $200\sim250\text{W/m}^2$，相当于风力发电机组满功率运行的时间在 $2000\sim2500\text{h}$，从经济分析来看是有益的。

但是用年平均风速来要求也存在着一定的缺点，它没有包含空气密度和风频在内，所以年平均风速即使相同，其风速概率分布型式 $p(v)$ 并不一定相同，计算出的可利用风能小时数和风能有很大的差异，见表 1-1-10。可以看出，在平均风速基本相同的情况下，一年中风速大于等于 3m/s 在一年中出现的小时数，最大的可相差几百小时，占一年中风速大于等于 3m/s 出现小时数的 30%，两者相等的几乎没有；其能量值相差就更为突出，有的可以相差 1.5 倍以上。从全国 300 余站资料的分析来看，情况大体相似，两站平均风速基本相同，其一年中风速大于等于 3m/s 的小时数和风能却不相同，若以相差 5% 为相同者，其站数还不到总站数的 5%。

表 1-1-10　　　　　　　　各地风速、风能对比表

地名		嵊泗	泰山	青岛	石浦	长春	满洲里	西沙	五道梁	茫崖	旅大	涠洲岛	锦州
平均风速/(m/s)		6.78	6.68	5.28	5.23	4.2	4.2	4.79	4.79	4.85	4.90	3.99	4.0
一年中风速大于等于3m/s	小时数/h	7723	6940	7115	7015	5534	5888	6634	5742	6347	6332	5782	5184
	两站差值/h	783		100		354		892		15		598	
	两站比值/h	1.11		1.01		1.06		1.16		1.00		1.12	
一年中风速大于3m/s	风能/kW	3169	2966	1568	1486	1196	851	1137	1082	1001	1502	705	877
	两站差值/kW	203		82		345		109		501		172	
	两站比值/kW	1.07		1.06		1.41		1.11		1.50		1.24	
地名		多伦	烟台	丹东	阳江	林芝	福州	九江	阜新	库车	日喀则	梅县	梧州
平均风速/(m/s)		3.97	3.93	3.03	3.03	1.85	1.85	2.40	2.41	2.07	2.03	0.97	0.98
一年中风速大于等于3m/s	小时数/h	4806	5179	4006	4108	1967	2495	3128	3223	1862	2345	500	661
	两站差值/h	373		102		528		95		483		161	
	两站比值/h	1.08		1.03		1.27		1.03		1.26		1.32	
一年中风速大于3m/s	风能/kW	1159	873	452	425	80	195	203	355	93	103	19	25
	两站差值/kW	286		27		115		152		90		6	
	两站比值/kW	1.33		1.06		2.44		1.75		1.87		1.32	

一般是春季风速大，夏秋季风速小。这有利于风电和水电互补，也可以将风力发电机组的检修时间安排在风速最小的月份。同时，风速年变化曲线与电网年负荷曲线对比，一致或接近的部分越多越理想。

2. 风速日变化

风速虽瞬息万变，但如果把长时间的资料平均起来便会显出一个趋势。一般说来，风速日变化有陆、海两种基本类型：①陆地，白天午后风速大，夜间风速小，因为午后地面最热，上下对流最旺，高空大风的动量下传也最多；②海洋，白天风速小，夜间风速大，这是由于白天大气层的稳定度大，因为白天海面气温比海温高所致。

风速日变化与电网的日负载曲线特性相一致时，也是最好的。

3. 风速随高度变化

在近地层中，风速随高度有显著的变化，造成风在近地层中的垂直变化的原因有动力因素和热力因素，前者主要来源于地面的摩擦效应，即地面的粗糙度；后者主要表现与近地层大气垂直稳定度的关系。当大气层结为中性时，乱流将完全依靠动力发展，这时风速随高度变化服从普朗特经验公式，即

$$v = \frac{v^*}{K} \ln\left(\frac{Z}{Z_0}\right)$$

$$v^* = \sqrt{\frac{\tau_0}{\rho}}$$

式中　v——风速，m/s；

　　　K——卡曼常数，其值为 0.4 左右；

　　　v^*——摩擦速度，m/s；

　　　ρ——空气密度，kg/m^3，一般 $\rho = 1.225$kg/m^3；

　　　τ_0——地面剪切应力，N/m^2；

　　　Z——离地高度，m；

　　　Z_0——粗糙度，m。

经过推导可以得出幂定律公式为

$$v_n = v_1 \left(\frac{Z_n}{Z_1}\right)^a$$

$$a = \frac{\lg(v_n/v_1)}{\lg(Z_n/Z_1)}$$

式中　v_n——Z_n 高度处风速，m/s.

　　　v_1——Z_1 高度处风速，m/s；

　　　a——为风切变指数。

如果没有不同高度的实测风速数据，风切变指数 a 取 1/s（0.143）作为近似值，这相当地面为短草。在广州电视塔观测 a 为 0.22，上海南京路电视塔为 0.21，武汉跨江铁塔为 0.19，北京八达岭风电试验站为 0.19。

风速垂直变化取决于 a 值。a 值的大小反映风速随高度增加的快慢，a 值大表示风速随高度增加得快，即风速梯度大；a 值小表示风速随高度增加得慢，即风速梯度小。

a 值的变化与地面粗糙度有关，地面粗糙度是随地面的粗糙程度变化的常数，不同地

面粗糙度风速随高度变化差异很大。粗糙的表面比光滑表面更易在近地层的垂直混合更为充分，混合作用的加强使得近地层风速梯度减小，所以粗糙的地面比光滑地面的风速小。

4. 风向频率玫瑰图

风向频率玫瑰图可以确定主导风向，对于风电场机组位置排列具有关键作用，因为机组排列是垂直于主导风向的。

5. 湍流强度

湍流是指风速、风向及其垂直分布的迅速扰动或不规律性，是重要的风况特征。湍流很大程度上取决于环境的粗糙度、地层稳定性和障碍物湍流强度，是脉动风速的均方差 σ 与平均风速 $\bar{v}$ 的比值，即

$$I_r = \frac{\sigma}{v}$$

$I_r \leqslant 0.10$ 时表示湍流较小，$I_r \geqslant 0.25$ 表示湍流过大，一般海上 $I_r = 0.08 \sim 0.10$，陆地上 $I_r = 0.12 \sim 0.15$。它有两种不利的影响，减少输出功率和引起风能转换系统的振动和荷载的不均匀，最终使风力发电机组受到破坏。

（二）风功率密度

1. 风能

风能是空气运动的动能，或每秒在面积 F 上从以速度 v 自由流动所获得的能量，即获得的功率 w。它等于面积、速度、气流动压的乘积，即

$$w = Fv\left(\frac{\rho V^2}{2}\right) = \frac{1}{2}\rho Fv^3$$

式中　ρ——空气密度，kg/m^3；

$\quad\quad w$——风能，W；

$\quad\quad v$——风速，m/s；

$\quad\quad F$——面积，m^2。

实际上，同一个地点空气密度为常数，当面积一定时，则风速是决定风能多少的关键因素。

风功率密度是气流垂直通过单位面积（风轮面积）的风能。它是表征一个地方风能多少的指标。因此在与风能公式相同的情况下，将风轮面积定为 $1m^2$（$F = 1m^2$）时，风能具有的功率为

$$w = \frac{1}{2}\rho v^2$$

衡量一地风能的大小，要视常年平均风能的多少而定。由于风速是一个随机性很大的变量，必须通过一定长度的时间观测来了解它的平均状况。因此，在一段时间（如一年）长度内风功率密度可以将上式对时间积分后平均，即

$$\bar{w} = \frac{1}{T}\int_0^T \frac{1}{2}\rho v^3 \, dt$$

式中　$\bar{w}$——平均风能，W；

$\quad\quad T$——总时数，h。

由时间 T 内风速 v 的概率分布 $p(v)$ 可计算出平均风功率密度。

在研究了风速的统计特性后，风速分布 $p(v)$ 可以用一定的概率分布形式来拟合，这样就大大简化了计算的过程。

2. 空气密度

从风能公式可知，ρ 的大小直接关系到风能的多少，特别是在高海拔的地区，影响更为突出。所以，计算一个地点的风功率密度，需要掌握的量是所计算时间区间内的空气密度和风速。在近地层中，空气密度 ρ 的量级为 10^0，而风速 v_3 的量级为 $10^2 \sim 10^3$。另一方面，由于我国地形复杂，空气密度的影响也必须要加以考虑。空气密度是 ρ 气压、气温和温度的函数，其计算公式为

$$\rho = \frac{1.276}{1+0.00366t} \times \frac{(p-0.378e)}{1000}$$

式中　ρ——气压，hPa；

　　　t——气温，℃；

　　　e——水汽压，hPa。

3. 风速的统计特性

由于风的随机性很大，因此在判断一个地方的风况时，必须依靠各地区风的统计特性。在风能利用中，反映风的统计特性的一个重要形式是风速的频率分布，长期观察的结果表明，年度风速频率分布曲线最有代表性。为此，应该具有风速的连续记录，并且资料的长度至少有 3 年以上的观测记录，一般要求能达到 5～10 年。

风速频率分布一般为偏态，要想描述这样一个分布至少要有 3 个参数，即平均风速、频率离差系数和偏差系数。关于风速的分布，国外有过不少的研究，近年来国内也有探讨。风速分布一般均为正偏态分布，一般说，风力越大的地区，分布曲线越平缓，峰值降低右移。这说明风力大的地区，一般大风速所占比例也多。如前所述，由于地理、气候特点的不同，各种风速所占的比例有所不同。

通常用于拟合风速分布的线形很多，有瑞利分布、对数正态分布、Γ 分布、双参数威布尔分布、三参数威布尔分布等，也可用皮尔逊曲线进行拟合。但普遍认为双参数威布尔分布曲线是适用于风速统计描述的概率密度函数。

威布尔分布是一种单峰的，两参数的分布函数簇。其概率密度函数可表达为

$$P(x) = \frac{k}{c} \left(\frac{x}{c}\right)^{k-1} \exp\left[-\left(\frac{x}{c}\right)^k\right]$$

式中　k、c——威布尔分布的两个参数；

　　　k——形状参数；

　　　c——尺度参数。

当 $c=1$ 时，称为标准威布尔分布。形状参数 k 的改变对分布曲线形式有很大影响。当 $0 < k < 1$ 时，分布的众数为 0，分布密度为 x 的减函数；当 $k=1$ 时，分布呈指数形；$k=2$ 时，便成为瑞利分布；$k=3.5$ 时，威布尔分布实际已很接近于正态分布了。

估计风速的威布尔分布参数有多种方法，依不同的风速统计资料进行选择。通常采用方法有三种：①最小二乘法，即累积分布函数拟合威布尔分布曲线法；②平均风速和标准差估计法；③平均风速和最大风速估计法。根据国内外大量验算结果，上述方法中最小二

乘法误差最大。在具体使用当中，前两种方法需要有完整的风速观测资料，需要进行大量的统计工作；后一种方法中的平均风速和最大风速可以从常规气象资料获得，因此，这种方法较前两种方法有优越性。

4. 平均风功率密度

根据式 $w=\frac{1}{2}\rho v^3$ 可知，w 为 ρ 和 v 两个随机变量的函数，对一地而言，空气密度 ρ 的变化可忽略不计，因此，w 的变化主要是由 v^3 随机变化所决定，这样 w 的概率密度分布只决定风速的概率分布特征，即

$$E(w)\frac{1}{2}\rho E(v^3)$$

风速立方的数学期望为

$$
\begin{aligned}
E(v^3) &= \int_0^\infty v^3 \rho(v)\mathrm{d}v \\
&= \int_0^\infty \frac{k}{c}\left(\frac{v}{c}\right)^{k-1}\exp\left[-\left(\frac{v}{c}\right)^k\right]v^3\mathrm{d}v \\
&= \int_0^\infty v^3\exp\left[-\left(\frac{v}{c}\right)^3\right]\mathrm{d}\left(\frac{v}{c}\right)^k \\
&= \int_0^\infty c^3\left(\frac{v}{c}\right)^3\exp\left[-\left(\frac{v}{c}\right)^k\right]\mathrm{d}\left(\frac{v}{c}\right)^k
\end{aligned}
$$

令 $y=\left(\frac{v}{c}\right)^k$，即 $\frac{v}{c}=y^{1/k}$，$\left(\frac{v}{c}\right)^3=y^{3/k}$，则

$$E(v^3)=\int_0^\infty c^3 y^{3/k}\exp[-y]\mathrm{d}y=c^3\int_0^\infty y^{3/k}\exp[-y]\mathrm{d}y=c^3\Gamma(3/k+1)$$

可见，风速立方的分布仍然是一个双参数威布尔分布，只不过它的形状参数变为 $3/k$，尺度参数为 c^3。因此，只要确定了风速的双参数威布尔分布的参数 c 和 k，风速的立方的平均值便可确定，平均风能密度为

$$\overline{w}=\frac{1}{2}\rho c^3\Gamma(3/k+1)$$

5. 参数 c 和 k 的估计

用即最小二乘法、平均风速和标准差估计威布尔参数方法、平均风速和最大风速估计威布尔分布参数的方法说明如下：

（1）用最小二乘法估计威布尔参数。根据风速的威布尔分布，风速小于 v_g 的累积概率（分布函数）为

$$p(v\leqslant v_g)=1-\exp\left[-\left(\frac{v_g}{c}\right)^k\right]$$

取对数整理后，有

$$\ln\{-\ln[1-p(v\leqslant v_g)]\}=k\ln v_{g-k\ln c}$$

令 $y=\ln\{-\ln[1-p(v\leqslant v_g)]\}$，$x=\ln v_g$，$a=-k\ln c$，$b=k$，于是参数 k 和 c 可以由最小二乘法拟合 $y=a+bx$ 得到。

将观测到的风速出现范围划分成 n 个风速间隔：$0\sim v_1$、$v_1\sim v_2$、$\cdots$、$v_{n-1}\sim v_n$。统计每个

间隔中风速观测值出现的频率 f_1、f_2、$\cdots$、f_n 和累积频率 $p_1 = f_1$、$p_2 = p_1 + f_2$、$\cdots$、$p_n = p_{n-1} + f_n$。取下列变换

$$x_i = \ln v_i$$
$$y_i = \ln[-\ln(1 - p_i)]$$

并令

$$a = -k \ln c$$
$$b = k$$

因此，根据以上式子及上述风速累积频率观测资料，便可得到 a、b 的最小二乘估计值为

$$a = \frac{\sum x_i^2 \sum y_i - \sum x_i \sum x_i y_i}{n \sum x_i^2 - (\sum x_i)^2}$$
$$b = \frac{-\sum x_i \sum y_i + n \sum x_i y_i}{n \sum x_i^2 - (\sum x_i)^2}$$

由上可得

$$c = \exp\left(-\frac{a}{b}\right)$$
$$k = b$$

（2）根据平均风速 $\bar{v}$ 和标准差 s_i 估计威布尔分布参数。

$$\left(\frac{\sigma}{\mu}\right)^2 = \left\{ \Gamma\left(1 + \frac{2}{k}\right) \middle/ \left[\Gamma\left(1 + \frac{1}{k}\right)\right]^2 \right\} - 1$$

可见 $\dfrac{\sigma}{\mu}$ 仅仅是 k 的函数。因此当知道了分布的均值和方差拌便可求解 k。由于直接用 $\dfrac{\sigma}{\mu}$ 求解 k 比较困难，因此通常可用上式的近似关系式求解 k 为

$$k = \left(\frac{\sigma}{\mu}\right)^{-1.086}$$

因而得出

$$c = \frac{\mu}{\Gamma\left(1 + \frac{1}{k}\right)}$$

以平均风速 $\bar{v}$ 估计 μ，样本标准差 s_v 估计 σ，即

$$\bar{v} = \frac{1}{N} \sum v_i$$

$$s_v = \sqrt{\frac{1}{N} \sum (v_i - \bar{v})^2} = \sqrt{\frac{1}{N} \sum v_i^2 - \bar{v^2}}$$

式中　　v_i——计算时段中每次的风速观测值，m/s；

　　　　N——观测总次数。

由上式便可求得 k 和 c 的估计值。在各个等级风速区间（如 0、1m/s、2m/s、3m/s、$\cdots$、m/s）的频数已知的情况下，v 和 s_v 可以近似地计算如下

$$\bar{v} = \frac{1}{N} \sum n_j y_j$$

$$s_v = \sqrt{\frac{1}{N}\sum n_j v_j^3 - \left(\frac{1}{N}\sum n_j v_j\right)^2}$$

式中　v_j——各风速间隔的值，m/s，以该间隔中值代表该间隔平均值；

　　　n_j——各间隔的出现频数。

（3）用平均风速和最大风速估计威布尔分布参数。我国气象观测规范规定，最大风速的挑选指的是一日任意时间的 10min 最大风速值。设 v_{max} 为时间 T 内观测到的 10min 平均最大风速，显然它出现的概率为

$$P(v \geqslant v_{max}) = \exp\left[-\left(\frac{v_{max}}{c}\right)^k\right] = \frac{1}{T}$$

对上式逆变换得

$$\frac{v_{max}}{\mu} = \frac{(\ln T)^{\frac{1}{k}}}{\Gamma\left(1+\frac{1}{k}\right)}$$

因此在知道了 v_{max} 和 $\overline{v}$ 后，以 $\overline{v}$ 作为 μ 的估计值，由上式就可能解出 k。直接计算比较麻烦，而大量的观测表明，k 值通常变动范围为 1.0～2.6 之间。此时 $\Gamma\left(1+\frac{1}{k}\right) \approx 0.90$，于是得 k 的近似解为

$$k = \frac{\ln(\ln \Gamma)}{\ln\left(\dfrac{0.90 v_{max}}{\overline{v}}\right)}$$

进而求得

$$c = \frac{\overline{v}}{\Gamma\left(1+\frac{1}{k}\right)}$$

考虑到 v_{max} 的抽样随机性很大，又有较大的年际变化，为了减小抽样随机性误差，在估计一地的平均风能潜力时，应根据 v 和 v_{max} 的多年平均值（最好 10 年以上）来估计风速的威尔分布参数，有较好的代表性。

6. 有效风功率密度

在有效风速范围（风力发电机组切入风速到切出风速之间的范围）内，设风速分布为 $p'(v)$，风速立方的数学期望为

$$\begin{aligned}
E'(v^3) &= \int_{v_1}^{v_2} v^3 p'(v)\,\mathrm{d}v \\
&= \int_{v_1}^{v_2} v^3 \frac{p(v)}{p(v_1 \leqslant v \leqslant v_2)}\,\mathrm{d}v \\
&= \int_{v1}^{v_2} v^3 \frac{p(v)}{p(v \leqslant v_2) - p(v \leqslant v)}\,\mathrm{d}v \\
&= \int_{v_1}^{v_2} v^3 \frac{\left(\dfrac{k}{c}\right)\left(\dfrac{v}{c}\right)^{k-1}\exp\left[-\left(\dfrac{v}{c}\right)^k\right]}{\exp\left[-\left(\dfrac{v_1}{c}\right)^k\right] - \exp\left[-\left(\dfrac{v^2}{c}\right)^k\right]}\,\mathrm{d}v \\
&= \frac{k/c}{\exp\left[-\left(\dfrac{v_1}{c}\right)^k\right] - \exp\left[-\left(\dfrac{v_2}{c}\right)^k\right]} \int_{v_1}^{v_2} v^3 \left(\frac{v}{c}\right)^{k-1}\exp\left[-\left(\frac{v}{c}\right)^k\right]\,\mathrm{d}v
\end{aligned}$$

上式可通过数值积分求得。因此有效风能密度便可计算出来，即

$$w = \frac{1}{2}\rho E'(v^3) = \frac{k/c}{2\rho \exp\left[-\left(\frac{v_1}{c}\right)^k\right] - \exp\left[-\left(\frac{v_2}{c}\right)^k\right]} \int_{v_1}^{v_2} v^3 \left(\frac{v}{c}\right)^{k-1} \exp\left[-\left(\frac{v}{c}\right)^k\right] \mathrm{d}v$$

确定了风速的威布尔分布两个参数 c 和 k 之后，在工作风速风，切入风速 v_1 到切出风速 v_2，其有效平均风能密度的计算为

$$\overline{W}_e = \frac{1}{2}\rho \int_{v_1}^{v_2} v^3 f_w(v) \mathrm{d}v = \frac{1}{2}\rho \int_{v_1}^{v_2} v^3 \frac{\frac{k}{c}\left(\frac{v}{c}\right)^{k-1} \mathrm{e}^{-\left(\frac{v}{c}\right)^k}}{\mathrm{e}^{-\left(\frac{v_1}{c}\right)^k} - \mathrm{e}^{-\left(\frac{v_2}{c}\right)^k}} \mathrm{d}v$$

$$= \frac{1}{2}\rho \frac{c^3}{\mathrm{e}^{-\left(\frac{v_1}{c}\right)^k} - \mathrm{e}^{-\left(\frac{v_2}{c}\right)^k}} \int_{v_1}^{v_2} y^{\frac{3}{k}} \mathrm{e}^{-y} \mathrm{d}v$$

式中，$y = \left(\frac{v}{c}\right)^k$，积分号下为不完全 Γ 函数，可以通过数值积分求得。

$$t = N \int_{v_1}^{v_2} p(v) \mathrm{d}v$$

$$= N \int_{v_1}^{v_2} \frac{k}{c}\left(\frac{v}{c}\right)^{k-1} \exp\left[-\left(\frac{v}{c}\right)^k\right] \mathrm{d}v$$

$$= N \left\{ \exp\left[-\left(\frac{v_1}{c}\right)^k\right] - \exp\left[-\left(\frac{v_2}{c}\right)^k\right] \right\}$$

式中　N——统计时段的总时间，h；

　　　v_1——风力发电机组的启动风速，m/s；

　　　v_2——风力发电机组的停机风速，m/s。

一般年风能可利用时间在 2000h 以上时，可视为风能可利用区。

确定了风速的威布尔分布两个参数 c 和 k 之后，风能可利用时间 t，即时段 N 内出现有效风速（$v_1 \leqslant v \leqslant v_2$）的小时数为

$$t = N \int_{v_1}^{v_2} f_w(v) \mathrm{d}v = N[F_w(v_2) - F_w(v_1)] = N[\mathrm{e}^{-\left(\frac{v}{e}\right)} - \mathrm{e}^{-\left(\frac{v_2}{c}\right)}]$$

7. 风能可利用时间

在风速概率分布确定以后，还可以计算风能的可利用时间。

只要给定了威布尔分布参数 c 和 k 之后，平均风功率密度、有效风功率密度、风能可利用小时数都可以方便地求得。另外，知道了分布参数 c、k，风速的分布型式便给定了，具体风力发电机组设计的各个参数同样可以加以决定，而无须逐一查阅和重新统计所有的风速观测资料，它无疑给实际使用带来许多方便。一些研究结果还表明，威布尔分布不仅可用于拟合地面风速分布，也可用于拟合高层风速分布。其参数在近地层中随高度的变化很有规律。当知道了一个高度风速的威布尔分布参数，便不难根据这种规律求出近地层中任意高度风速的威布尔分布参数。

（三）风功能密度等级及风能可利用区的划分

风功率密度等级蕴涵着风速、风速频率分布和空气密度的影响，是衡量风电场风能资源的综合指标。风功率密度等级在国标"风电场风能资源评估方法"中给出了 7 个级别，见表 1 - 1 - 11。

表 1-1-11　　　　　　　　　　风 功 率 密 度 等 级 表

高度	10m		30m		50m		—
风功率 密度等级	风功能密度 /(W/m²)	年平均风速 参考值/(m/s)	风功率密度 /(W/m²)	年平均风速 参考值/(m/s)	风功率密度 /(W/m²)	年平均风速 参考值/(m/s)	应用于并网 风力发电
1	<100	4.4	<160	5.1	<200	5.6	
2	100～150	5.1	160～240	5.9	200～300	6.4	
3	150～200	5.6	240～320	6.5	300～400	7.0	较好
4	200～250	6.0	320～400	7.0	400～500	7.5	好
5	250～300	6.4	400～480	7.4	500～600	8.0	很好
6	300～400	7.0	480～640	8.2	600～800	8.8	很好
7	400～1000	9.4	640～1600	11.0	800～2000	11.9	很好

注　1. 不同高度的年平均风速参考值是按风切变指数为 1/7 推算的。

　　2. 与风功率密度上限值对应的年平均风速参考值，按海平面标准大气压并符合瑞利风速频率分布的情况推算的。

由表 1-1-11 可以看出当风功率密度大于 $150W/m^2$、年平均风速大于 5m/s 的区域被认为是风能资源可利用区；10m 高处年平均风速在 6m/s，风功率密度为 $200\sim250W/m^2$ 为较好的风电场；年平均风速为 7m/s，风功率度为 $300\sim400W/m^2$ 为很好的风电场。

一般说平均风速越大，风功率密度也大，风能可利用小时数就越多。我国风能区域等级划分的标准如下：

（1）风能资源丰富区。年有效风功率密度大于 $200W/m^2$，3～20m/s 风速的年累积小时数大于 5000h，年平均风速大于 m/s。

（2）风能资源次丰富区。年有效风功率密度为 $200\sim150W/m^2$，3～20m/s。风速的年累积小时数为 5000～4000h，年平均风速在 5.5m/s 左右。

（3）风能资源可利用区。年有效风功率密度为 $150\sim100W/m^2$ 如，3～20m/s 风速的年累积小时数为 4000～2000h，年平均风速在 5m/s 左右。

（4）风能资源贫乏区。年有效风功率密度小于 $100W/m^2$，3～20m/s 风速的年累积小时数小于 2000h，年平均风速小于 4.5m/s。

风能资源丰富区和较丰富区具有较好的风能资源，为理想的风电场建设区。

风能资源可利用区，有效风功率密度较低，这对电能紧缺地区还是有相当的利用价值。实际上，较低的年有效风功率密度也只是对宏观的大区域而言，而在大区域内，由于特殊地形有可能存在局部的小区域大风区，因此，应具体问题具体分析。通过对这种地区进行精确的风能资源测量，详细了解分析实际情况，选出最佳区域建设风电场，效益还是相当可观的。

风能资源贫乏区，风功率密度很低，对大型并网型风电机组一般无利用价值。

（四）风能资源的评估

风能资源多少是风能利用的关键。收集能量的成本是由风电机组设备的成本、安装费用和维修费等与实际的生产能量所确定的。因此，不但要着重考虑节省基本投资，而且要根据当地风能资源选择适当的风电机组，使风电机组与风能资源两者相匹配，才能获得最大的经济效益。

根据风的气候特点，较长时间的观测资料才有较好的代表性。一般说来，需要有10年以上的观测资料才能比较客观地反映一地的真实状况。为此，计算了全国900余个气象台站10年平均风能密度值，绘制成全国年平均风功率密度分布图。利用图上的10W/m²、25W/m²、50W/m²、100W/m²、200W/m²和大于2000W/m²的各风功率密度等值线间的面积，然后分别乘以各等级风功率密度的代表值。

由于考虑一个单位截面积的风能转换装置，风吹过后必须经前后左右各10倍直径距离后才能恢复到原来的速度，所以将各等级风功率密度等值线的面积的总和除以100，即可得到风能总储量。

据测算，在10m高处我国风能理论资源储量约为32.0亿kW，实际可供开发的量按32.0亿kW的1/10估计，则可开发量为3.2亿kW。考虑到风电机组风轮的实际扫掠面积为圆形，对于1m直径风轮的面积为$0.52\pi = 0.785m^2$。因此，再乘以面积系数0.785，即为经济可开发量。由此，得到全国风能经济可开发量为2.53×10^{10}W，即2.53亿kW。

（五）风能资源的分区

根据全国有效风功率密度和一年中风速大于等于3m/s时间的全年累积小时数，可以看出我国风能资源的地理分区。

（1）东南沿海及其岛屿为我国最大风能资源区。有效风功率密度大于等于200W/m²的等值线平行于海岸线，沿海岛屿的风功率密度在300W/m²以上，一年中风速大于等于3m/s的时数为7000～8000h。但从这一地区向内陆则丘陵连绵，冬半年强大冷空气南下，很难长驱直下，夏半年台风在离海岸50km，风速便减少到68%。所以东南沿海仅在山海岸向内陆几十千米的地方有较大的风能，再向内陆风能锐减，在不到100km的地带，风功率密度降至50W/m²以下，反为全国最小区。但在沿海的岛屿上（如福建台山、平潭等，浙江南鹿、大陈，嵊泗等广东的南澳）风能都很大。其中台山风功率密度为534.4W/m²，一年中风速大于等于3m/s的时数累计出现7905h。换言之，平均每天一年中风速大于等于3m/s的时数有21h20min，它是我国平地上有记录的风能资源最大的地方之一。

（2）内蒙古和甘肃北部以北广大地带为次大区。这一带终年在高空西风带控制之下，且又是冷空气入侵首当其冲的地方，风功率密度在200～300W/m²，一年中风速大于等于3m/s的时间全年有5000h以上，从北向南逐渐减少，但不像东南沿海梯度那样大。最大的虎勒盖地区，一年中风速大于等于3m/s的时间累积时数可达7659h。这一区虽较东南沿海岛屿上的风功率密度小一些，但其分布的范围较大，是我国连成一片的最大地带。

（3）黑龙江和吉林东部及辽东半岛沿海风能也较大，风功率密度在200W/m²以上，一年中风速大于等于3m/s的时数也达5000～7000h。

（4）青藏高原北部风功率密度在150～200W/m²之间，一年中风速大于等于3m/s可达6500h，但由于青藏高原海拔高，空气密度较小，所以风功率密度相对较小，在4000m的空气密度大致为地面的67%。也就是说，同样是8m/s的风速，在平地为31306W/m²，而在4000m只有209.9W/m²。所以，若仅按一年中风速大于等于3m/s的时数，青藏高原应属风能最大区，实际上这里的风能远较东南沿海为小。

（5）云南、贵州、四川，甘肃、陕西南部、河南、湖南西部以及福建、广东、广西的山区，西藏、雅鲁藏布江以及新疆塔里木盆地为我国最小风能区，有效风功率密度在 $50W/m^2$ 以下，一年中风速大于等于 3m/s 的时数在 2000h 以下。在这一地区，尤以四川盆地和西双版纳地区风能最小，这里全年静风频率在 60% 以上，如绵阳 67%、巴中 60%、阿坝 67%、恩施 75%、德格 63%、耿马孟定 72%、景洪 79%，一年中风速大于等于 3m/s 的时数仅有 300 多 h，所以这一地区除高山顶和峡谷等特殊地形外，风力潜能很低，无利用价值。

（6）在（4）和（5）地区以外的广大地区为风能季节利用区。如有的在冬季、春季可以利用，有的在夏秋可以利用等，这一地区风功率密度在 $50\sim150W/m^2$ 之间，一年中风速大于等于 3m/s 的时数为 $2000\sim4000h$。表 1-1-12 给出了我国风资源可开发量和经济可开发量。

表 1-1-12　　　　　　　　　中国各省（自治区）风能储量

省（自治区）	可开发量/亿 kW	经济可开发量/亿 kW	平均单位面积储量/(W/m²)
内蒙古	7.86940	6.1755	695.48
辽宁	0.77166	0.6058	514.44
黑龙江	2.19467	1.7228	477.10
吉林	0.81215	0.6357	451.19
青海	3.08455	2.4214	428.41
西藏	5.08661	3.9930	423.88
甘肃	1.45607	1.1430	373.35
台湾	0.13350	0.1048	370.83
河北	0.77943	0.6119	357.87
山东	0.50139	0.3936	334.26
山西	0.49308	0.3871	328.73
河南	0.46821	0.3675	292.63
宁夏	0.18902	0.1484	286.39
江苏	0.30264	0.2376	286.05
新疆	4.37329	3.4330	273.33
安徽	0.31914	0.2505	245.49
海南	0.08154	0.0640	239.82
江西	0.37313	0.2929	233.21
浙江	0.20828	0.1635	208.28
陕西	0.29840	0.2342	157.05
湖南	0.31403	0.2465	149.54
福建	0.17474	0.1372	145.62
广东	0.24845	0.1950	138.23

省（自治区）	可开发量/亿 kW	经济可开发量/亿 kW	平均单位面积储量/（W/m²）
湖北	0.24550	0.1927	136.39
云南	0.46705	0.3666	122.91
四川	0.55514	0.4358	99.13
广西	0.21415	0.1681	93.11
全国合计	32.0	25.2	

必须说明，上述的资源储量不包括近海的储量，根据不完整的资源估算，近海（水深10m），离海面10m高，风能储量约为陆地的3倍，即约7.5亿 kW。

四、风资源测量与评估案例

（一）玉门风能资源

1. 区域风资源概况

甘肃风能资源风能总储量居全国第6位，全省有效风能储量由西北向东南逐渐减少，风能丰富区为河西走廊酒泉地区。酒泉地区南部为祁连山脉，北部为北山山系，中部为戈壁荒滩，形成两山夹一谷的地形，成为东西风的通道。玉门镇位于河西走廊西部，风能资源十分丰富。酒泉地区部分气象站风能资源统计见表1-1-13。

表1-1-13　　　　　　　　**酒泉地区部分气象站的风能资源统计**

气象站名称	测站高程/m	平均风速/（m/s）	风能密度/（W/m²）	风能年储量/（kW·h/m²）
玉门镇	1526	3.6	162.2	1080.9
马鬃山	1962	4.6	148.1	1017.0
梧桐沟	1591	4.4	157.2	1007.5
鼎新		3.3	138.9	833.6
瓜州	1171	3.4	140.4	875.1

2. 玉门镇气象站

（1）气象站基本情况。玉门镇气象站为国家基本气象站，位于玉门镇南郊，东经97°02′，北纬40°16′。气象站观测场高程1526m，于1952年7月设立，观测至今，记录有完整连续的气象资料。大唐玉门风电场场址距离玉门镇气象站约8km，其间地形平坦，没有大尺寸地形阻碍，与风电场平均高程相差40m，因此玉门镇气象站可作为分析该风电场风能资源的参证站。

玉门镇气象站建站至2003年风速测量一直采用人工站记录方式，人工记录测风仪为EL型，高度10.5m；于2003年开始人工站和自动站并行记录，自动站测风仪为EL15-2/2A型，高度为10.5m，人工和自动站互为备份。风向标经过磁偏角修正，设备经过标定。

玉门镇属大陆性中温带干旱性气候，根据玉门镇气象站1971—2000年30年气象资料统计，年平均气温7.1℃，年平均气压847.2hPa，年平均水汽压4.9hPa，年平均相对湿度42%，年平均降水量66.7mm。玉门镇气象站气象要素统计见表1-1-14。

表1-1-14　　　　玉门镇气象站气象要素统计表（1971—2000年）

月份	1	2	3	4	5	6	7	8	9	10	11	12	全年
平均气压/hPa	850.6	848.6	847.0	845.9	844.6	841.9	840.8	843.1	847.5	851.4	852.8	852.4	847.2
平均气温/℃	−9.8	−5.9	1.1	9.4	15.8	19.9	21.7	20.5	14.9	7.0	−1.3	−7.8	7.1
极端最高气温 温度值/℃	10.4	16.4	22.1	31.4	32.0	33.7	35.7	36.0	32.8	26.2	19.3	14.7	36.0
出现日期	6	26	28	29	27	27	27	15	8	5	1	14	8月15日
出现年份	1979	1992	2000	1994	1982	2n	1987	1975	1998	2000	1972	1978	1975
极端最低气温 温度值/℃	−28.8	−27.5	−19.6	−12.5	−4.2	2.6	6.7	3.4	−2.0	−22.5	−22.9	−35.1	−35.1
出现日期	17	4	2	11	2	1	1	31	27	28	30	27	12月27日
出现年份	1998	1980	1988	1979	1981	1980	1979	1997	1993	1986	1981	1991	1991
平均水汽/hPa	1.5	1.6	2.2	3.3	5.2	9.0	11.4	10.0	6.6	3.9	2.4	1.8	4.9
降水量	1.0	1.3	4.1	4.3	6.7	12.9	13.9	12.5	4.8	2.1	2.1	1.1	66.7
平均风速/(m/s)	4.2	4.3	4.4	4.5	3.9	3.3	3.1	3.1	3.0	3.4	4.2	4.3	3.8
最多风向	W	E	E	E	E	E	E	E	E	E	E	W	E
频率/%	27	25	27	21	22	19	17	22	23	19	24	30	20
日照百分率	75	71	67	69	71	70	68	72	78	80	77	74	72
沙尘暴日数	4	6	20	10	12	8	5	4	3	3	3	3	8.2
雷暴日数	0	0	0	3	7	25	27	12	4	0	0	0	7.7
50年一遇 最大风速	25.0m/s（10min最大）（1971—2000）												
常年冰冻期	10月下旬至次年4月下旬												

（2）多年年平均风速。玉门镇气象站自1952年建站以来已有60多年的气象观测资料，本阶段选取近30年（1978—2007年）的气象资料进行统计分析计算，玉门气象站1978—2007年年平均风速统计值见表1-1-15。

表1-1-15　　玉门镇气象站近30年（1978—2007年）平均风速、最大风速统计表

年份	平均风速/(m/s)	最大风速/(m/s)
1978	4.1	21
1979	4.1	22
1980	4.1	21
1981	4.0	20
1982	4.0	21

年份	平均风速/(m/s)	最大风速/(m/s)
1983	3.9	19
1984	3.8	17
1985	3.8	18
1986	3.8	25
1987	3.7	17
1988	3.6	19
1989	3.5	18.3
1990	3.3	22
1991	3.3	16
1992	3.2	17.3
1993	3.2	15
1994	3.1	14
1995	3.2	15
1996	3.3	17.3
1997	2.9	12.3
1998	3.1	15.3
1999	3.0	15
2000	2.9	16
2001	2.9	20
2002	2.9	17
2003	2.9	18.3
2004	3.1	16
2005	2.9	24
2006	3.0	21.8
2007	3.0	22.1
均值	3.39	18.3

从图表中可以看出，从 20 世纪 70 年代至今，玉门镇气象站年平均风速有逐年减小的趋势，与全国其他气象站近年来的变化基本一致。经调查分析，这与气象站周围高大建筑物逐年增多及全球气候变化有关。

（3）月平均风速。玉门镇气象站 1978—2007 年各月平均风速统计表见表 1-1-16；该地区大风月集中在 11 月至次年 4 月，小风月集中在 7—9 月。也就是说，冬春季风大，夏季风小。

（4）风向玫瑰图。根据玉门镇气象站资料，该地区风向玫瑰图如图 1-1-14 所示。

由图 1-1-14 中可以看出，该地区盛行风向为东风、西风。在时间分布上，年盛行风向和季节变化基本一致，冬季盛行西风，夏季盛行东风。

（二）玉门风电场测风资料

1. 测风塔情况

为开发大唐玉门风电场风能资源，大唐甘肃发电公司 2004 年 6 月在风电场东南设立了一座 60mm 测风塔（大唐 0001 号），测风塔基本情况见表 1 - 1 - 16。

测风资料基本情况为：大唐 0001 号测风塔有 2004 年 6 月 12 日至 2006 年 12 月 30 日（10m、40m、50m、60m）10min 风速风向资料，其中 2006 年 6 月 5 日以后测风塔 60m 高度测风仪损坏。

2. 测风数据检验与处理

为了有效地评估风电场风能资源，应对原始测

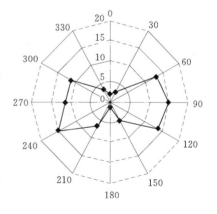

图 1 - 1 - 14　玉门镇气象站风向玫瑰图

风数据进行验证，对其完整性和合理性进行判断，检验出不合理的数据和缺测的数据。因 2006 年 6 月 5 日以后测风塔 60m 高度测风仪损坏，本次选用 2004 年 6 月 12 日至 2006 年 6 月 5 日近两年测风资料进行风能资源评价。

表 1 - 1 - 16　　　　　测 风 塔 基 本 情 况 表

东经	北纬	海拔/m	测风高度/m	测风仪器
97°08′7.6″	40°10′46″	1590	10、40、50、60	NRG

按照 GB/T 18710—2002《风电场风能资源评价办法》，采用北京木联能软件公司编制的《风电场测风数据验证和评估软件》2.0 版本对各测风塔原始数据进行完整性和合理性检验，检验项目如下：

（1）小时平均风速值范围为 0～340m/s。

（2）风向值范围 0°～360°。

（3）当切入风速大于 5.0m/s 时，风速和风向连续 6h 无变化。

（4）小时平均风速变化小于 10.0m/s。

（5）相隔高度在 1～20m 条件下平均风速差小于 2.0m/s。

（6）相隔高度在 21～40m 条件下平均风速差小于 4.0m/s。

（7）相隔高度在 1～20m 条件下平均风向差小于 22.5°。

（8）当切入风速大于 5.0m/s 时，风速标准差值小于 10。

对测风塔的实测数据分别进行完整性检验、范围检验、相关性检验和风速变化趋势检验，检验后列出所有不合理的数据和缺测数据及对应的时间，对不合理数据再次进行判断，挑出符合实际情况的有效数据，回归原始数据组。测风塔数据检验结果见表 1 - 1 - 17。

表 1 - 1 - 17　　　　　0001 号测风塔测风数据检验表

应有数据	缺测数据	不合理数据	有效数据	有效数据完整率/%
105120	1211	3822	100087	95.2

0001 号测风塔不同高度实测月平均统计见表 1-1-18，测风塔 60m 高度全年各扇区风向和风功率分布统计见表 1-1-19。由表 1-1-19 中可以看出。本风场主风向和主风能方向稳定且一致，以东东北（ENE）风和西（W）风的风速、风功率最大和频次最高，东东北风速占 14.70%~22.23%，风功率占 11.94%~23.91%；西风风速占 13.95%~18.54%，风功率占 24.05%~35.72%。

表 1-1-18　　　　　　　0001 号测风塔不同高度实测月平均统计

年份	高度/m	风速/(m/s)												
		1月	2月	3月	4月	5月	6月	7月	8月	9月	10月	11月	12月	平均
2005	10	5.3	6.2	6.2	6.6	5.2	5.6	6.9	6.1	5.6	5.7	5.8	5.6	5.9
	40	6.2	7.3	7.4	7.6	5.8	6.9	8.1	7.3	6.8	6.9	7.1	6.8	7.1
	50	6.4	7.5	7.5	7.6	6.0	6.7	8.3	7.4	6.9	7.0	7.3	7.0	7.1
	60	6.5	7.6	7.7	7.8	6.1	6.8	8.4	7.5	7.0	7.1	7.4	7.1	7.3
2006	10	5.3	5.5	7.2	7.6	6.0	6.0	5.8	5.6	5.2	5.1	6.2	5.5	5.9
	40	6.1	6.5	8.4	9.0	7.1	6.9	6.8	6.5	6.2	6.0	7.5	6.7	7.0
	50	6.2	6.7	8.6	9.1	7.1	7.0	6.8	6.6	6.2	6.0	7.6	6.9	7.1
	60	6.3	6.7	8.7	9.3	7.2	7.1	6.8	6.5	6.2	6.0	7.6	7.0	7.1

表 1-1-19　　　0001 号测风塔 60m 高度全年各扇区风向和风功率比例统计　　　　　　　%

年份	项目	N	NNE	NE	ENE	E	ESE	SE	SSE
2005	风向	1.83	1.75	4.98	22.23	12.76	6.64	2.63	1.94
	风功率	0.22	0.27	1.72	23.91	8.73	3.60	1.31	1.42
2006	风向	2.63	2.29	3.75	14.70	12.72	7.31	3.13	1.07
	风功率	0.28	0.35	1.08	11.94	6.64	3.43	1.51	0.36
年份	项目	W	NNW	NW	WNW	W	ESW	SW	SSW
2005	风向	1.44	1.89	4.82	13.49	13.95	5.92	2.70	3.16
	风功率	0.46	1.06	3.92	23.78	24.05	4.50	0.64	0.53
2006	风向	1.09	2.36	5.36	15.22	18.54	5.10	2.30	3.97
	风功率	0.57	1.63	5.71	26.00	35.72	3.93	0.53	0.50

3. 测风数据订正

为得到一套反映该风电场长期平均水平的风速代表性数据，需借鉴玉门镇气象站长期测风资料对 0001 号测风塔实测逐小时风速风向数据进行订正。

由玉门镇气象站多年年平均风速变化直方图可以看出，从 20 世纪 70 年代到现在，玉门镇气象站年平均风速有逐年减小的趋势，1997 年以后基本稳定在一个水平，与全国其他气象站近年来的变化基本一致。玉门镇气象站建站至 2003 年风速测量一直采用人工站记录方式，于 2003 年开始人工站和自动站并行记录，经分析比较 2003 年以后年平均风速，未发现因测风记录仪器的改变引起的波动。

为到一套反映该风电场长期平均水平的风速代表性数据，经分析认为玉门镇气象二站年平均风速 1997 年以后基本稳定，1996 年 6 月至 2006 年 5 月年平均风速 2.98m/s。而与场 0001 号风塔同期记录的气象站。2004 年 6 月至 2005 年年平均风速为 3.04m/s，2005 年 6 月至 2006 年 5 月年平均风速为 3.00m/s，2004 年 6 月至 2006 年 5 月年平均风速为 3.02m/s，与近 10 年 1996 年 6 月至 2006 年 5 月年平均风速持平。为了使选取的 0001 号测风资料能够代表本风电场长期的平均风速水平，本次选用 0001 号测风塔 2004 年 6 月 12 日至 2008 年 6 月 5 日两年实测 60m 高处 10min 风速风向数据。由测风时段气象站 10m 与 0001 号测风塔 60m 高平均风速变化曲线看出 0001 号测风塔与气象站风速变化周期基本相同。

0001 号测风塔 60m 高代表年平均风速为 7.19m/s。0001 号测风塔代表年平均风速、风功率密度统计见表 1-1-20。

表 1-1-20　　　　0001 号测风塔代表年平均风速、风功率密度统计

高度/m	项目	1月	2月	3月	4月	5月	6月	7月	8月	9月	10月	11月	12月	平均
10	风速/(m/s)	5.3	5.8	6.7	7.1	5.6	5.8	6.3	5.9	5.4	5.4	6.0	5.5	5.90
	风功率密度/(W/m²)	153	232	286	321	168	182	247	206	140	147	217	179	206
40	风速/(m/s)	6.2	6.9	7.9	8.3	6.5	6.7	7.4	6.9	6.5	6.4	7.3	6.8	6.99
	风功率密度/(W/m²)	255	385	452	501	258	280	373	306	226	248	386	335	334
50	风速/(m/s)	6.3	7.1	8.0	8.4	6.6	6.8	7.5	7.0	6.5	6.5	7.4	7.0	7.09
	风功率密度/(W/m²)	276	412	471	516	265	292	390	323	235	260	409	359	351
60	风速/(m/s)	6.4	7.2	8.2	8.6	6.7	6.9	7.6	7.0	6.6	6.6	7.5	7.1	7.19
	风功率密度/(W/m²)	294	439	496	543	275	305	396	320	238	268	424	380	365

（三）风电场风资源计算

1. 空气密度

根据玉门镇气象站 30 年（1978—2007 年）各月平均气温、气压和水汽压计算空气密度，计算得到玉门镇空气密度为 1.059kg/m³。玉门风电场与玉门镇气象站距离较近，平均地面高差约 40m。其间地形平坦，没有大尺寸地形阻碍，所以大唐玉门风电场的空气密度取为 1.059kg/m³。

2. 风能计算

0001 号测风塔 65m 高度风速数据由 2005 年、2006 年两年的 60m 高度平均数据推算（风切变指数取 0.10），风向采用 60m 高数据。

（1）平均风速及风功率密度。根据 0001 号测风塔代表年 65m 高度数据统计，年平均风速为 7.24m/s，平均风能密度为 374W/m²。0001 号测风塔代表年 65m 高度月平均风速统计见表 1-1-21。

表 1-1-21　　　　0001 号测风塔代表年 65m 高度月平均风速统计表

月份	1	2	3	4	5	6	7	8	9	10	11	12	年平均
风速/(m/s)	6.5	7.2	8.2	8.6	6.7	7.0	7.7	7.1	6.6	6.6	7.6	7.1	7.24
风功率密度/(W/m²)	301	450	508	556	282	312	406	328	244	275	435	390	374

（2）风频曲线及威布尔分布参数。风频曲线采用威布尔分布，概率分布函数用下式表示：

$$f(v) = \frac{k}{c}\left(\frac{v}{c}\right)^{k-2} e^{-\frac{v}{k}}$$

式中　v——风速；

c、k——威布尔参数。

用 WAsP9.0 程序进行曲线拟合计算，得到 0001 号测风塔 10m 高代表年平均风速为 5.85m/s，平均风功率密度为 212W/m²，威布尔参数 $c=6.6$，$k=1.92$；40m 高代表年平均风速为 7.06m/s，平均风功率密度为 341W/m²，威布尔参数 $c=8.0$，$k=2.09$；50m 高代表年平均风速为 7.18m/s，平均风功率密度为 358W/m²，威布尔参数 $c=8.1$，$k=2.09$；65m 高代表年平均风速为 7.32m/s，平均风功率密度为 380W/m²，威布尔参数 $c=8.3$，$k=2.09$。0001 号测风塔 65m 高度风速威布尔分布。

（3）风速、风向特性。

1）风向及风速特性。0001 号测风塔 65m 高度全年风向和风能玫瑰图分别如图 1-1-15 和图 1-1-16 所示，0001 号测风塔 65m 高度全年各扇区风向和风能分布统计见表 1-1-22。从图 1-1-14 和表 1-1-22 中可以看出，该风场主风能方向一致，以西（W）风和东东北（ENE）风的风速、风功率最大和频次最高。西风（W）风风向占 15.72%，风功率占 29.80%；东东北（ENE）风风向占 18.50%，风功率占 18.01%。

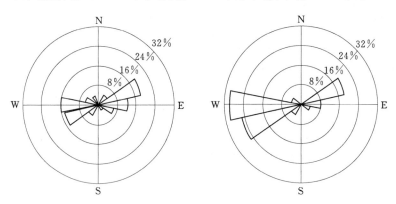

图 1-1-15　0001 号测风塔 65m 高风向玫瑰图　　　图 1-1-16　0001 号测风塔 65m 高风能玫瑰图

表 1-1-22　　　　0001 号测风塔代表年 65m 高度个扇区风向和风能分布统计　　　　%

扇区	N	NNE	NE	ENE	E	ESE	SE	SSE
风向	2.23	2.02	4.34	18.50	12.74	6.88	2.88	1.51
风功率密度	0.25	0.31	1.40	18.01	7.70	3.52	1.41	0.90
扇区	S	NNW	NW	ENW	W	ESW	SW	SSW
风向	1.27	2.12	5.09	14.35	15.72	5.51	2.50	3.56
风功率密度	0.51	1.34	4.80	24.88	29.80	4.22	0.58	0.52

从 0001 号测风塔 65m 高度风速、风功率密度分布看，年有效风速（3.0～20.0m/s）时数为 7893h，占全年的 90%，11～20m/s 时数为 1633h，占全年的 18.65%；小于 3m/s 的时数占全年的 8.80%，大于 20m/s 的时数占全年的 0.086%。有效风速时段较短，全年均可发电，无破坏性风速。

2）风速的年内变化。通常情况下，本地区年内大风月集中在 11 月至次年 4 月，小风月集中在 7—9 月。也就是说，冬春季风大，夏季风小。但各年尚不完全相同，在总趋势下，存在一些偶然因素影响。

由 0001 号测风塔 65m 高度风速和风功率密度年内变化曲线，0001 号测风塔 65m 高度各月风向、风能玫瑰图可以看出，7—9 月以东风为主，其他月份以西风为主，在时间分布上，年盛行风向和季节变化基本一致，冬春季盛行西风，夏季盛行东风。

3）风速的日变化。风速一日之内的变化是十分复杂的，难以用一条曲线表示。从 0001 号测风塔 65m 高度风速、风功率密度各月日变化曲线图中可以看出，1 日内 11：00—12：00 风速开始加大，17：00—18：00 风速最大，然后逐渐减小，至凌晨最小。就总体情况看，晚上小，白天大。

4）实测最大风速。风电场各测风塔不同高度实测最大风速、极大风速统计见表 1-1-23。

表 1-1-23　　　　　　　　测风塔不同高度最大、极大风速统计

年份	项　　　目	60m	50m	40m	10m
2005	最大风速/(m/s)	24.0	23.3	22.8	20.0
	出现日期/(月.日)	1.21	1.21	1.21	2.21
	极大风速/(m/s)	30.2	30.2	30.2	26.3
	出现日期/(月.日)	1.21	1.21	1.21	1.21
2006	最大风速/(m/s)	28.7	28.4	28.2	24.5
	出现日期/(月.日)	7.17	7.17	7.17	7.17
	极大风速/(m/s)	33.2	32.9	32.4	30.6
	出现日期/(月.日)	7.17	7.17	7.17	7.17

（4）风切变指数。根据 0001 号测风塔不同高度测风资料计算风切变指数见表 1-1-24。

表 1-1-24　　　　　　测风塔不同高度测风资料风切变指数统计

项目	10m	40m	50m
40m	0.1212		
50m	0.1145	0.0727	
60m	0.1102	0.0724	0.0324

根据 0001 号测风塔不同高度（10m、40m、50m、60m）测风资料，不同高度及其风速值拟合幂指数方程（方程为 $Y = 4.5566 X^{0.1132}$），相关系数为 0.998，相关性较好，切变指数为 0.11。

综合以上风切变指数分析成果，风切变指数变化规律基本稳定，风切变指数采用为 1.10。

（5）50 年一遇极大风速。根据玉门镇气象站近 30 年（1977—2006 年）实测年最大风速，采用极值 I 型概率分布统计出 50 年一遇 10m 最大风速为 28.4m/s（50 年一遇极大风速取 50 年一遇最大风速的 1.4 倍）。

推算至风力发电机组轮毂 60m、61.5m 和 65m 高度 50 年一遇极大风速分别为47.6m/s、47.7m/s 和 47.9m/s（切变指数取 0.10），小于 52.5m/s。

另对 0001 号测风塔（2004 年 12 月至 2006 年 6 月）60m 高度极大风速与同期气象站10m 高度极大风速进行相关分析（相关方程为：$Y = 1.1832X + 1.0019$），相关系数为0.82，相关性较好。通过此相关方程推算风电场场址区 60m 高度 50 年一遇极大风速应为47.97m/s。

（6）湍流强度。15m/s 风速段湍流强度按下式计算

$$I_T = O/v$$

式中　　v——平均风速，15.5m/s$>v>$14.5m/s；

　　　　O——相应风速标准偏差。

将测风塔实测各高度 15m/s 风速段平均风速和相应风速标准偏差分别代入上式计算，求出各高度湍流强度见表 1-1-25。

表 1-1-25　　　　　　　　各测风塔各高度湍流强度比较表

高　度	湍流强度	高　度	湍流强度
60m	0.0657	40m	0.0726
50m	0.0726	10m	0.1045

由表 1-1-25 可以看出，风电场 40m 高度湍流强度 0.0762，50m 高度湍流强度0.0726，60m 高度端流强度 0.0657，小于 0.1 风电场 40~60m 高度湍流相对较小。

（四）风力资源综合评价

该风电场主风向和主风能方向一致，以西（W）和东东北（ENE）风的风速、风能最大和频次最高，盛行风向稳定。风速冬春季大，夏季小，白天大，晚上小。

65m 高度风速频率主要集中在 3.0m/s 以下和 20m/s 以上的无效风速和破坏性风速少，年内变化小，全年均可发电。WAsP 9.0 程序进行曲线拟合，计算结果根据《风电场风能资源评估方法》判定该风电场风功率等级为 3 级，风能资源较为丰富。

风力发电机组轮毂 60m、61.5m 和 65m 高度 50 年一遇极大风速分别为 47.6m/s、47.7m/s 和 47.9m/s（切变指数取 0.10），小于 52.5m/s。

60m 高度 15m/s 风速段湍流强度 0.07 左右，小于 0.1，湍流强度较小。根据国际电工协会 IEC61400-1（2005）标准判定该风电场属 IEC III 类风场。

综上所述，本风电场无破坏性风速，盛行风向稳定。风能资源较为丰富，具有一定规模的开发的前景，是一个较理想的风力发电扬。

任务回顾与思考

1. 试述风的形成。
2. 试述我国风资源分布情况。
3. 我国风能资源的区域等级划分的标准是什么？
4. 测风所需的工器具是什么？测风的步骤是什么？
5. 如何进行风资源的统计计算与评估？

任务二　复杂地形风资源的测量与评估

学习目标：

1. 了解复杂地形特点。
2. 熟悉复杂地形测风塔的安装。
3. 学会复杂地形测风数据分析。
4. 掌握复杂地形风资源的计算方法。
5. 掌握复杂地形风资源的评估方法。

目前，我国风电场风能资源评价遵循的有关标准主要包括《地面气象观测规范》（中央气象局）、《风力发电场项目可行性研究报告编制规范》《风电场风能资源测量方法》（GB/T 18709—2002）、《风电场风能资源评估方法》（GB/T 18710—2002）、《风电场工程技术标准》（中国水电水利规划设计总院，2007）等。以上相关标准只是针对平坦地形场址内已有的测风塔资料，并结合附近区域气象站观测资料进行统计、分析及评估，通过单点（测风塔、气象站）数据分析结果来反映风电场场址区域内的风能资源分布。以上分析结果在三北及平坦地形区域内会有一定的代表性，但随着目前风电场区域逐步扩展，地形条件也越来越复杂，风能资源随着地形的变化会有很大的区别。对复杂地形场址区域内的风能资源评估，并不只能局限在对测风塔及气象站资料评估研究，且应用 WAsP 风流线形模型不能计算同一流体的两个回流区的复杂地形风资源，为此要通过现有的气象资料及结合先进的流体力学软件，采用多测风塔综合地貌及风切变拟合修正的风资源评估方法对复杂地形风电场风资源进行测量评估。本任务通过以西南某风电场为例，进一步说明复杂地形条件下的风能资源评估过程。

一、地形分析

本任务中所列举的风电场场址地形地貌属于山地丘陵，地形较为复杂，场址中心地理坐标约为东经 $111°20'12''$，北纬 $24°42'05''$，区域平均海拔在 $280\sim870\mathrm{m}$ 之间，总体地势由北部白鸡岭逐步向南到蚊帐岭为峰点，再继续向南延伸至东冲岭、油麻岭时海拔逐渐走低，天堂岭向（西北—东南）两侧延成一条连绵的山脊，天堂岭向西北延至金子岭，达到峰点后地势逐渐走低，东南侧山脊也呈逐渐走低的趋势。从大区域地形走向上看，风电场所在区两侧地形高而中部地形较低，易形成"狭管效应"，构成南、北气流的"通道"，使得该区域以正北正南风为主，山脊走向风与主导风向的垂直使得该区域的风能得到更好的开发利用，如图1-2-1所示。风电场所在地区通公路、铁路，场内地形较平缓，场址内外不存在制约设备运输因素

图1-2-1 风电场内外地形走向图

二、场址区域内测风数据概况

(一) 气象站资料

收集到气象站1981—2010年历年年平均风速，如图1-2-2所示。气象站多年（1981—2010年）年平均风速为2.50m/s，多年年际风速变幅在1.9～3.1m/s之间，最大风速年为1983年（3.1m/s），最小风速年为1994年（1.9m/s）。从风速的年际变化上取5～10年为一段来分析，如图1-2-3所示。气象站近30年年平均风速为2.5m/s，近25年平均风速为2.4m/s，近20年平均风速为2.3m/s，近15年平均风速为2.3m/s，近10年平均风速为2.2m/s，近5年平均风速为2.3m/s。

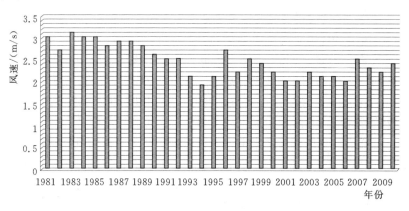

图1-2-2 气象站多年风速年际变化图

(二) 测风塔资料

风电场场内立有主版号为10666号测风塔，塔高70m，海拔467m，地理坐标为东经111°20′17.1″，北纬24°42′17.9″；主版号为10940号，塔高70m，海拔645m，地理坐标为东经111°20′15.3″、北纬24°41′1.8″。两塔海拔相差178m，如图1-2-4所示。

(三) 测风塔资料分析

10666号、10940号测风塔因地理位置不同，导致月平均风速大小不等。各测风塔80m高度月平均风速对比分析结果见表1-2-1，主导风向对比见表1-2-2，可以看出，两测风塔80m高度代表年平均风速分别为7.6m/s、5.3m/s，两座测风塔月平均风速总体变化趋势基本一致。从图1-2-4上分析各测风塔风速差异的原因，10940号测风塔四周地形最开阔，位置海拔高，且处于南北风速通道上风向上基本无阻挡。10666号测风塔位

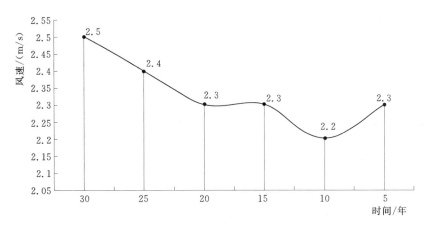

图 1-2-3　气象站多年平均分段变化曲线图

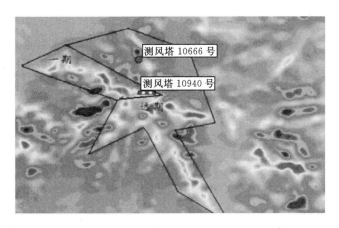

图 1-2-4　风电场内 10666 号、10940 号测风塔具体位置示意图

置海拔较低，周围环境较复杂，其三面有环山，且距离较近，湍流较大，风速受峡谷风影响切变较大。

表 1-2-1　　　　　　　　　两测风塔 80m 高度月平均风速对比表　　　　　　　　　单位：m/s

测风塔号	1月	2月	3月	4月	5月	6月	7月	8月	9月	10月	11月	12月	全年平均
10940 号	8.0	8.1	8.7	6.9	7.8	6.8	6.3	6.5	7.5	8.2	7.2	9.0	7.6
10666 号	5.1	5.4	5.9	4.8	5.7	5.3	4.7	4.8	5.1	5.7	4.7	6.2	5.3

表 1-2-2　　　　　　　　　　　　两测风塔主导风向对比表

测风塔号	70m 主导/次主导风向	70m 主导/次主导风向频率/%	80m 主导风向	80m 主导方向频率/%
10940 号	N/S	33.7/24.1	N	43.0
10666 号	NNW/S	26.0/24.0	NNW	50.0

（四）测风塔的选取

根据上述各测风塔不同风能指标分析，结合场内两塔具体地理位置、地形地貌具体因素发现：风电场地势南高北低，10666 号基准海拔 467m，与 10940 号测风塔基准海拔（645m）相差 178m，10666 号测风塔地处局部山谷之中，受周围高海拔山脊影响，该塔与 10940 号测风塔两高度风向有所偏差，与大地形下的盛行风向偏差尤为明显。风速也受地形影响较明显（10666 号与 10940 号测风塔 70m 高度同期风速相差 2.3～3.3m/s），两测风塔所测数据的差异受海拔、所处地理位置、周围环境等因素影响居多，同时考虑风电场可利用区域海拔在 400～800m 之间，而 10940 号测风塔从所处地理位置、所测风速、风向上更具代表性。综合考虑上述因素，为更合理地评估场址风能资源分布，选择 10940 号测风塔实测数据进行风电场的风能资源评估，同时参考 10666 号测风塔实测数据进行验证分析。

三、场址区域内风能资源计算

根据风电场风能资源分析所确定的历时风速、风向系列资料，结合选定的风电机组机型功率曲线和风机布置方案，借助风能资源评估软件 MeteodvnWT，进行风电场年发电量计算。通过 WT 软件，利用场内测风塔风数据，模拟出以场内中心点向外延伸 8km 为半径的资源分布。由风速图例可以看出，风电场沿山脊机位点 80m 高年平均风速在 5.8～7.2m/s 之间较为集中，与场内测风塔实测风速值较为吻合。由风功率密度图例可以看出，风电场沿山脊机位点 80m 高年平均风功率密集中分布在 328～435W/m² 之间。

四、结论

以上是对复杂地形风电场风能资源评估的一个基本流程，通过以上分析，利用已有的测风塔资料和先进的流体力学软件进行风电场区域内的风能资源分布分析，为进一步合理开发风电场风能资源提供了有利的技术支持。对于复杂地形条件下的风电场风能资源的评估研究，不能只局限于对测风塔和气象站资料分析，还要与整个风电场的开发结合在一起，这样才能更加科学、客观地指导设计工作。

任 务 回 顾 与 思 考

1. 试述复杂地形的特点。
2. 试述复杂地形风能资源计算方法。
3. 试述复杂地形风能资源的评估。

任务三　海上风资源的测量与评估

任务目标：

1. 掌握影响海上风资源评估的相关因素。
2. 掌握海上风资源的测量数据处理与测风设备的建立。
3. 海上风资源评估流程和产能预测分析。

随着陆上风电的逐步发展成熟，待开发的陆上风能资源不断减少，此时可开发风能资源蕴藏量更为丰富、开发前景更为广阔的海上风电开发也吸引了世界的目光，相关各项开发工作逐步开展，现在海上风电成为未来风电开发的主要方向。我国近海丰富的风力资源、地广人稀的海岸滩涂地带和岛屿，以及东南地区繁荣的电力市场，为大规模的海上风电开发提供了自然的有利条件。建设海上大型风力发电场，前期要做好海上区域风能资源的测量、评估及产能预测。在评估过程中需考虑很多方面，包括海上风资源的测量手段、测量布局、测量设备、台风致损等，通过综合分析，确定海上风资源区域等级，决定海上风电场建设项目的经济可行性。

国家能源局于 2009 年 4 月发布了《海上风电场工程规划工作大纲》（国能新能〔2009〕130 号），提出以资源定规划、以规划定项目的原则，要求对沿海地区风能资源进行全面分析，初步提出具备风能开发价值的滩涂风电场、近海风电场范围及可装机容量。国家能源局分别于 2010 年 1 月和 2011 年 7 月发布了《海上风电开发建设管理暂行办法》和《海上风电开发建设管理暂行办法实施细则》，对海上风电场工程项目规划、前期工作、开发权、核准等建设程序进行了规范，初步形成我国完整的海上风电前期工作技术标准管理体系。

一、海上风电发展历程及现状

1. 世界海上风电发展

海上风电起始于欧洲，经过几十年的发展，目前已经在世界各地获得了蓬勃发展。纵观其发展历程，大致可将其分为以下四个阶段：

（1）1977—1988 年，国家级海上风能资源潜力和相关技术的研究，论证建设海上风电场的可能性。

（2）1990—1998 年，欧洲范围内海上风能潜力评估，一些拥有中型风力机的近海风电场相继建成。

（3）1999—2005 年，大型海上风电示范工程的建设和大型海上风力发电机组技术开发。

（4）2005 年以后，大型海上风电场的规模化发展时期。

目前世界海上风电还是主要集中在欧洲，其装机容量占世界总装机量的 90%。1991 年，丹麦建成了世界上第一座海上风电场，但是其后 10 年仅完成了 31.45MW 的海上风电装机容量。2000—2008 年，随着海上风机整机技术及风电场建设技术的逐步发展成熟，欧洲海上风电迅速发展，其装机容量年复合增长率达到 37.1%，总装机容量达到 1470MW。2008 年和 2009 年更是连续两年海上风电新增容量超过了 50 万 kW，两年的安装量超过了过去累计装机容量的总和。从海上风电累计市场份额看，英国、丹麦保持领先地位，分别占世界海上风电份额的 44% 和 30%，2009 年新建成的海上风电集中在英国（28.3 万 kW）、丹麦（23 万 kW）、瑞典和德国（均为 3 万 kW）以及挪威（2300kW）。同时 2010 年 5 月，德国第一座深海风电场建成投产，装机容量 6 万 kW，距离海岸线 50km，成为距离陆地最远的海上风电场。截至 2010 年年底，欧洲海上风电并网容量已经达到 2964MW，而根据欧洲风能协会的预计：到 2011 年将新增海上风电并网容量 1000～

1500MW，2015 年海上风电装机容量将达到 8000 万 kW。

2. 我国海上风电发展

我国近海风能资源十分丰富，据中国气象局风能资源详查初步成果，我国 5～25m 水深线以内近海区域、海平面以上 50m 高度风电可装机容量约 2 亿 kW，具备巨大的海上风电开发潜能。

我国海上风电开发始于 2008 年，目前处于起步阶段，但是发展很快，正在迎头赶超世界先进国家。上海东海大桥风电场项目是我国自行设计、建造的第一个国家海上风电示范项目，采用华锐风电自主研发的 34 台 3MW 风电机组，总装机容量 10 万 kW，已于 2010 年顺利并网发电。2010 年 5 月，国家启动了第一批 100 万 kW 海上风电场特许权项目招标，分别为滨海、射阳、东台、大丰四个海上风电项目。第二批 200 万 kW 海上风电场特许权招标项目也于 2011 年 10 月举行。与此同时，上海、江苏、山东、浙江、福建、广东、广西、海南、河北、辽宁等沿海省市纷纷启动了各自的海上风电项目规划。

二、海上风电的优势

海上风电场分为滩涂、近海风电场以及深海风电场。滩涂风电场包括潮间带和潮下带，指理论多年平均高潮位线以下至理论最低潮位 5m 水深海域开发的风电场；近海风电场指理论最低潮位以下 5～50m 水深海域开发的风电场；深海风电场指在大于理论最低潮位以下 50m 水深的海域开发的风电场。

由于海洋自身特殊的地理气象环境，相对于陆上风电，发展海上风电具有以下优势：

（1）海上风力资源大大高于陆上，这已经被建成的海上风场所证实，离岸 10km 的海上风速通常比沿岸陆上高约 25%。

（2）海上风湍流强度小，具有稳定的主导风向，机组承受的疲劳负荷较低，使得风机寿命更长。

（3）风流过粗糙地表或障碍物时，风速的大小和方向都会变化，而海面粗糙度小，因而可能的风切变小，故塔架可以较短，成本降低。

（4）海上风电受噪声、景观影响、鸟类影响、电磁波干扰等问题的限制较少。

（5）海上风电场不占用陆上土地，不涉及土地征用等问题，在陆地上装机空间有限的情况下广阔的海上场址无疑备受人们关注。

（6）海上风能的开发利用不会造成大气污染和产生任何有害物质，可减少温室效应气体的排放，环保价值可观。

三、海上风资源数据测量

海上风资源数据测量是海上风资源评估的基础，风资源数据质量的优劣直接影响着风资源评估结果的准确性，并最终影响风电开发的经济效益。在《中国海上风电及陆上大型风电基地面临的挑战：实施指南》（该书是世界银行和中国国家能源局共同领导开展的"中国开发海上风电和陆上大型风电基地战略研究"项目的研究成果）一书中，GH 公司提出海上风资源测量的重要性，指出目前中国大型风电场开发还没有做过充分的测风，认为不好的风资源评估往往会造成严重的发电量损失，并举例说明：一个 2MW 风机的成本大约相当于 100~200 个测风塔，若一个 3.8GW 风电基地发电量减少 10%，就相当于每年损失了 1500 个测风塔。

海上风资源测量可以采用多种不同方式，目前我国海上风资源数据主要来源于沿岸气象站观测、海洋船舶气象观测、石油平台气象观测、卫星遥感观测、海上测风塔测量等。其中沿岸陆地气象站远离海域，难以精确代表海域风资源状况，会导致较大的风资源分析误差；石油平台观测为定点、定时、连续观测，且覆盖区域较小；船舶观测直接来自于海上观测，历史资料时间长，但是观测点不均匀，多集中在航线附近，而且观测次数有限；卫星遥感观测是目前发展起来的一种新技术，我国尚缺乏这方面的技术及数据。海上测风塔测量最直接最有效，也最能代表风电场所在海域的风资源状况，但是测量时间较短，不具有典型代表性。因此，在实际海上风资源评估过程中，通常会采用多种海洋风资源观测数据，通过数值模拟、MCP 方法等分析手段，进行综合分析评估。

四、海上风资源评估

风能资源评估是开发风电的前提，是进行风电场选址、风机选型、机位布局、发电量估算和经济概算的基础。风资源评估的准确性直接决定着风电开发经济效益的好坏，这一点在投资风险大的海上风电开发中表现得尤为突出。据统计，离岸 10km 的海上风速通常比沿岸陆上高约 25%，则最终发电量约大 70%，这样风资源评估的微小误差将会放大成较大发电量误差，最终导致风电开发经济效益的巨大损失。

（一）海上风资源评估的特点

陆上风资源评估技术已经十分成熟，各国都已制定了有关的国家标准，海上风资源评估方法与陆上风资源评估方法具有较大的相似性，如风数据整理及校对、不合理数据筛选、数据订正等。但是由于海上风资源的独有特点，因此在进行海上风资源评估是还需要考虑以下因素的影响：

（1）尾流的影响距离和范围。

（2）海洋气候环境对风电机组维护和可利用率的影响。

（3）气温和水温对近海风速的影响范围以及尾流作用距离的影响。

（4）潮位变化对风速垂直分布的影响。

（5）昼夜海风的变化规律。

目前，在海洋风资源评估的研究方面，欧洲风电技术先进国家如丹麦、德国、英国等走在前列，并取得了很大进展。进行过多年观测、分析和数值模拟，初步建立起了海上风资源评估模型如海岸不连续模型（coastal discontinuity model，CDM）等多个风机尾流模型，揭示了一些海上风况所特有的规律和现象，如海岸对海上风资源分布的影响方式、潮汐对海上风速变化的影响、昼夜海风的变化规律等。这对我国的海上风资源评估具有重大的借鉴与学习价值。

（二）海上风资源评估方法

根据风资源评估在海上风电场建设不同时期其服务对象、目的作用及使用方法的不同，可以将其分为宏观风资源评估和微观风资源评估两个阶段。

1. 宏观风资源评估

宏观风资源评估处于海上风电开发规划阶段，其应用对象主要是政府和管理部门，风资源评估结果是国家宏观决策、行业发展和开发规划的重要科学依据。宏观风资源评估方法主要有以下几种：

（1）根据海上气象实测资料（如船舶气象观测、石油平台气象观测、浮标、岛屿气象站观测以及科学考察观测），通过数据统计分析方法获得整个海域的风资源分布状况及风资源储量。

（2）借助计算机软件分析系统，利用中尺度数值模式进行高分辨率的模拟计算，获得整个海域的风资源分布状况及风资源储量。

（3）利用卫星遥感资料〔星载无源微波（passive microwave）遥感器、高度计（altimeter）、电子散射仪（scatterometer）和合成孔径雷达（SAR）〕，通过统计分析获得整个海域的风资源分布状况及风资源储量。

2. 微观风资源评估

微观风资源评估处于海上风电场开发可行性研究阶段，其应用对象主要是风电开发管理和审批部门、风电开发商，其分析结果直接应用于风电场风机布局、风机选型、发电量估计和经济概算。微观风资源评估方法主要是根据海上风电场的实测风资源数据，采用微尺度数值模拟软件（如 WAsP、Wind Farmer、Wind PRO 等）进行高分辨率模拟计算，分析风电场区域的风况分布，绘制风图谱，进行风机选型、风机排布、发电量计算等微观选址操作。

（三）海上风资源评估

风流动特性对风能产业非常重要，应注意到不同时间尺度下风的变化和对风电场不同的影响。必须要考虑的尺度变化有几秒钟内（湍流）、几分钟内、日、月、季节（自然变化）、年（自然变化）和几十年甚至几百年（极端情况）。

1. 常规数据组

风电场早期开发阶段，某个站点或区域进行风资源评估的首要步骤之一是调查合适的数据组，从气象站搜集风速数据信息来预报天气。但是大多数气象数据是在标准 10m 高度下测量的，这是由世界气象组织（WMO）所规定的。还有不同用途的其他数据源，如为保证空中交通安全的机场测量数据、港口测量数据或保证海航航运安全浮标测量数据和海上石油或天然气平台的测量数据，每个数据组的质量均要得到验证。这包括数据历史信息和其他元数据（例如，仪器规格、仪器支架、数据采集协议和观测高度）。

2. 公共测风塔（政府拥有）

一些国家的政府机构通过补贴和资助气象测风杆来加速海上风电行业的发展。科学界助推风能知识领域的发展，在其帮助下，测量质量通常很高。然而，这些措施是罕见的，大部分海上测风塔是私人拥有的，其数据是保密的。测风塔为某一地区提供一般性服务，因而这些测风塔事实上不可能恰好位于某个计划中的风电场中。

3. 卫星数据

近年来，卫星图像作为另一种海上风速地图得到广泛应用。卫星技术也存在一些问题。例如，基于对图像解释得到的"风速测量"是一种间接计算方法，即使相对精确度

（大面积梯度）确实具有说明性，其精确度也还是有限的。某些地区时间和地点的覆盖范围取决于实际的卫星轨迹，所以可解释为长期平均值。然而，人们致力于基于卫星系统的信息，期望其对风能的利用和开发有所帮助。

4. 网格数据组

气象机构的常规气象预报使用大型模型得到所谓的数值天气预报（NWP）。虽然最初创建这些模型并不是完全为了用于气象研究，但它们确实能够创造时间序列，得到网格点的气象参数，提供如风速和风向等数据。通过观测值验证后，可创建追报数据组。虽然数据实际上已经由模型得到，但通过与观测值比对，其质量已得到提升。这些模型数据组能覆盖较大面积，但同时空间分辨率很低。这种情况下，还需应用局部内插方法。该方法同样适用于较为粗糙的垂直分辨率（风速）。

5. 风能地图

区域风速大小信息往往绘测于风能地图，此形式确实非常吸引人。一方面，风能地图是使用者的信息源；另一方面，它展示了测量活动和建模工作的结果。大型风能地图（海上）已有出版，因而可辅助初期选址现场勘察。由于基本信息和模型造成较低的分辨率，地图精度通常有限。此外，一个有限区域内的详细风能地图（例如，拟议的风场）需花费更多精力，可用于详细的布局设计。例如，近期由中国气象局（2011）出版的中国海上风能地图。

6. 专用气象测风塔

取得当地风速数据组的最好方法是在现场矗立专用测风仪。仪器仪表的质量和设计方案最好尽可能地符合 IEC 要求，因而观测高度应接近轮毂高度，目前可达 100m（及以上）。虽然此做法益处颇多，这种气象测风杆费用昂贵（取决于风场，特别是海水深度）。因此，决定安装气象杆前，项目开发人员需要良好的经营状况。特别是在英国，一些开发商已拥有自己的测风塔，但最后，项目规划的数据组的持续记录时间仅限于 1 年或许几年，这意味着仍然需要其他信息来源以实现对风场的长期了解。

7. 新的测量技术

近些年，其他遥感仪器已应用于风能产业。声雷达和光雷达制造商，即声音探测和测距以及光检测和测距的仪器制造商，因对风能产业产生极大兴趣，积极调整其产品规格以适宜于风能测量的需要。即最大测量范围缩减到 200～300m，同时提高垂直分辨率。

光雷达尤其具有不错的应用前景。

声雷达（或光雷达）可作为专用海上风能测量工具选择之一。最好的办法是将仪器放在一个固定的结构上，可以是现有的（如石油或天然气平台）或是专门设置的。前者较为便宜（如果有的话），相比传统的海上测风塔，后者仍相当昂贵。然而，该结构尺寸大小可能小于 100m 气象测风杆。

将光雷达放置于漂浮物上（如浮标）这一方法相当经济。由于其尺寸小、功耗低，几家公司已开始提供此项服务。考虑到浮标在各个方向连续移动，测量质量需得到进一步验证。此外，通达性是有限和/或耗费多的，因此该系统应尽可能多地具有独立操作能力，需要较高的技术可靠度。

一般而言，光雷达首先面对的挑战是作为一般陆上测量工具，接下来作为海上（浮动装置）测量工具。

（四）产能预测

风电场风资源评估拟定后，下一步是计算拟定风电场的产值。优化过程中风力发电场的特性（风电机组的数量和类型、轮毂高度、位置）均可改变，但需了解预期收益（或者年发电量，AEP）。本书介绍了一般优化计算方法，此方法也适用于与海上具体情况不同的陆上风电场。

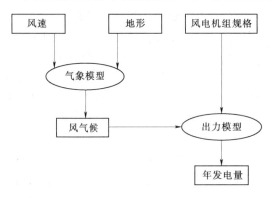

图 1-3-1 一个风电场年发电量计算流程图

1. 普适方法

图 1-3-1 展示了如何从风速信息及其他输入量得到最终结果，即风场年发电量的一般计算方法。

风速，地形和风电机组规格是输入信息。风速和地形信息送入气象模型来模拟当地广义风气候。风电机组规格和风气候信息输入到出力模型得到所需的结果。

2. 风速

风资源评估结果为产能预测提供基础，不仅仅需要平均风速。虽然普遍认为风速是评判某个地区风能资源好坏的第一指标，但其他特性也不容忽略。首先是风玫瑰图，风频率是风向的函数，影响风电场的布局优化；第二是频率分布，即每个风速区间的发生频率（图 1-3-2）。

3. 地形

风的重要特性之一是其值随高度变化，即风廓线。风廓线的形状由两点决定：一是由地球表面的平滑度，更确切地说是表面粗糙度所造成的机械摩擦效应；二是温度廓线的热效应，热效应造成大气有稳定、不稳定或者中性三种状况。根据定义，中性大气是指大气中的热效应相比机械效应（通常是在高风速下）而言可以忽略不计的情况。

粗糙度为表征地球表面摩擦力的大小，地形粗糙度可以被量化，其表现形式可以是粗糙等级或者是粗糙度（单位：m）。事实上，可将海平面看成一个广阔海域，因而其表面粗糙度是由波浪决定的，粗糙度随着风速的增加而增加。然而，大多数情况下，粗糙度均以平均值计算（0.0002m）。

相比于陆上风电场，海上地形（高度）是不相关的。某些情况下，障碍物可能影响风

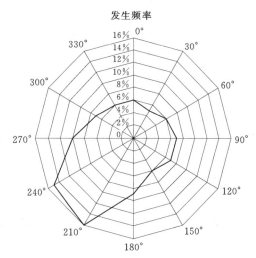

图 1-3-2 风玫瑰图表示某个风电场
风向的发生频率

电机组附近风的流动。同样，对海上风电场而言，粗糙度不太重要，因而在此不做过多详细说明。

4. 气象模型

风速和地形信息输入到气象模型中。气象模型是基于边界层气象领域的科学研究结果。普遍应用的方法是由丹麦科技大学风能中心（之前是 Riso 实验室）开发的 WAsP 软件，需要计算的量包括水平和垂直变换值。

最终要考虑的是时间特性。例如，若有一年风速测量值作为基本信息，必须转换为长期特性值（10～20 年），因为长期信息才是研究重点。此外，必须注意到所有的数据集仅代表过去（按定义），而对于产业发展而言只对未来感兴趣。

下面以图 1-3-3 这一理论示例说明这一点。图中给出一个风力发电场 10 年期间月发电量序列值，且归一化到 100% 的平均水平。此例显示少于 50% 以及超过 250% 的变化值，对欧洲西北地区较为典型，换句话说，风资源最好月份的发电量是风资源最差月份的 5 倍。类似地，相同数据平均到 1 年的结果绘制于图 1-3-3。

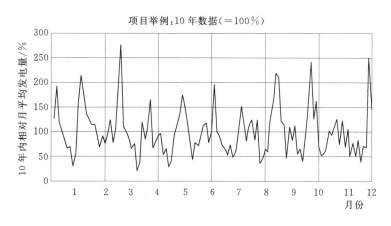

图 1-3-3 示例项目平均月产值数据

从图 1-3-4 中可以很清晰地看到各年份风速有很大不同。通常做法是采取测量-关联-预测（measurement correlate predict，MCP）的计算方法。

此方法为：一年现场测量值与至少 10 年的长期参考数据组，例如，从邻近的气象站得到的数据做相关性分析，若有足够的相关性（有不同计算方法），一年测量值可以修正为长期值，参看示例图（图 1-3-3 和图 1-3-4），如果一年有至少 85% 的值，可考虑计算出 100% 的水平。

5. 风气候

风气候提供的最终结果至少包括长期平均风速，风玫瑰图和风速频率分布。理想条件下，还包括湍流值（强度），并可推出极端值。这些参数在制造商评估风电机组是否符合 IEC 要求时十分重要。

6. 技术

风电机组信息包括风电机组的技术规格，如轮毂高度、现场机位等基本信息。最重要

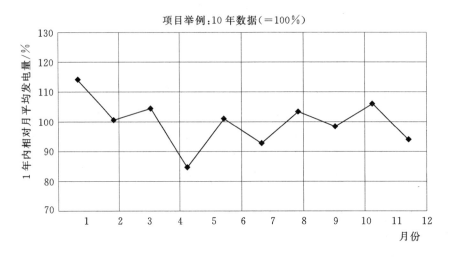

图 1-3-4 示例项目平均年产值数据

的是功率曲线（或者是 $P-v$ 曲线），即给出风速与功率输出间的函数关系；其次是 $C-t$ 曲线（推力曲线），即考虑风轮前后风速值的变化。

7. 年发电量

正在开发的项目需要年发电量的计算结果（AEP），也可理解为输送到电网的长期净年平均发电量。结合实际电能的价格，年发电量是项目收入的主要推动因素。确定风气候后，年发电量通过以下步骤计算得到：

（1）理想发电量。理想发电量（该术语没有被广泛使用）指的是仅考虑风电机组 $P-v$ 曲线的电力生产值。其结果相当理论化（这是其称为理想发电量的原因），这意味着生产过程中没有丝毫损失，当然也没有尾流损失。因而此结果即是将一个风电场假设为一台风力发电机。

（2）总发电量。总发电量包括（计算的）尾流损失。因而该结果考虑到了风电场不同风电机组的具体机位，风气候特性（风玫瑰图）和风电机组的技术参数（$C-t$ 曲线）。视具体情况而定，总的尾流损失是相当多的，尤其是海上风电场。10%～20% 的尾流损失是相当常见的。目前已有大量关于如何改善尾流模型的研究，因为其是不确定性的主要来源之一，特别针对于海上可用测量数据较少的情况。

（3）净发电量。净发电量包括所有损失因素的计算和估计值。因为有些因素不适于所有情况，对于具体场址，都必须检查各种可能的影响因素。

8. 不确定性分析

通常，最终年发电量的不确定性结果逻辑上是基于普适方法。不确定性可归因于数据和模型步骤。测量工具不可能有无限精度，模型是现实的简化，当然有其局限性。对于海上风电项目，有关项目选址和测量持续时间、测量仪器位置的选取均是考查重点。首先计算有一定不确定性的长期平均风速，单位为 m/s；接下来得出这种不确定性，确定这种不确定性对出力的影响（以 MW·h/a 表示）；然后将风速到出力的确定步骤的所有不确定值累加，得到总的不确定度。

任 务 回 顾 与 思 考

1. 试述海上风资源评估的特点。
2. 试述海上风资源评估的方法与流程。
3. 试述海上风资源产能预测。
4. 试述海上风电场年发电量的计算流程。

学习情境二 风电场的选址

任务一 平坦地形风电场的选址

学习目标:

1. 了解风电场选址的技术规定。

2. 了解风电场选址的技术标准。

3. 熟悉平坦地形风电场选址所考虑的条件和因素。

要建立一个风电场,首要的就是风电场选址。国内外的经验教训表明,风电场选址失误将造成发电量损失和运行维护费用增加,影响项目整体效益,因此风电场选址对风电场建设至关重要。风电场选址分为宏观选址和微观选址。风电场宏观选址过程是从一个较大的地区,通过对资源、地形、交通、联网条件等多方面进行综合比较后,选择一个风能资源丰富、有较好利用价值的小区域的过程。微观选址是在宏观选址确定的小区域中优化布置风电机组,使风电场发电量达到最优。

一、风电场场址选择的技术规定

(一) 基本条件

1. 风能资源

(1) 建设风电场最基本的条件是要有能量丰富、风向稳定的风能资源,选择风电场场址时应尽量选择风能资源丰富的场址。

(2) 现有测风数据是最有价值的资料,中国气象科学研究院和部分省(自治区)的有关部门绘制了全国或地区的风能资源分布图,按照风功率密度和有效风速出现小时数进行风能资源区划,标明了风能丰富的区域,可用于指导宏观选址。有些省(自治区)已进行过风能资源的测量,可以向有关部门咨询,尽量收集候选场址已有的测风数据或已建风电场的运行记录,对场址风能资源进行评估。

(3) 某些地区完全没有或者只有很少现成测风数据;还有些区域地形复杂,即使有现成资料用来推算测站附近的风况,其可靠性也受到限制。在风电场场址选择时可采用以下定性方法初步判断风能资源是否丰富。

1) 地形地貌特征判别法。可利用地形地貌特征,对缺少现成测风数据的丘陵和山地进行风能资源粗估。地形图是表明地形地貌特征的主要工具,应采用1:50000的地形图,能够较详细地反映出地形特征。

a. 从地形图上可以判别发生较高平均风速地形有以下典型特征:

(a) 经常发生强烈气压梯度的区域内的隘口和峡谷。

　（b）从山脉向下延伸的长峡谷。

　（c）高原和台地、强烈高空风区域内暴露的山脊和山峰。

　（d）强烈高空风，或温度/压力梯度区域内暴露的海岸。

　（e）岛屿的迎风和侧风角。

　b. 从地形图上可以判别发生较低平均风速的典型特征是：

　（a）垂直于高处盛行风向的峡谷。

　（b）盆地。

　（c）表面粗糙度大的区域，例如，森林覆盖的平地。

　2）植物变形判别法。植物因长期被风吹而导致永久变形的程度可以反映该地区风力特性的一般情况。特别是树的高度和形状能够作为记录多年持续的风力强度和主风向证据。树的变形受几种因素的影响，包括树的种类、高度、暴露在风中的程度、生长季节和非生长季节的平均风速、年平均风速和持续的风向。已经发现年平均风速是与树的变形程度最相关的因素。

　3）风成地貌判别法。地表物质会因风而移动和沉积，形成干盐湖、沙丘和其他风成地貌，表明附近存在固定方向的强风，如在山的迎风坡岩石裸露，背风坡砂砾堆积。在缺少风速数据的地方，利用风成地貌有助于初步了解当地的风况。

　4）当地居民调查判别法。有些地区由于气候的特殊性，各种风况特征不明显，可通过对当地长期居住居民的询问调查，定性地了解该地区风能资源的情况。

　2. 风电场联网条件

　（1）风电场场址选择时应尽量靠近合适电压等级的变电站或电网，并网点短路容量应足够大。

　（2）各级电压线路的一般使用范围见表2-1-1。

表 2-1-1　　　　　　　　各级电压线路的一般输送容量和输电距离

额定电压/kV	输送容量/MW	输电距离/km
35	2～10	20～50
60	3.5～30	30～100
110	10～50	50～150
220	100～500	100～300
330	200～800	200～600
500	1000～1500	150～850
750	2000～2500	500 以上

　3. 交通运输和施工安装条件

　（1）对外交通。风能资源丰富的地区一般都在比较偏远的地区，如山脊、戈壁滩、草原、海滩和海岛等，大多数场址需要拓宽现有道路并新修部分道路以满足设备的运输。在风电场选址时，应了解候选风场周围交通运输情况，对风况相似的场址，尽量选择那些离已有公路较近，对外交通方便的场址，以利于减少道路的投资。

　（2）施工安装条件。收集候选场址周围地形图，分析地形情况。复杂地形不利于设备的运输、安装和管理，装机规模也受到限制，难以实现规模开发，场内交通道路投资相对也大。场址选择时在主风向上要求尽可能开阔、宽敞，障碍物尽量少、粗糙度低，对风速影响小。另外，应选择地形比较简单的场址，以利于大规模开发及设备的运输、安装和管理。

4. 装机规模

为了降低风电场造价，风电场工程投资中，对外交通以及送出工程等配套工程投资所占比例不宜太大。在风电场规划选址时，应根据风电场地形条件及风况特征，初步拟定风电场规划装机规模，布置拟安装的风电机组位置。对风电特许权项目，应尽量选择那些具有较大装机规模的场址。

5. 工程地质条件

在风电场选址时，应尽量选择地震烈度小，工程地质和水文地质条件较好的场址。作为风电机组基础持力层的岩层或土层应厚度较大、变化较小、土质均匀、承载力能满足风电机组基础的要求。

6. 其他因素

（1）环境保护要求。风电场选址时应注意与附近居民、工厂、企事业单位（点）保持适当距离，尽量减小噪声污染；应避开自然保护区、珍稀动植物地区以及候鸟保护区和候鸟迁徙路径等。另外，候选风电场场址内树木应尽量少，以便在建设和施工过程中少砍伐树木。

（2）风电发展原则。规模开发与分散开发相结合，在"三北"地区（西北、华北和东北）和东部沿海风能资源丰富地区规模化发展，其他地方因地制宜发展。

（二）工作成果

风力发电的经济效益取决于风能资源、联网条件、交通运输、地质条件、地形地貌和社会经济等多方面复杂的因素，风电场选址时应按照以上要求对候选风电场进行综合评估，并编写风电场场址选择报告。

因此，风电场场址的选择包括宏观选址和微观选址。

风电场宏观选址过程是从一个较大的地区，对气象条件等多方面进行综合考察后，选择个风能资源丰富、而且最有利用价值的小区域的过程。

二、风电场宏观选址程序

风电场宏观选址程序可以分为三个阶段进行。

1. 第一阶段

参照国家风能资源分布区划，首先在风资源丰富地区内候选风能资源区，每一个候选区应具备以下特点：①有丰富的风能资源，在经济上有开发利用的可行性；②有足够面积，可以安装一定规模的风力发电机组；③具备良好的场地形、地貌，风况品位高。

2. 第二阶段

将候选风能资源区再进行筛选，以确认其中有开发前景的场址。在这个阶段，非气象学因素，比如交通、通信、联网、土地投资等因素对该场址的取舍起着关键作用。

以上筛选工作需搜集当地气象台站的有关气象资料，灾害性气候频发的地区应该重点分析其建场的可行性。

3. 第三阶段

对准备开发建设的场址进行具体分析，做好以下工作：

（1）进行现场测风，取得足够的精确数据。一般来说，至少取得一年的完整测风资料，以便对风力发电机组的发电量做出精确的估算。

（2）确保风资源特性与待选风力发电机组设计的运行特性相匹配。

（3）进行场址的初步工程设计，确定开发建设费用。

（4）确定风力发电机组输出对电网系统的影响。

（5）评价场址建设、运行的经济效益。

（6）对社会效益的评价。

三、宏观选址条件

1. 风能质量好的地区

建设风电场最基本的条件就是要有丰富、风向稳定的风能资源，因此场址选在风能质量好的地区，所谓风能质量好的地区应具备以下特点：

（1）年平均风速较高。一般年平均风速达到 6m/s 以上。

（2）风功率密度大。年平均有效风能功率密度大于 $300W/m^2$。

（3）风频分布好。

（4）可利用小时数高。风速为 3～25m/s 的小时数在 5000h 以上。

2. 容量系数大

容量系数是指风电机组的年度电能净输出，也就是在真实负荷条件下的年度电能输出除以风电机组额定容量与全年运行 8760h 的乘积。

风电场选址于容量系数大于 0.3 的地区将会有明显的经济效益。

3. 风向稳定

风电场主要有一个或两个盛行主风向，所谓盛行主风向是指出现频率最多的风向。一般来说，根据气候和地理特征，某一地区基本上只有一个或两个盛行主风向且几乎方向相反，这种风向对风力发电机组排布非常有利，考虑因素较少，排布也相对简单。但是，也有虽然风况较好，但没有固定的盛行风向的情况，这种情况对风力发电机组排布尤其是在风力发电机组数量较多时带来不便，这时，就要进行各方面综合考虑来确定最佳排布方案。

在选址考虑风向影响时，一般按风向统计各个风速的出现频率，使用风速分布曲线来描述各风向方向上的风速分布，做出不同的风向风能分布曲线，即风向玫瑰图和风能玫瑰图，来选择盛行主风向。

风向稳定可以利用风玫瑰图表示，其主导风向频率在 30％以上的地区可以认为是风向稳定地区。

4. 风速变化小

风电场选址时尽量不要有较大的风速日变化和季节变化，风速年变化较小。我国属季风气候，冬季风大，夏季风小。但是在我国北部和沿海，由于天气和海陆的关系，风速年变化较小，在最小的月份只有 4～5m/s。

5. 风力发电机组高度范围内风垂直切变要小

风力发电机组选址时要考虑因地面粗糙度引起的不同风速廓线，当风垂直切变非常大时，对风力发电机组运行十分不利。

6. 湍流强度小

由于风是随机的，加之场地表面粗糙的地面和附近障碍物的影响，由此产生的无规则的湍流会给风电机组及其出力带来无法预计的危害：减少了可利用的风能；使风电机组产生振动；叶片受力不均衡，引起部件机械磨损，从而缩短了风电机组的寿命，严重时使叶片及部分部件受到不应有的毁坏等。因此，在选址时，要尽量使风电机组避开粗糙的地表面或高大的建筑障碍物。若条件允许，风电机组的轮毂高度应高出附近障碍物至少 8～10m，距障碍物的距离应为 5～10 倍障碍物高度。湍流强度小地区湍流强度受大气稳定性和地面粗糙度的影响，所以在建风电场时，要避开上风方向地形有起伏和障碍物较大的地区。

7. 尽量避开灾害性天气频繁出现的地区

在选址工作中，应对某些对风电机组有影响的灾害性天气予以考虑，灾害性天气包括强风暴（如强台风、龙卷风等）、雷电、沙暴、夜冰、盐雾等，对风电机组具有破坏性，如强风暴沙暴会使叶片转速增大产生过发，叶片失去平衡而增加机械摩擦导致机械部件损坏，降低风电机组使用寿命，严重时会使风电机组破坏；多雷电区会使风电机组遭受雷击从而造成风力发电机组毁坏；多盐雾天气会腐蚀风电机组部件从而降低风电机组部件使用寿命；覆冰会使风电机组叶片及其测风装置发生结冰现象，从而改变叶片翼型，由此改变正常的气动力出力；减少风电机组出力；叶片积冰会引起叶片不平衡和振动，增加疲劳负荷，严重时会改变风轮固有频率，引起共振，从而减少风电机组寿命或造成风电机组严重损坏；叶片上的积冰在风电机组运行过程中会因风速、旋转离心力而甩出，坠落在风电机组周围，危及人员和设备自身安全；测风传感器结冰会给风电机组提供错误信息，从而使风电机组产生误动作等。此外，冰冻和沙暴会使测风仪器的记录出现误差。风速仪上的冰会改变风杯的气动特性，降低转速甚至会冻住风杯，从而不能可靠地进行测风和对潜在风电场风能资源进行正确评估。因此，频繁出现上述灾害性气候的地区应尽量不要安装风电机组。但是，在选址时，有时不可避免地要将风电机组安装在这些地区，此时，在进行风电机组设计时就应将这些因素考虑进去，要对历年来出现的冰冻、沙暴情况及其出现的频度进行统计分析，并在风电机组设计时采取相应措施。

8. 尽可能靠近电网

要考虑电网现有容量、结构及其可容纳的最大容量，以及风电场的上网规模与电网是否匹配的问题；风电场应尽可能靠近电网，从而减少电损和电缆铺设成本。

9. 交通方便

要考虑所选定风电场交通运输情况，设备供应运输是否便利，运输路段及桥梁的承载力是否适合风电机组运输车辆等。风电场的交通方便与否将影响风电场建设，如设备运输、装备、备件运送等。

10. 对环境的不利影响最小

通常，风电场对动物特别是对飞禽及鸟类有伤害，对草原和树林也有些损害。为了保护生态，在选址时应尽量避开鸟类飞行路线、候鸟及动物停留地带及动物筑巢区，尽量减少占用植被面积。

11. 地形情况

要考虑风电场址区域地形的复杂程度，如多山丘区、密集树林区、开阔平原地、水域或兼有等。地形单一，则对风的干扰低，风电机组无干扰地运行在最佳状态；反之，地形复杂多变，产生扰流现象严重，对风电机组出力不利。验证地形对风电场风电机组出力产生影响的程度，通过考虑场区方圆 50km（对非常复杂地区）以内地形粗糙度及其变化次数、障碍物如房屋树林等的高度、数字化山形图等数据，还有其他的风速风向统计数据等，利用 WAsP 软件的强大功能进行分析处理。

12. 地质情况

风电场选址时要考虑所选定场地的地质情况，如是否适合深度挖掘（塌方、出水等），房屋建设施工、风电机组施工等。要有详细的反映该地区的水文地质资料并依照工程建设标准进行评定。

13. 地理位置

从长远考虑，风电场选址要远离强地震带、火山频繁爆发区，以及具有考古意义及特殊使用价值的地区，应收集历年有关部门提供的历史记录资料，并结合实际做出评价。另外，考虑风电场对人类生活等方面的影响，如风电机组运行会产生噪声及叶片飞出伤人等，风电场应远离人口密集区。有关规范规定风电机组离居民区的最小距离应使居民区的噪声小于 45dB（A），该噪声可被人们所接受。另外，风电机组离居民区和道路的安全距离从噪声影响和安全考虑，单台风电机组应远离居住区至少 200m。而对大型风电场来说，这个最小距离应增至 500m。

14. 温度、气压、湿度

温度、气压、湿度的变化会引起空气密度的变化，从而改变风功率密度，由此改变风电机组的发电量。在收集气象站历年风速风向数据资料及进行现场测量的同时应统计温度、气压、湿度。在利用 WAsP 软件对风速风向进行精确计算的同时，利用温度、气压、湿度的最大、最小及平均值进行风电机组发电量的计算验证。

15. 海拔

同温度、气压、湿度一样，具有不同海拔的区域因其空气密度不同而风功率密度不同，由此改变风电机组的发电量。在利用 WAsP 软件进行风能资源评估分析计算时，海拔间接对风电机组发电量的计算验证起重要作用。

四、微观选址

微观选址是在宏观选址中选定的小区域中确定现场场地布置，使整个风电场具有较好的经济效益。一般风电场选址研究需要两年时间，其中现场测风应有至少一年以上的数据。国内外的经验教训表明，由于风电场选址的失误造成发电量的损失和增加的维修费用将远远大于对场址进行详细调查的费用。因此，风电场微观选址对于风电场的建设至关重要，不同地形的微观选址的要求各不同。

平坦地形可以定义为，在风电场区及周围 5km 半径范围内其地形高度差小于 50m，同时地形最大坡度小于 3°。实际上，对于周围特别是场址的盛行风的上（来）风方向，没有大的山丘或悬崖之类的地形，仍可作为平坦地形来处理。

1. 粗糙度与风速的垂直变化

对平坦地形，在场址地区范围内，同一高度上的风速分布可以看作是均匀的，可以直接使用邻近气象台、站的风速观测资料来对场址区进行风能估算，这种平坦地形下，风的垂直方向上的廓线与地表面粗糙度有着直接关系，计算也相对简单。对于平坦地形，提高风电机组功率输出的唯一方法是增加塔架高度。

2. 障碍物的影响

如前所述，障碍物是指针对某一地点存在的相对较大的物体，如房屋等。当气流流过障碍物时，由于障碍物对气流的阻碍和遮蔽作用，会改变气流的流动方向和速度。障碍物和地形变化会影响地面粗糙度，风速的平均扰动及风轮廓线对风的结构都有很大的影响，但这种影响有可能是有利的（形成加速区），也可能是不利的（产生尾流、风扰动）。所以，在选址时要充分考虑这些因素（图 2-1-1）。

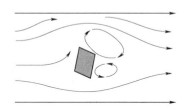

图 2-1-1　障碍物的影响

一般来说，没有障碍物且绝对平整的地形是很少见的，实际上必须要对影响风的因素加以分析。由于气流流过障碍物时，在障碍物的下游会形成尾流扰动区，然后逐渐衰弱。在尾流区，不仅风速会降低，而且还会产生很强的湍流，对风电机组运行十分不利。因此在设置风电机组时必须注意避开障碍物的尾流区。尾流的大小、延伸长度及强弱与障碍物大小和形状有关。作为一般法则，障碍物的宽度 b 与高度 h 之比 $b/h<5$ 时，在障碍物下风方向可产生 $20h$ 的强扰动尾流区，b/h 越小减弱越快，b/h 越大，尾流区越长。极端情况即 $b \gg h$ 时，尾流区长度可达 $35h$。尾流扰动高度可以达到 $2h$。当风电机组风轮叶片扫风最低点为 $3h$，障碍物在高度上的影响可以忽略。因此如果必须在这个区域内安装风电机组，则风电机组安装高度至少应高出地面 $2h$。另外，由于障碍物的阻挡作用，在上风向和障碍物的外侧也会造成湍流涡动区。一般来说，如果风电机组安装地点在障碍物的上风方向，也应距障碍物有（$2\sim5$）h 的距离。如果风电机组前有较多的障碍物时，平均风速由于障碍物的多少和大小而相应变化，此时地面影响必须严格考虑，如通过修正地面粗糙度等。

五、案例分析——甘肃大唐玉门低窝铺二期风电场地地质概况

（一）区域地质概况

1. 地形地貌

玉门低窝铺二期风电场地处河西走廊西段，北邻马鬃山，南依祁连山脉。马鬃山呈东西或北西向延伸，为一中低山地和丘陵区。祁连山一般海拔 3000～4000m，属高山区，山势总体走势为北西西—南东东，与区域构造线方向基本一致。祁连山北侧为山前倾斜冲积洪积平原，地势南高北低，高程自海拔 2500m 降至 1500m 左右。

场址区位于两山之间的坳地内，即祁连-走廊区盆地的次一级盆地玉门盆地内，地貌上表现为以戈壁平原、山前洪积为主。覆盖着巨厚的新近纪至第四纪沉积物，其中发育有稀少的间歇性内陆河流。地势开阔，地形起伏不大，局部地段自南向北发育有浅而长的小沟槽，一般宽 1～3m，深约 10cm，冲沟表面多为中细砂，地面高程自南向北渐降，坡度

约为 1%，海拔一般为 1550～1600m。

2. 地层岩性

场区大地构造上属于河西走廊沉降带，为祁连山加里东陆台后期的巨型山前凹地，以新生代沉降为主。出露地层由老至新为：寒武系砂岩、板岩及火山喷发岩，夹少量的碳酸盐岩和硅质岩等；奥陶系页岩、砂岩、灰岩、火山岩、角砾岩；志留系砂质页岩、粉砂岩、砂岩等；三叠系长石石英砂岩、含砾砂岩、泥岩、粉砂岩；侏罗系砂岩、砾岩、含砾粗砂岩、粉砂岩、页岩等；白垩系砂岩、粉砂岩、泥岩、页岩、砾岩；古、新近系陆相湖盆及山间坳地型沉积，主要为砾岩、砂岩、细砂岩、泥质粉砂岩、砂质泥岩、泥岩、钙质泥岩等。

第四系地层沉积类型繁多，层次清楚，分布极为广泛。南缘以洪积和冰碛为主，颗粒较粗，以冰期堆积为主；向北变细，以间冰期堆积为主。岩性为更新世洪积砂砾石层，次为全新世风成砂和盐类沉积。

场址地基土主要为第四系上更新世冰水堆积及冲-洪积物，多为亚砂土、砂砾石层等，具一定层理。该组地层分上下两部分：下部地层（Q_{3-1}^{fgl}）以砂砾石层为主，夹砂岩透镜体，层理较清晰，构成河西走廊山前倾斜平原，俗称"戈壁滩"，时代属更新世晚期，厚25～170m；上部地层（Q_{3-1}^{al}）主要为亚砂土，含少量细砾石和亚黏土透镜体，主要由冲-洪积形成，构成河西走廊主要农业耕地。

3. 地质构造

本区主要受河西构造体系控制。河蕊系展布在甘、青两省毗邻地区的祁连山系东部及其东南麓，由以白垩系及古、新近系为主形成的一系列褶皱、断裂所构成，总体呈西北330°～345°方向左行雁列的隆起带和拗陷带。

（1）武威—庄浪河拗陷带。由武威、庄浪河、河口等一系列北西西向左行雁列的新生代盆地和与其相伴的庄浪河断裂带组成。此断裂带经古浪穿乌稍岭沿庄浪河向东南延伸。主要由发育于早白垩世至中新世地层中的数条规模不等、彼此方向一致的断裂组成，总体走向 NW/330°～335°，影响宽度 3～5km。断层面多向西倾，切割中、下更新统。

（2）龙首山—冷龙岭隆起带。该带以古生代地层和侵入体为主体，构成一条呈北北西向横跨河西走廊的隆起带，东西两侧均为中新生代盆地。隆起带内发育一系列北北西向压扭性断裂，切割三叠系及更新统。该断裂带自燕山晚期以来曾强烈活动。

（3）张掖—民乐拗陷带。张掖、民乐盆地由晚更新世和全新世的陆相碎屑属堆积物组成，盆地边缘出露新近系和白垩系，总体呈北北西向伸展。

（4）合黎山—榆木山—大通山隆起带。该带以西北 340°～350°方向横跨河西走廊，带内发育一系列北北西向的褶皱和逆冲断裂，最重要的是榆木山东麓断裂带。

（5）酒泉—野牛台拗陷带。由酒泉盆地、野牛台盆地等构成，单个盆地的长轴为北西向，总体呈北北西向，盆地均以新生界为主体组成。

（6）榆树沟山—祁连山主峰隆起带。该带以西北 330°～345°方向横贯河西走廊。两侧发育一系列北北西断裂褶皱，白垩系、古、新近系卷入其中。主要有玉门镇东断裂、地窝铺东断裂、新民堡断裂、嘉峪关断裂、文殊山背斜及其相伴断裂。断裂均向南陡倾。断裂切割并控制了白垩纪地层和古、新近系红鱼盆地。

场区大地构造上属于河西走廊沉降带，该带为祁连山加里东陆台后期的山前凹地，以新生代沉降为主。

4. 新构造与地震

据《甘肃省区域地质志》，工程所在的祁连区新构造运动十分强烈，表现为普遍明的上升。

该区在北纬40°以北地区，地处荒漠戈壁滩，人烟稀少。由于历史文化等诸方面的原因，历史地震记载较少，自唐以来仅有10余次的地震记录，历史上最大一次地震是1932年12月25日发生在昌马的7.5级（东经95°0′，北纬39°9′）地震，大震后余震不断，半年后方息。该地震震中距离场址区约70km，对场址区的影响烈度约为Ⅶ度。

根据国家地震局2001年1∶400万《中国地震动峰值加速度区划图》及《中国地震动反应谱特征周期区划图》资料，地震动峰值加速度为0.15g，地震动反应谱特征周期为0.40s，相对应的地震基本烈度为Ⅶ度。工程区属构造基本稳定区。

（二）场区基本工程地质条件

1. 地形地貌

场区地处河西走廊中部，南依祁连山脉，其北侧为山前倾斜冲积、洪积平原，地势南高北低，高程自海拔2500m降至1500m左右。山势总体走势为NWW—SEE。场址区位于两山之间的坳地内，即祁连-走廊区盆地的次一级盆地玉门盆地内，地貌上表现为以戈壁平原、山前洪积为主，地势开阔，地形超伏不大，地面高程自南向北渐降。局部地段有小沟槽，规模较小，延伸较短，一般宽1～3m，最宽5～10m，深约10～100cm，冲沟表面多为中细砂。

2. 地层岩性

根据有关勘察资料，工程区地基主要为第四系上更新统冲积及洪积物组成，场址地基土主要为第四系上更新统冰期堆积和冲-洪积形成，多为亚砂土、砂砾石层等，卵砾石含量自南向北数量逐渐减少，粒径也逐渐变小。地层一般可分为四大层，其特征自上而下描述如下：

（1）含细砾粉砂土层（Q_4^{eol+al}）。为第四系全新统风积、冲积物，出露于地表，厚度0.1～0.3m，灰色至青灰色。砾石含量约20%，主要成分为砂岩、页岩、花岗岩、石英岩等，多呈亚圆形；粉砂土含量约80%。土质松散，干燥，锹可开挖。底部有白色晶体状或粉末状物（芒硝或盐类）。

（2）砾砂层（Q_4^{al+pl}）。第四系上更新统冲-洪积物，埋深；层顶埋深一般0.1～0.3m，层厚0.2～1.6m，灰黄至褐黄色。砾石含量约30%，主要成分为片麻岩、花岗岩、石英岩和砂岩等，中等磨圆，粒径一般2～10mm。砂含量约65%，以粉细砂为主，松散—稍密，干燥，锹可开挖。

（3）圆砾层（Q_{3-1}^{al+pl}）。分布于砾砂层以下，为第四系上更新统冰期堆积和冲-洪积形成，层厚0.6～1.2.0m。褐红色，泥质胶结，较干燥。砾石分布不均，骨架作用不明显，局部夹有砂层透镜体，层厚变化较大。砾石含量约45%～60%，成分主要为砂岩、石英岩、片岩等；磨圆度中等，多呈亚圆形，砾石表面弱风化至微风化。砂以粉砂为主，含量约35%，呈稍密—中密状态，镐可开挖。

（4）圆砾层（Q_{3-1}^{al+pl}）。为晚更新世冰期堆积，由冲、洪积及冰水沉积形成。层厚2～

14m。圆砾多为灰黄色-黄褐色，较干燥，砾石含量约 $45\% \sim 60\%$，粒径一般 $5 \sim 10$mm 者居多，卵砾石主要成分为砂岩、石英岩、花岗岩、片岩等。卵砾石多呈亚圆形，局部夹有卵石及粉砂质黏土透镜体。泥质弱胶结，较干燥，密实。该层含有三个亚层，主要有泥质胶结的卵石层、钙质胶结卵石层及黏土层。

3. 水文地质条件

玉门镇一带属甘肃西北部的干旱气候区，年平均降水量为 65.3mm，年平均蒸发量为 2847.7mm，蒸发量大约为降水量的 40 倍以上。主要河流有黑河、疏勒河、石羊河等，均发源于祁连山，受冰雪融水和雨水补给。

区内含水层的富水性受地形地貌、地层岩性、地质构造和气候的影响及制约，该场地的区域水文地质条件属贫水区。本区地下水为潜水，地下水位埋藏深度一般大于 20m。

在近场区三十里井子火车站曾进行过水文地质钻探，钻孔深达百米以上，未见到可供饮用的地下水。玉门镇一带当地居民所用水井，浅井地下水埋深一般 20m 左右水质较差，深井地下水埋深为 $40 \sim 80$m，水质较好。国营 404 厂生活及生产用水均源于附近的昌马水库。在场址西北的疏勒河灌区地下水位长期观测孔，孔深 8m，地下水位埋深约 5m，含水层为砂卵砾石，主要受河水和渠水入渗补给。含水层富水性较好，水质清澈，无色无味，属含 $Ca(HCO_3)_2$ 和 $Mg(HCO_3)$ 的水。

根据玉门风电场一期工程水质分析成果，场区地下水总的溶解性总固体为 658.9mg/L，属淡水，pH 值 7.38，属中性水至弱碱性水，永久硬度（$CaCO_3$）190.2mg/L，碳酸盐硬度 222.7mg/L，总硬度 412.9mg/L，属硬水，水化学类型为含 $KHCO_3$、$NaHCO_3$ 和 $Mg(HCO_3)_2$ 的水。地下水对混凝土不具有腐蚀性，对钢结构具有弱—中等腐蚀性。

4. 冻土深度

根据玉门镇气象站多年观测成果及当地工程建设经验，多年最大冻土深度为 $5 \sim 2.21$m。

5. 岩（土）体物理力学性质

根据近场区已勘察及已建工程有关试验资料，类比提出大唐玉门电场二期岩土体的物理力学建议值，见表 2-1-2。

表 2-1-2　　　　　　　　风电场地基土体物理学性质建议值

地层编号	地层名称	密实程度	天然密度 /(g/cm)	承载力标准 /kPa	抗剪强度	
					c/kPa	φ
①	含细砾粉砂土层	松散	$1.5 \sim 1.6$			
②	砂砾层	松散—稍密	$1.6 \sim 1.7$			
③	圆砾层	中密	1.8	$350 \sim 400$	10	$25 \sim 28$
④	圆砾层	密实	1.9	$400 \sim 450$	15	$29 \sim 31$

注　c—土的黏聚力；φ—土的内摩擦角。

（三）场区主要工程地质问题及评价

1. 风电场场地等级

场址区地震动峰值加速度为 $0.15g$，根据本工程特性及场址地层情况，依据《风电场场址工程地质勘察技术规定》和《岩土工程勘察规范》，确定风电场场区为中等复杂场地，地基等级为中等复杂地基。

2. 岩土及地下水的腐蚀性

场址区地下水埋藏深度大于 20m，对场区建筑物影响较小。

根据近场区水质分析表明：地下水溶解性总固体 658.9mg/L，属淡水，pH 值 7.38，属弱碱性水，硬度 16.94，属硬水，水化学类型为含 $KHCO_3$、$NaHCO_3$ 和 $Mg(HCO_3)_2$ 的水。对混凝土不具有腐蚀性，对钢结构具有弱—中等腐蚀性。

据《岩土工程勘察规范》（GB 50021—2001），盐渍类土的易溶盐含量大于 0.3%，且具有溶陷、盐胀、腐蚀等工程特性。场址区所在的西北干旱半干旱地区，旱季盐分向地表聚集，向深部含盐量逐渐减少。雨季地表盐分被地面水冲洗溶解，随水渗入地下，表层含盐量减少，地表白色盐霜消失。随季节气候和水文地质条件的变化，周而复始地进行盐类的淋溶和聚集的周期性过程。

根据近场区岩土易溶盐测试成果，场区表部的盐渍土属于弱—中盐渍土，中等盐渍土仅分布于各别位置，按含盐类型属于硫酸盐渍士—亚硫酸盐渍土。盐渍土对混凝土具有硫酸盐弱—强腐蚀性和氯化物中—弱腐蚀性，对钢结构具有中等腐蚀性，因此需要采用抗硫酸盐腐蚀永泥，对钢结构需采取防护措施。

根据工程地质类比，风电场场址区的易溶盐含量在整个工程区平面上呈不均匀分布，在垂向上总体自地表向下易溶盐含量呈逐渐减少的趋势。

场址区地形平坦，地势以较缓的坡度向北东方向倾斜，地表水排泄通畅，地下水位埋藏很深，岩土体含水量很小，局部的盐渍土仅分布在表部一定深度内，其深度小于建筑物基础埋置深度，不会对建筑物基础构成影响。但是，随着风电场的修建，特别是生产、生活设施的建设，将会有一定的生产生活用水排放，可能使建筑物周围的岩土产生盐渍化。因此，建议切实做好生产生活用水管理和废水的有序排放，防止对建筑物地基产生不良影响。

3. 场址区地层特性及持力层选择

工程场址地表层分布有含细砾粉砂土层（第①层）和砾砂层（第②层），下部地基土为碎石土，主要有两层因砾层（第③层、④层）。

场址区表层的全新统粉砂土（第①层）及砾砂层（第②层），位于多年冻土带内，结构松散，力学性质低，不宜作为基础持力层。建议挖除。

微胶结圆砾层（第③层），以圆砾层为主，地层均一性好，出露稳定，仅在局部夹有中细砂透镜体。砾石分布不均匀，泥质微胶结，密实，力学强度较高，该层为基础持力层（第④层），卵（砾）石相互接触形成连续受力骨架，力学强较高，是较好的持力层。

4. 震动液化及地质灾害评价

风电场址区地震动峰值加速度为 0.15g，场地地层岩性主要为砾砂和圆砾，场区地处西北干旱地区，场地岩土体常年处于干燥状态，地下水埋深很大，不具有砂土液化的条件因此，场地岩土体无震动液化问题。

风电场场址区地形平坦，大小冲沟较发育，发育深度较浅，一般 1.0m 左右，沟中生长耐旱植被，为间歇性干沟。冲沟中的冲洪积物主要来源于其两侧的戈壁平原，不存在泥石流、滑坡等不良地质现象。

5. 天然建筑材料

本阶段调查的天然建筑材料料场为新河口砂砾石料场。该料场位于场址区西南 4km 处。根据勘测和现场调查情况，砂砾石料层厚大于 50m，主要成分为变质岩、砂岩和花岗岩，磨圆度较好，抗风化能力强，根据筛分试验资料，其不均匀系数为 2.31～16.15，黏粒含量小于 3%，各项指标均满足规范要求。

本料场可开采的范围很大，天然建筑材料储量丰富，运距仅 4km，开采运输条件好，。沿玉昌路 30km 以内还有多处料源，据已有试验资料，料场各项指标满足本工程的细骨料产地。

（四）结论

（1）场址区地震动峰值加速度为 0.15g，地震动反应谱周期为 0.40s，对应地震基本烈度为Ⅶ度，属构造基本稳定区。

（2）场址区表层为第四系全新统粉砂土（第①层）及砾砂土层（第②层），位于多年冻土带内，结构松散，力学性质低，不宜作为持力层，建议挖除；上更新统的微胶结圆砾层（第③层），局部夹有多层中细砂透镜体，力学性质较好，该层埋深大于 2.5m 时，可作为基础持力层；弱胶结的圆砾层（第④层），力学性质较高，是较好的基础持力层。

（3）低场地地形平坦，地表水排泄通畅，地下水位埋藏很深，岩土体含水量很小，场区未见发生大面积的盐渍化，地基土保持原状土层较高的物理力学性质，不会对建筑物基础构成较大影响。建议下阶段进一步查明盐渍土在场址区内平面上和垂向上的分布规律。

（4）场区盐渍土主要分布于地表的含碎石粉砂层，属于弱—中盐渍土和硫酸盐渍土—亚硫酸盐渍土，对混凝土具有硫酸盐弱—强腐蚀性和氯化物中—弱腐蚀性，对钢结构具有中等腐蚀性，需要采用抗硫酸盐腐蚀水泥及加强防腐措施。

（5）场区地下水一般位于地表以下 20m 或更深，地下水对临水钢结构有弱腐蚀性，对混凝土不具有腐蚀性。建议对钢结构采取防腐性处理措施。

（6）风电场场地为中等复杂场地，地基等级为中等复杂地基。场地地处西北干旱地区，岩土体常年处于干燥状态，地下水埋深很大，不具有砂土液化的条件：场地形平坦，无滑坡、泥石流等不良地质现象。

（7）为防止生产、生活用水可能对建筑物周围的岩土产生盐渍化和对混凝土、钢结构的腐蚀性，建议切实做好生产、生活用水管理和废水的有序排放。

（8）沿玉昌路 30km 以内，有多处料源，据已有试验资料，料场各项指标满足质量要求，储量丰富，开采运输条件较好。可作为本工程的细骨料产地。

任务回顾与思考

1. 试述风电场选址的技术规定及标准。
2. 试述平坦地形的定义。
3. 试述平坦地形风电场宏观选址的条件。
4. 试述平坦地形风电场微观选址的方法。

任务二 复杂地形风电场的选址

任务目标:

1. 了解复杂地形特点。
2. 熟悉复杂地形风电场的选址的应用软件。
3. 掌握复杂地形风电场的选址考虑的综合因素。

复杂地形的选址与平坦地形的宏观选址的过程大体相同,对于微观选址,要综合考虑复杂地形的交通、地质、风资源特性等方面的因素。目前,大部分风电场的微观选址工作均依靠 GH Wind Farmer、WAsP 软件调整风机间距、计算尾流。对于简单地形,主风向和垂直主风向上的间距均有经验值可供借鉴。但复杂地形时风机间距的计算尚无成熟、快捷、简便的方法,通常需通过多次试算方能最终确定方案。Per Nielsen 分别采用 Wind PRO 和 Wind Farmer 软件模拟风电场的布置并对比模拟结果与试验数据,同时亦适用于风电场尾流模型的模拟,其中 Wind Farmer 对尾流损失的模拟结果略高于试验数据,Wind PRO 则相反。

本书选择一个包含山谷、陡坡、山峰等多种典型地形的复杂地形风电场为例,研究应用 Wind Farmer 软件模拟风电场微观选址,并根据主风向和垂直主风向上的不同间距布置风机,以对比单机平均发电量和尾流影响,以期为同类工程提供借鉴。复杂地形微观选址方法对山区、山丘等复杂地形,不能按简单平坦地形的原则确定风机位置,而应根据实际地形测算各点的风力情况,经综合考虑安装、地形地质等各方面因素后,选择合适的地点安装风电机组。在地形复杂、地势险峻的高山上选址还应考虑运输、吊装、线路安装等要求。

一、复杂地形特点

复杂地形是指平坦地形以外的各种地形,大致可以分为隆升地形和低凹地形两类。局部地形对风力有很大的影响。这种影响在总的风能资源分区图上无法表示出来,需要在大的背景上做进一步的分析和补充测量。复杂地形下的风力特性的分析相当困难。但如果了解了典型地形下的风力分布规律,就有可能进一步分析复杂地形下的风电场分布。

1. 山区风的水平分布和特点

在一个地区,自然地形提高可能使风速提高。但这不只是由于高度的变化,也可能是由于受某种程度的挤压(如峡谷效应)而产生加速作用(图 2-2-1)。在河谷内,当风向与河谷走向一致时,风速将比平地大;反之,当风向与河谷走向相垂直时,气流受到地形的阻碍,河谷内的风速大大减弱。新疆阿拉山口风区属中国有名的大风区,因其地形的峡谷效应,使风速得到很大的增强。山谷地形由于山谷风的影响,风将会出现较明显的日或季节变化。因此选址时需考虑到用户的要求。一般地说,在谷地选址时,首先要考虑的是山谷风走向是否与当地盛行风向相一致。这种盛行风向是指大地形下的盛行风向,而不能按山谷本身局部地形的风向确定。因为山地气流的运动在受山脉阻挡的情况下,会就近改变流向和流速,在山谷内风多数是沿着山谷吹的。然后考虑选择山谷中的收缩部分,这里容易产生狭管效应。而且两侧的山越高,风也越强。同时,由于地形变化剧烈,所以会产生强的风切变和湍流，在选址时应该注意。

图 2-2-1　峡谷风电场

图 2-2-2　山丘风电场

2. 山丘、山脊地形的风电场

对山丘、山脊等隆起地形，主要利用它的高度抬升和它对气流的压缩作用来选择风电机组安装的有利地形。相对于风来说，展宽很长的山脊风速的理论提高量是山前风速的 2 倍，而圆形山包为 1.5 倍，这一点可利用风图谱中流体力学和散射试验中试验所适应的数学模型得以认证。孤立的山丘或山峰由于山体较小，因此气流流过山丘时主要形式是绕流运动。同时山丘本身又相当于一个巨大的塔架，是比较理想的风电机组安装场址。国内外研究和观测结果表明，在山丘与盛行风向相切的两侧上半部是最佳场址位置（图 2-2-2），这里气流得到最大的加速，其次是山丘的顶部。应避免在整个背风面及山麓选定场址，因为这些区域不但风速明显降低，而且有强的湍流。

3. 海陆对风的影响

除山区地形外，在风电机组选址中遇到最多的就是海陆地形。由于海面摩擦阻力比陆地要小，在气压梯度力相同的条件下，低层大气中海面上的风速比陆地上要大。因此各国选择大型风电机组位置有两种：一是选在山顶上，这些站址多数远离电力消耗的集中地；二是选在近海，这里的风能潜力比陆地大 50% 左右，所以很多国家都在近海建立风电场。

从上面对复杂地形的介绍及分析可以看出，虽然各种地形的风速变化有一定的规律，但做进一步的分析还存在一定的难度。因此，应在当地建立测风塔，利用实际风速和测量值来与原始气象数据比较，做出修正后再确定具体方案。

风电场选址是比较复杂的，考虑的因素也是多方面的，因此在选址中务必要按照程序和技术规则有序进行，以使建设后的风电场达到最好的经济效益。目前风电厂微观选址的软件有 WAsP、Wind Farmer、WindPro 等，大大地解决了选址的效率问题。但是在风电厂选址过程中的人为参与，尤其是在得到软件的输出结果后的实地落点过程中的机位微调是必不可少的环节。所以熟悉风场宏观选址和微观选址的一些方法对于风电工作者是不可或缺的一门技术。

二、选址步骤

（1）计算整个风电场的风资源，找出风能资源较好的位置。

（2）根据具体的地形、道路情况确定适合布置风电机组的地形位置，要求坡度较缓（<10°）、交通方便。

（3）在满足上述条件的前提下确定不同间距的多种方案，间距在主风向上为5～9倍的风力发电机直径，在垂直主风向上为3～5倍的风力发电机直径。

（4）确定风力发电机间距后在实际地形上布置风机，计算发电量及湍流强度、尾流损失等的影响。

（5）进行方案比较，选择合理的风力发电机间距布置风力发电机。由于受复杂地形自身的影响较大，有的仅能在山脊位置进行单排布置（如阜新风电场）；有的仅能在可放置风力发电机的位置上布置风电机组（主要位于山区）；有的地方有山谷、山丘等地形组合，风电机组布置受多种因素的综合影响（如红牧风电场）。

三、复杂地形实例分析——以内蒙古红牧风电场为例

1. 地形特征

红牧风电场位于内蒙古自治区乌兰察布市察哈尔右翼后旗，地处阴山北麓，风电场二期场址区域南北长约3.0km，东西宽约5.0km，面积约15.0km。场址区域地势开阔起伏，海拔为1700～1880m，无建筑物阻挡。该风场包含山脊、山谷、陡斜地带、迎风坡、背风坡及高程不一的山峰等多种地形，地形分布如图2-2-3所示。

图2-2-3　地形分布图

2. 风资源特征

根据察哈尔右翼后旗气象站及风电场场区测风资料，气象站1976—2006年多年平均风速约3.5m/s，风电场场区70m高处多年平均风速约8.6m/s，风功率密度为688.8W/m²。察哈尔右翼后旗气象站多年及测风年平均风向玫瑰图如图2-2-4所示。由图2-2-4可评估整个风电场的风能资源分布，如图2-2-5所示。对比图2-2-4和图2-2-5可看出：①山谷地带、背风坡和风电场下风向地势较低的地带，风功率密度较小（小于180W/m²），不适合布置风机；②山顶、山脊风功率密度大于280W/m²，应尽可能在此布置风机。根据风功率密度等级表推算，70m高处的风资源等级划分见表2-2-1。

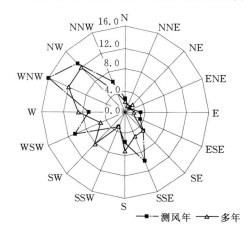

图2-2-4　察哈尔右翼后旗气象站多年及测风年平均风向玫瑰图

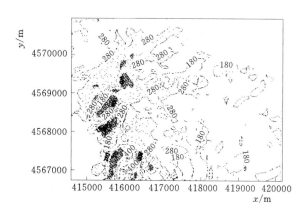

图2-2-5　风电场风能资源分布图

表2-2-1　　　　　　　　　70m高处的风资源等级划分

等级	风速/(m/s)	功率密度/(W/m²)	评价
1	5.9	<210	
2	6.7	210～315	
3	7.3	315～420	较好
4	7.9	420～525	好
5	8.4	525～630	很好
6	9.2	630～840	很好
7	12.5	840～2100	很好

布置风电机组时应尽量将风电机组布置在风资源等级4～5级以上处。

3. 风电机组布置

根据风电场工程技术手册主风向上风电机组间距为风力发电机直径的5～9倍，垂直主风向方向上风电机组间距为风机直径的3～5倍。红牧风电场的风电机组直径为77m，为分析风电机组间距对发电量和尾流的影响，在主风向上采用400m、450m、500m、550m共4种不同的间距，垂直主风向上采用350m、400m两种间距。因此确定方案Ⅰ垂直主风向和主风向间距分别为350m和400m、350m和450m、350m和500m、350m和550m；方案Ⅱ垂直主风向和主风向间距分别为400m和400m、400m和450m、400m和

500m、400m 和 550m。

(1) 主风向。主风向上风电机组间距对发电量和尾流的影响选用方案 I 进行分析，如图 2-2-6、图 2-2-7 所示。由图 2-2-6 可看出，风电机组的尾流影响随风电机组间距的增大而降低（由于受局部地形影响，个别风电机组的尾流值存在差异），且尾流的递减速率逐渐变缓，这表明当风电机组间距增加到一定值时，尾流影响变化不明显，即对风电机组发电量增加的影响亦不明显。由图 2-2-7 可看出，平均发电量随风电机组间距的增大先增后减。随风电机组间距的增大，尾流损失减小，机组的平均发电量应递增，但由于受复杂地形的影响，尾流的影响在迎风坡和背风坡变化均不明显。尤其在背风坡，随风电机组间距的增大尾流减小更不明显，但风能密度随山坡走势的降低而减小，因此随风电机组间距的增大，风电机组发电量反而减小。因此在这种复杂地形下，沿主风向方向迎风坡的间距应比背风坡略大，迎风坡主风向上的间距约为风力发电机直径的 6 倍，背风坡间距约为风力发电机直径的 7 倍。

(2) 垂直主风向。垂直主风向上比较 350m、400m 两个风电机组间距对风电机组尾流和年均发电量的影响。通过计算可知，在垂直主风向上随风电机组间距的增大风机尾流的影响减小，年均发电量增大。通过分析还可得出风电机组年均发电量和尾流影响的变化范围比增大主风向上风电机组间距时大。

由上述分析可知，复杂地形主风向上的风电机组间距并非影响风电机组年均发电量和尾流的主要因素，垂直主风向上的风电机组间距的选择更值得关注。

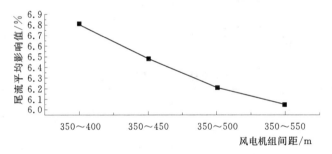

图 2-2-6 不同风电机组间距的平均尾流影响

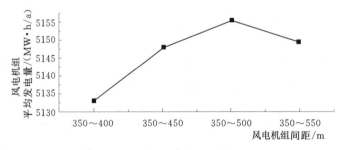

图 2-2-7 不同风电机组间距的年均发电量

风电场的复杂地形微观选址除需考虑风电机组间距对发电量的影响外，还应考虑整个风电场风资源的分布。

随风电机组间距的增大，风电机组的尾流影响降低，年均发电量先增大后减小；主风向上随风机间距的增大，风电机组的发电量和尾流影响不如平坦地形的变化明显，且迎风坡比背风坡变化大；垂直主风向上的风电机组间距对风机的影响也相对明显，一般比平坦地形的影响大。

建议在复杂地形的主风向上风电机组间距的选择比简单地形小，约为风力发电机直径的 6～7 倍，简单地形的风电机组间距约为风力发电机直径的 7～8 倍。

任 务 回 顾 与 思 考

1. 试述复杂地形的特点。
2. 复杂地形风电场微观选址考虑的因素有哪些？
3. 复杂地形风电场微观是否与机型和单机容量有关？
4. 平坦地形与复杂地形选址的区别是什么？

任务三　海上风电场的选址

学习目标：

1. 了解海上风电场场址特点及相关制约因素。
2. 掌握海上风电场选址的条件。
3. 掌握海上风电场选址的方法及过程。

通常，一个海上风力发电场选址应首先评估其可用的风资源和制约因素，如航空、自然环境保护、疏浚区、渔业、运输、雷达等多方面因素，此外，技术上的条件也需要加以考虑。先初步宏观选定较大的风电场区域，再利用多准则分析法对多方面制约因素进行综合评价，确定海上风电场场址。

一、海上风资源

对于一个可行的项目而言，良好的经济效益和良好的风力资源必不可少。因此，选址过程中的首要步骤之一即是开展风资源评估。初始能源产量的计算需要了解平均风速天气状况。

对于大片区域而言，梯度值可能发挥很重要的作用。其他气候特征，如湍流强度水平和极端风速将决定该项目中风电机组的选型范围。

在项目初期阶段，初步风能资源评估通常依赖于现有的数据源。通常情况下，即将建设的海上风电场附近有海上风资源测量装置，所以从一定距离外的现有海上测风塔或者从沿海测量站向外推算风速数据十分必要。若没有任何测风仪器，可使用这个阶段内、从全球天气模型中获取的模拟风数据。此外，从之前的分析中可得到风速图。这些数据源可能不太合适用于风能评估，但当权衡项目早期阶段的成本和精度大小时，这些数据源可能有其附加值。

在项目后期阶段，如果风电场附近有风资源测量设备（如近海石油和天然气平台的测风设备，海上气象观测站），就必须根据其提供的数据进行详细的风能资源评估。若没有此类设备，就有必要进行现场测试。在海上以适当的规格安装海上测风塔的基础需要很大的投资，所以更加节约成本的测量技术正在普及，如激光雷达技术（LiDAR）。

二、海上制约因素

海上风电场选址很大程度上受到一系列现有及未来海域使用者的制约。下面介绍一些典型的海上风电场场址制约因素。

1. 航空因素

某些地区，低空飞行的飞机和直升机将限制风电机组叶片高度或完全不允许建设风电场。

2. 电缆

海底通信电缆（包括现有的海上风电场）可能与风电场电缆交叉。应当保持一定的安全距离（通常是几百米），以尽量减少安装维护过程中电缆损坏的风险。

3. 自然保护区

出于生态保护的目的，风力发电场可能不会被允许建在保护区，或者是对技术和方法的使用有额外的限制。

4. 疏浚区

某些地区对疏浚区的河床材料有特许权（如挖沙或开采泥土），这些操作可能与风力发电场的运行发生冲突。

5. 海洋倾倒区

一些海上区域被指定为卸泥区。由于海底条件以及之后可能与持续倾倒行为发生冲突，这些地区一般都不适合建设风电场。

6. 环境影响

海上风电场的建设和运营对环境有一定的影响，如对鸟类、鱼类或海洋哺乳动物群的生存环境造成影响一些特别容易受到破坏的地区最好不要建设海上风电场。

7. 渔业

因为船只和渔网将会对风电场的结构和电缆造成危害，海上风电场将限制渔业发展。

8. 电网容量

风电场在合适的陆上连接点配备足够的电网容量。电网容量小或较长的出口，电缆将显著降低技术或经济的可行性。

9. 军事区

出于国家安全的考虑或者便于军事演练和武器试验，一些地区可能会受到限制，这在过去已成惯例。除了法律法规的限制外，还有一个额外的风险，即因这些地区过去与军事活动有关，其海底可能存在未爆炸的弹药。

10. 天然气石油管道

海底管道可能跨越计划内的区域，应保持一定的安全距离（通常是几百米或几百千米），以避免安装或维修海上风电机组过程中对管道造成损坏。此外，需要维护好接近管道的路径。

11. 石油和天然气平台

风电场周围可能有配备员工的近海石油和天然气平台。为了使直升机安全到达该平台，应与风电场保持一定的安全距离（通常是几十千米）。

12. 雷达

风电机组可能会干扰军用或民用雷达工作。可以采用技术解决此问题，但可能会增加项目成本。

13. 娱乐设施

如海员等娱乐用户可能会反对建设海上风电场。

14. 航道

巨大货物的海船运输往往集中在指定的运输航道内。国际海事组织（IMO）严格指定海上交通分离计划，以确保航道与其他事物有一定的安全距离。此外，在国家规定或惯例的条框内，各个国家有其自定义的航线。

15. 土壤条件

土壤条件将决定适用的基础技术。若土壤条件不利，风电场的建设将非常复杂，且成本高。

16. 可视性

由于视觉污染，一些沿海居民反对建设离其居住区较近的海上风电场。

17. 水深

更深的水域增加了地基基础和安装的技术难度和成本。

18. 风和波浪

高风速是海上风力发电场项目经济可行的主要推动力。另一个重要方面是波浪和潮汐气候。波高和潮差影响基础的类型和大小，以及建设和维护工作的天气停休期。风速高、波高和潮差低是最理想的开发区域。

19. 风电场

其他风电场可能已经建造或批准，有必要与现有的风电场保持一定的距离，以减少风场间的尾流效应。

三、多准则分析

制约因素的研究结果可能很难解释，或可能几乎没有留下任何可用于建设海上风电场的地方。因而应首先进行软硬约束分类。硬约束条件完全排除开发任何风电场的可能性。采取适当的缓解措施后，软约束可能会消除。这些都需要与利益相关者协调商议辅助措施（和额外费用）。

其次，无论是在给定约束下确定可能的建设地点，或是努力实现风力发电场的经济可行性，多准则分析都是一个有用的分析工具。分析是基于结合和权衡确定的限制因素。为实现可视化，其结果可测绘为受限最少的区域图。

下面演示了多准则分析过程。某区域已被确定为海上风力发电开发对象，即图 2-3-1 所示圆圈内区域。制约因素分析开始之前，除了解该地区的地理面积和水深，其他方面则未知。

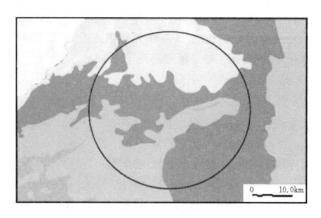

图 2-3-1 某区域海上风电场

图 2-3-1 某区域已确定为海上风电场（圆圈内区域），离岸 10～40km（距西北方向）。以颜色深浅来表示不同的水深。颜色越浅表示海水越深。

就此例而言，制约因素分析初步确定了以下四个潜在问题，如图 2-3-2 所示：

第一，对离岸 20km 的沿海社区而言，任何项目均会产生视觉冲击（图 2-3-2 中虚线）。

第二，军方已指定一些地区作为海军武器试验场（图 2-3-2 上部画三角形区域）。

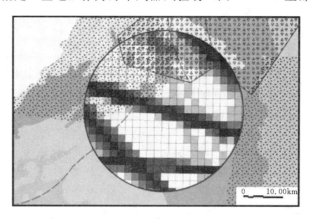

图 2-3-2 某勘探区域的初步约束测绘图

第三，某些航线有较为繁忙的船舶交通（网格图中的船舶相对密集——暗黑色区域表明海上交通拥挤）。

第四，海洋生物学研究表明，一些关键区域有鱼类种群（黑点标注的地方）。

多准则分析用来确定海上风电场受限最少区域。军事领域在此被认为是一个硬约束，因为它是一个重要的海军实践区，海底也有存在未爆炸武器的高风险。其他所有约束均是软约束，但其各自的重要性不同。例如，交通运输繁忙的海运航线是一个主要的制约因素，与此同时，风电场对近海区域的较高视觉冲击影响也不容小觑。虽然这些制约因素的影响可能被弱化，但项目成本和风险会因此而更高。风电场内的水深也是软制约因素之一，因为水深没有超出典型基础的技术限制要求。此外，因为可能有适用的技术来尽量减少任何负面影响，鱼群是一个影响较小的制约因素。

图 2-3-3 所示为勘探区域的多准则分析结果（圆圈内区域）。高度限制度高的地区显示最深色，受限最少的地区为深色阴影区域。军事领域是唯一的硬约束因素。航线和视觉冲击因素为主要的软约束条件。次者为水深和鱼群因素。基于以上分析，两个粗四边形所围区域有相对较少的限制因素，为可开发区域。

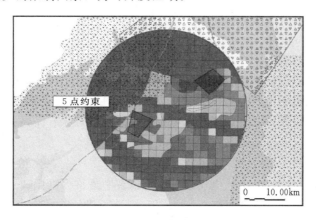

图 2-3-3　勘探区域的多准则分析结果

四、布局设计

之前的选址过程已经确定了风电场可以规划的边界。接着，布局设计中需考虑其他一些因素如风电机组选型（或考察风电机组的类型范围）也是关键因素。充分了解场址信息，优化布局以使能源成本最低，其结果使成本和发电量间达到平衡。

海上风电场布局设计的关键因素包括风电机组类型、轮毂高度、风电场容量、风电机组间距。每个因素都与其他因素息息相关。例如，改变风电机组的类型就得重新考虑其他三个要素。同样，风电机组间距的变化可能会改变风电场的总容量。每个要素的选择取决于几个约束条件。

首先，是海上风电场的许可条件。通常会指定风电场场址边界，限制最大容量，叶片顶端高度和/或转子直径。也可能是限制使用某些技术，如基础类型或安装方法。许可性条件通常是基于审批过程中影响因子评估。例如，其可能涉及船的安全性，海底噪声或者电网容量。所以，必须综合考虑所有情况，细致了解背景信息，以确保布局方案能完全兼顾全面。

图 2-3-4 所示风电机组 Sheringham 浅滩海上风电场的布局在很大程度上取决于其许可权限。每行以海鸟的飞行路线为准进行排列，以减少对鸟类的伤害。

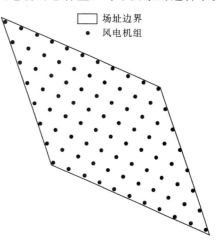

图 2-3-4　场址边界——风电机组
Sheringham 浅滩海上风电场布局图

设计风电场第二个关键因素是尾流影响。良好的风力发电场设计应重视现场的主导风向，以减少尾流损失。例如，增加风电机组的间距可以减少尾流损失，虽然该方案可能降低风电场容量（边界内风电机组数量变少）或增加场内电缆的成本。因此，减少尾流损失需权衡技术和经济两方面。

海上风力发电场布局设计的第三个约束条件是场址条件，特别是湍流强度和极端风速。IEC标准定义了最高条件下设计水平的分类标准，可据其内容对海上风电场风电机组进行认证。

决定风电场布局的最后一个因素往往是成本。例如，风电场水位较深需要较大的基础，成本可能会更高。虽然从整体上看需要较少的基础，但大型风电机组的基础更为昂贵。风电场设计也能影响电气基础的成本。风电场容量增加可能需要更大截面的出口电缆，这是问题的根源所在。或者，提高风电机组间距可能意味着需要更长的场内电缆。

五、结论

开发一个风电场，面临海上风电场选址时，需要考虑许多准则。一方面，需要考虑对成本有重大影响的技术准则，如风气候、水深和到港距离等；另一方面，如现存保护区、军事区、渔业和现存海底电缆和管道等规划约束也需考虑在内。基于地理信息系统和多准则分析工具，可以选择最好的场址。选定场址后，将开始布局设计。这不但涉及诸如风电机组及轮毂高度的选择等技术内容，同时还包括详细的布局设计，如电缆线路（内部/外部）、机位和海上高压变电站的位置。最终布局设计（通常情况下）是基于优化的电力成本，或其他标准。

任 务 回 顾 与 思 考

1. 列举海上风电场制约因素有哪些？
2. 海上风电场选址利用多准则分析法是否就可界定较准确的风电场场址区域？

学习情境三　风力发电机组的选型

任务一　风力发电机组机型选择

学习目标：

1. 掌握风电机组机型选择的原则。
2. 掌握风电机组机型选择方法。

在风电场建设过程中，风电机组的选择受到自然环境、交通运输、吊装等条件的制约。在技术先进、运行可靠的前提下，应选择经济上切实可行的风电机组。根据风场的风能资源状况和所选的风电机组，计算风场的年发电量，选择综合指标最佳的风电机组。

一、风电机组选型的基本要求

（一）对质量认证体系的要求

风电机组选型中最重要的一个方面是质量认证，这是保证风电机组正常运行及维护最根本的保障体系。风电机组制造都必须具备 ISO 9000 系列的质量保障体系的认证。

国际上开展认证的部门有 DNV、Lloyd 等，参与或得到授权进行审批和认证的试验机构有丹麦 Riso 国家试验室、德国风能研究所（DEWI）、德国 Wind Test、KWK，荷兰 ECN 等。目前国内正由中国船级社（CCS）组织建立中国风电质量认证体系。

风电机的认证体系包括型号认证，丹麦在对批量生产的风电机组进行型号审批中包括 3 个等级：

（1）A 级。所有部件的负载、强度和使用寿命的计算说明书或测试文件必须齐备，不允许缺少，不允许采用非标准件。认证有效期为一年，有基于 ISO 9001 标准的总体认证组成。

（2）B 级。认证基于 ISO 9002 标准，安全和维护方面的要求与 A 级型式认证相同，而不影响基本安全的文件可以列表并可以使用非标准件。

（3）C 级。认证是专门用于试验和示范样机的，只认证安全性，不对质量和发电量进行认证。

型式认证包括 5 个部分，即设计评估、型式试验、制造质量、安装验收认证和风电机组测试。

1. 设计评估

设计评估资料包括提供控制及保护系统的文件，并清除说明如何保证安全以及模拟试验和相关图纸；载荷校验文件，包括极端载荷、疲劳载荷；结构动态模型及试验数据；结构和机电部件设计资料；安装运行维护手册及人员安全手册等。

2. 型式试验

型式试验包括安全及性能效同试验、动态性能试验和载荷试验。

3. 制造质量

在风电机组的制造过程中应提供制造质量保证计划，包括设计文件、部件检验、组装及最终检验等，都要按 ISO 9000 系列标准要求进行。

4. 安装验收认证

在风电机组运抵现场后，应进行现场的设备验收认证。在安装高度和运行过程中，应按照 ISO9000 系列标准进行验收。风力发电机组通过一段时间的运行应进行保修期结束的认证，认证内容包括技术服务是否按合同执行，损坏零件是否按合同规定赔偿等。

5. 风电机组测试

(1) 功率曲线，按照 IEC 61400—12 的要求进行。

(2) 噪声试验，按照 IEC 61400—11 噪声测试中的要求进行。

(3) 电能品质，按照 IEC 61400—21 电能品质测试要求进行。

(4) 动态载荷，按照 IEC 61400—13 机械载荷测试中的要求进行。

(5) 安全性及性能试验，按照 IEC 61400—1 安全性要求进行。

(二) 对机组功率曲线的要求

功率曲线是反映风电机组发电输出性能好坏的最主要曲线之一。一般有两条功率曲线由厂家提供给用户：一条是理论（设计）功率曲线；另一条是实测功率曲线，通常是由公正的第三方即风电测试机构测得的，如 Lloyd、Risoe 等机构。国际电工组织（IEC）颁布实施了 IEC61400—12 功率性能试验的功率曲线的测试标准，这个标准对如何测试标准的功率曲线有明确的规定。所谓标准的功率曲线是指在标准状态下的功率曲线。不同的功率调节方式，其功率曲线形状不同。不同的功率曲线对于相同的风况条件下，年发电量（AEP）也不同。一般来说，失速型风机在叶片失速后，功率很快下降之后还会再上升，而变距型风力发电机在额定功率之后，基本在一个稳定功率上波动。功率曲线是风电机组发电功率输出与风速的关系曲线。对于某一风场的测风数据，可以按分区的方法，求得某地风速分布的频率（即风频），根据风频曲线和风电机组的功率曲线，就可以计算出这台机组在这一风场中的理论发电量。当然这里是假设风电机组的可利用率为 100%（忽略对风损失、风速在整个风轮扫风面上的矢量变化）。这里的计算是根据单台风电机组功率曲线和风频分布曲线进行的简便年发电量计算，仅用于对机组的基本计算，并不针对风电场。实际风电场各台风电机组年发电量计算将根据专用的软件如 WAsP 来计算，年发电量将受可利用率、风电机组安装地点风资源情况、地形、障碍物、尾流等多因素影响，理论计算仅是理想状态下的年发电量估算。

(三) 对风电机组制造企业业绩考查

业绩是评判一个风电机组制造企业水平的重要指标之一。主要以其销售的风电机组数量来评价一个企业的业绩好坏。对于某一种机型的风力发电机，用户的反映直接反映该企业的业绩。当然人们还常常以为风电机组制造公司所建立的年限来说明该企业生产的经验，并作为评判该企业业绩的重要指标之一。

（四）对特定条件的要求

1. 低温要求

在中国北方地区，冬季气温很低，一些风场极端（短时）最低气温达到-40℃以下，而风电机组的设计最低运行气温在-20℃以上，个别低温型风电机组最低可达-30℃。如果长时间在低温下运行，将损坏风电机组中的部件，如叶片等。其他部件如齿轮箱和发电机以及机舱、传感器都应采取保护措施。所以在中国北方冬季寒冷地区，风电机组运行应考虑以下几个方面：

（1）应对齿轮箱油加热。

（2）应对机舱内部加热。

（3）传感器如风速计应采取加热措施。

（4）叶片应采用低温型的。

（5）控制柜内应加热。

（6）所有润滑油、润滑脂应考虑其低温特性。

2. 风电机组防雷

由于风电机组安装在野外，安装高度高，因此对雷电应采取防范措施，以便对风电机组加以保护。我国风电场特别是东南沿海风电场，经常受到暴风雨及台风袭击，雷电日从几天到几十天不等。雷电放电电压高达几百千伏甚至到上亿伏，产生的电流从几十千安到几百千安。雷电主要划分为直击雷和感应雷。雷电直击会造成叶片开裂和孔洞，通信及控制系统芯片烧损。目前，国内外各风电机组厂家及部件生产厂，都在其产品上增加了雷电保护系统。如叶尖导体网，至少 $50mm^2$ 铜导体向下传导。通过机舱上高出测风仪的铜棒，起到避雷针的作用，保护测风仪不受雷击，通过机舱塔架良好的导电性，雷电从叶片、轮毂到机舱塔架导入大地，避免其他机械设备如齿轮箱、轴承等损坏。

3. 电网条件的要求

中国风电场多数处于大电网的末端，接入到 35kV 或 110kV 线路。若三相电压不平衡、电压过高或过低都会影响风电机组运行。风电机组厂家一般都要求电网的三相电压不平衡误差不大于额定电压的 5%，电压上限不超过额定电压的+10%，下限不超过额定电压的-15%（有的厂家为-10%～+6%），否则经一定时间后机组将停止运行。

4. 防腐

中国东南沿海风电场大多位于海滨或海岛上，海上的盐雾腐蚀相当严重，因此防腐十分重要。盐雾腐蚀主要是电化学反应造成的腐蚀，被腐蚀部位包括法兰、螺栓、塔筒等，这些部件应采用热镀锌或喷锌等办法保证金属表面不被腐蚀。

（五）对技术服务与技术保障的要求

风力发电设备供应商除了向客户提供设备之外，还应提供技术服务、技术培训和技术保障。

二、单机容量选择

风电场工程经验表明，对于平坦地形，在技术可行、价格合理的条件下，单机容量越大，越有利于充分利用土地，越经济。

在相同装机容量条件下，单机容量越大，机组安装的轮毂高度越高，发电量越大，而分项投资和总投资均降低，效益越好。并网运行的风电场应选用适合本风电场风况、运输、吊装等条件，商业运行1年以上，技术上成熟，单机容量和生产批量较大，质优价廉的风电机组。由于风力发电机市场前景被一些发达国家一致看好，风力机技术随高科技进步发展很快。以风力机生产大国丹麦的销售情况为例，20世纪80年代初期，主要生产单机容量为50kW左右的风力机；20世纪80年代中期，主要生产单机容量为100kW左右的风力机；20世纪80年代末至90年代初，主要生产单机容最为150～450kW的风力机。从1995年起，已大批量生产单机容量为500～600kW的风力机。近几年来，世界各个风力机主要生产厂商还相继开发了单机容量为750～1500kW的风力机，并陆续投入了试运行。

（一）性能价格比原则

风电机组"性能价格比最优"永远是项目设备选择决策的重要原则。

1. 风力发电机单机容量大小的影响

从单机容量为0.25～2.5MW的各种机型中，单位千瓦造价随单机容量的变化呈U形趋势，目前600kW风电机组的单位千瓦造价正处在U形曲线的最低点。随着单机容量的增加或减少，单位千瓦的造价都会有一定程度上的增加。如600kW以上，风轮直径、塔架的高度、设备的重量都会增加。风轮直径和塔架高度的增加会引起风电机组疲劳载荷和极限载荷的增加，要有专门加强型的设计，在风电机组的控制方式上也要做相应的调整，从而引起单位千瓦造价上升。

2. 选择机型需考虑的相关因素

（1）考虑运输与吊装的条件和成本。兆瓦级风电机组需使用3MN标称负荷的吊车，叶片长度达29m，运输成本相当高，相关资料所示。由于运输转变半径要求较大，对项目现场的道路宽度、周围的障碍物均有较高要求。起吊重量越大的吊车本身移动时对桥梁道路要求也越高，租金较贵。

（2）兆瓦级风电机组维修成本高，一旦发生部件损坏，需要较强的专业安装队伍及吊装设备，更换部件、联系吊车，会造成较长的停电时间。单机容量越大，机组停电所造成的影响也越大。

（3）目前情况下选择兆瓦机级风电机组所需要的运行维护人员的技术条件及装备相应也高，有一定的难度。

3. 某风场1.5MW机组综合分析

（1）运行塔架大量油迹，机组漏油严重，机组在大风时由于电机、齿轮箱温度过高，频繁停机，机组可利用率不高，经济效益不理想。

（2）安装。从项目一开始安装至并网发电历经数月，问题较多，机组安装完全依靠外方，国内还没有此经验的运行维护和安装人员。

（3）运输。叶片长度近35m，叶片依靠两辆平板车抬着运到现场，难度很大。

（二）发电成本因素

单位发电成本C是建设投资成本C_1与运行维修费用C_2之和，即

$$C = C_1 + C_2 = \frac{r(1+r)^t}{(1+r)^t - 1} + m\frac{Q}{87.6F}$$

式中　F——风机容量系数；

　　　Q——单位投资；

　　　t——投资回收时间；

　　　r——贷款年利率；

　　　m——年运行维修费与风场投资比。

风力发电机的工作受到自然条件制约，不可能实现全运转，即容量系数始终小于1。所以在选型过程中，在同样风资源情况下，发电最多的机型为最佳。风力发电的一次能源费用可视为零，因此得出结论，发电成本就是建场投资（含维护费用）与发电量之比。节省建场投资又多发电，无疑是降低上网电价的有利手段之一。与火力和核电发电相比，风力发电有以下特点：

（1）风电机组的输出受风力发电场的风速分布影响。

（2）风力发电虽然运行费用较低、建设工期短，但建风场的一次性投资大，明显表现出风力发电项目需要相对较长的资本回收期，风险较大。

因此，在风机选型时，可按发电成本最小原则作为指标，因为它考虑了风力发电的投入和效益。同时，在某些特殊情况下，如果风力发电机的最小发电成本相差不大，则风力机选型时发电成本最小原则就可以转化为容量系数最大原则。综上所述，业主在投资发展风力发电项目时，考虑风力发电场的设计，对风力机的选型就有非常重要的意义，以上这些因素影响整个项目投资效益，运行成本和运行风险，因为风力机设备同时决定了建场投资和发电量。良好的风力机选型就是要在这两者之间选择一个最佳配合，这也是风电机组与风电场的优化匹配。

（三）财务预测结果

针对国内各风电场资源状况不同，可选择的风电机组性能、工程造价及经营成本也不同。按我国风力发电发展的现状统计数据，电价一直是制约中国风力发电发展的最关键因素。要鼓励风力发电的发展，应保证风力发电项目投资的合理利润，依据国家现行规范，风力发电项目利润水平的主要标准是投资利润率、财务内部收益率、财务净现值。

三、年上网发电电量估算

（一）理论发电量估算

1. 直接测风估算法

估算风电场发电量最可靠的方法是在预计要安装风电机组的地点建立测风塔，其塔高应达到风电机组的轮毂高度，在塔顶端安装测风仪传感器连续测风一年。然后按照风能资源评估方法对测风数据进行验证、订正，得出代表年风速资料，再按风电机组的功率曲线来估算其理论年发电量。用该种方法估算发电量时，在复杂地形条件下应每3台风电机组安装一套测风系统，甚至每台风电机组安装一套测风系统，地形相对简单的场址可以适当放宽。在测风时，应把风速仪安装在塔顶，避免塔影影响。如果风速仪安装在塔架的侧面，应该考虑盛行风向和仪器与塔架的距离，以降低塔影影响。

2. 计算机模型估算法

利用 WAsP 9.0 软件，用户按照它的格式要求输入风电场某测风点经过验证和订正后的测风资料、测风点周围的数字化地形图、地表粗糙度及障碍等资料，就可以估算风电场中各台风电机组的理论年发电量。另外，其他的风能资源评估和发电量估算软件也可用于风电场发电量估算，这种方法的优点是要求的测风资料少、成本低，在简单地形场址条件下结果比较可靠，是风能工作者的重要工具。

（二）年上网发电量估算

风电场理论发电量需要作以下几方面的修正，才能估算出风电场的年上网电量。

1. 空气密度修正

由于风功率密度与空气密度成正比，在相同的风速条件下，空气密度不同则风电机组出力不一样，风电场年上网发电量估算应进行空气密度修正。严格来讲，进行空气密度修正时应要求厂家根据当地空气密度提供功率曲线，然后按照这条功率曲线进行发电量估算。

在生产厂家不能提供对应当地空气密度的功率曲线时，可根据风功率密度与空气密度成正比的特点，将标准空气密度对应下的功率曲线估算的结果乘以空气密度修正系数进行空气密度修正。其中，空气密度修正系数的计算公式为

$$空气密度修正系数 = \frac{平均空气密度（风电场所在地）}{标准空气密度（1.225 kg/m^3）}$$

2. 尾流修正

可以用 Park 等专业软件进行尾流影响估算，从而对风电场发电量进行尾流影响修正。一般情况下，按照风电机组布置指导原则进行风电场机组布置，风电场尾流影响折减系数约为 5%。

3. 控制和湍流折减

控制是指风电机组随风速风向的变化控制机组的状态，实际情况是运行中的机组控制总是落后于风的变化，造成发电量损失。

每小时的湍流强度系数计算公式为

$$湍流强度系数 = \frac{标准偏差值}{平均风速值}$$

风电场控制和湍流强度系数大，相应的控制和湍流折减系数也大。一般情况下，控制和湍流折减系数取 5% 左右。

4. 叶片污染折减

叶片表面粗糙度提高，翼型的气动特性下降，从而使发电量下降。发电量估算时应根据风电场的实际情况估计风电场叶片污染系数，一般为 3% 左右。

5. 风电机组可利用率

风电机组因故障、检修以及电网停电等因素不能发电，考虑目前风电机组的制造水平及风电场运行、管理以及维修经验，风电机组的可利用率约为 95%。

6. 厂用电、线损等能量损耗

风电场估算上网发电量时应考虑风电场箱式变电所、电缆、升压变压器和输出线路的

损耗以及风电厂用电。根据已建风电场经验，该部分折减系数 3%～5%，可视风电场的具体情况计算确定。

7. 气候影响停机

地处高纬度寒冷地区的风电场，在冬季有时气温低于或等于－30℃，虽然风速高，但风电机组由于低温必须停机。风电场测风时，应监测轮毂高度处的气温。在估算风电场理论发电量时，应统计那些低于或等于－30℃情况下各风速段发生的时间，求出对应的发电量，根据其占全年总理论发电量的比率，在估算上网电量时进行折减。

综上所述，风电场理论发电量按各种因素折减以后，可以估算出风电场年上网电量，同时得出本风电场年可利用小时数和容量系数。

$$风电场年可利用小时数=\frac{风电场年上网电量}{风电场装机容量}$$

$$风电场容量系数=\frac{风电场年可利用小时数}{8760（全年小时数）}$$

一般说来，风电场年可利用小时数超过 3000h（容量系数 0.34）为优秀场址；年可利用小时数 2500～3000h（容量系数 0.27～0.34）为良好场址；年可利用小时数 2000h（容量系数 0.23）为及格场址；年可利用小时数低于 2000h 的场址不具备开发价值。

四、机型的选择

现以装机容量为 49.5MW 的风力发电项目为例，分析并选择机型。

（一）初选机型

要求该风电场工程装机容量约 49.5MW。根据风资源评估结果，该风场主风向和主风能方向一致，以西（W）和东东北（ENE）风的风速、风能最大和频次最高，盛行风向稳定。风速冬春季大，夏季小，白天大，晚上小。65m 高度风速频率主要集中在 3.0～11.0m/s。3.0m/s 以下和 20.0m/s 以上的无效风速和破坏性风速极少。

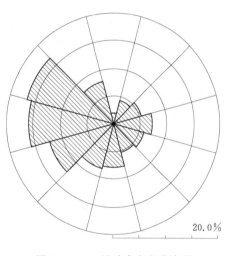

20.0%

图 3-1-1　风功率密度分布图

（1）风功率密度分布图（图 3-1-1）。从本风电场风功率密度分布图上可以看出，本风电场场址比较开阔，地形起伏较小，相对比较平坦，风能指标基本一致。

（2）风能评价。根据风能资源评估，本风场主风向和主风能方向一致，以 ENE 风和 W 风的风速、风能最大和频次最高。用 WAsP 9.0 软件计算风电机组各轮毂高度的年平均风速，平均风功率密度见表 3-1-1。

该风电场风功率等级为 3 级，风能资源丰富，年有效风速（3.0～20.0m/s）时数为 7893h，占全年的 90.1%，11～20m/s 时数为 1663h，占全年的 18.65%，小于 3m/s 的时段占全年的 8.80%，小于 20m/s 的时段占全年的 0.086%，有效风速时段长，无效风速时段较短，全年均可发电，无破坏性风速。

表 3 - 1 - 1　　　　　　　　　不同高度的年平均风速、平均风功率密度表

轮毂高度/m	60.0	61.5	65.0
年平均风速/(m/s)	7.27	7.31	7.32
平均风功率密度/(W/m²)	372	372	372
50 年一遇极大风速/(m/s)	47.4	47.4	47.4

（3）该风场 50 年一遇极大风速小于 52.5m/s。60～70m 高度 15m/s 风速湍流强度 0.07 左右，小于 0.1，湍流强度小。根据国际电工协会 IEC 61400—1（2005）标准判定该风场属 IECⅢ类风场。

（4）根据该地区冬季低温统计，历年最低气温为－28℃，近 5 年低于－15℃的平均小时数为 390～475h，低于－20℃的平均小时数为 240～310h，低于－20℃的时间约占全年的 2.7%～3.5%。故该地区风电场应选用低温型风机。

（5）根据市场成熟的商品化风电机组技术规格，结合风电机组本地化率的要求进行选择。

对单机容量为 850kW 以上的风电机组进行初选。初选的机型有 Vestas 公司的 V52/850kW、华锐风电科技公司的 SL1500kW、东方电汽的 FD77A/1500kW、湘潭电机的 Z72/2000kW 风机。机型特征参数如下：①叶片数，3 片；②额定功率，850kW、1500kW、2000kW；③风轮直径，52～77m；④切入风速，3～4m/s；⑤切出风速，20～25m/s；⑥额定风速，11～16m/s；⑦安全风速，50.1～70m/s；⑧轮毂高度，61.5～65m。

（6）根据该场区风能资源特点，按照行距 9D、列距 5D（D 为叶轮直径）的原则分别布置不同类型的风电机组，按风力发电机厂提供的标准状态下的（即空气密度 1.225kg/m³ 状况下）功率曲线采用 WAsP 9.0 软件分别计算各风电机组理论发电量。并参照市场大致价格，对初选的机组分别进行投资估算和财务分析。

（二）年上网电量计算

1. 理论年发电量计算

根据测风塔实测资料及风电机组布置方案，推荐机型 SL1500 功率曲线和推力系数，利用 WAsP 9.0 软件进行发电量计算，得到风电机组的理论年发电量和风电机组尾流影响后的发电量。

2. 空气密度修正

考虑到风电场场址和该地气象站距离较近，高程相差不大，本阶段参考该地气象站的资料，风电场场址空气密度取 1.059kg/m³，空气密度修正系数取 0.864。

3. 风电机组利用率

根据目前不同风电机组的制造水平和本风电场的实际条件，本次设计风电机组可利用率采用 95%，修正系数取 0.95。

4. 风电机组功率曲线保证率

考虑到风电机组厂家对功率曲线的保证率一般为 95%，本次在计算发电量时风电机组功率曲线保证率修正系数取 0.95。

5. 控制与湍流影响折减

当风向发生转变时，风机的叶片与机舱也逐渐随着转变，但实际运行中的风电机组控制总是落后于风电变化，因此在计算电量时要考虑此项折减。本风电场湍流强度介于0.05～0.07，湍流强度较小。本风电场此两项折减系数取4%，修正系数取0.96。

6. 叶片污染折减

叶片表层污染使叶片表面粗糙度提高，翼型的气动性下降。考虑本风电场风电机组受到当地工业污染影响为主，空气质量较好，叶片污染折减系数取1%，修正系数取0.99。

7. 气候影响停机

根据该地区冬季低温统计，历年最低气温为－28℃，近5年低于－15℃的平均小时数为390～475h，低于－20℃的平均小时数为240～310h，低于－20℃的时间约占全年的2.7%～3.5%，因此发电量气候影响折减系数只取1%，修正系数取0.99。

8. 厂用电、线损等能量损耗

初步估算厂用电和输电线路、箱式变电站损耗占总发电量的4%，修正系数取0.96。

经过以上综合折减后，该风电场推荐方案发电量成果见表3-1-2。

表 3-1-2　　　　推荐方案 SL1500 发电量计算成果表

项目	华锐 SL1500	项目	华锐 SL1500
单机容量/kW	1500	理论发电量/(万 kW·h)	16728.8
本期工程机组台数/台	33	上网电量/(万 kW·h)	10661.3
风机高度/m	65	利用小时数/h	2154
本期工程总装机容量/MW	49.5	容量系数	0.25

由表3-1-2可以看出推荐方案华锐SL1500年上网电量为10661.3万kW·h，年利用小时数为2154h，容量系数为0.25。

（三）方案比较

通过比较发现方案2（华锐SL1500kW）的单位电度投资最小，风电机组性能价格最优。在选型过程中力求在同样风资源情况下，发电最多的机型为最佳。风力发电的一次能源费用可视为零，因此得出结论，发电成本就是建场投资（含维护费用）与发电量之比。节省建场投资又多发电，无疑是降低上网电价的有利手段之一。各方案比较见表3-1-3。

表 3-1-3　　　　各方案技术经济比较表

序号	项　　目	方案 1 V52	方案 2 华锐 SL1500	方案 3 FD77A	方案 4 Z72
1	装机容量/MW	49.3	49.5	49.5	50
2	单机容量/kW	850	1500	1500	2000
3	台数/台	58	33	33	50
4	年利用小时数/h	1914	2154	2172	1793

续表

序号	项　目	方案 1	方案 2	方案 3	方案 4
		V52	华锐 SL1500	FD77A	Z72
5	理论发电量/(万 kW·h)	15042.0	16728.8	16788.9	13950.3
6	尾流影响后发电量/(万 kW·h)	13645.5	15415.6	15548.1	12959.5
7	年上网电量/(万 kW·h)	9437.1	10661.3	10752.9	8962.7
8	容量系数	0.22	0.25	0.25	0.20
9	工程静态投资/万元	48754.47	45212.02	46100.29	44669.69
10	工程动态投资/万元	50269.60	46377.45	47532.93	46057.88
11	主机综合造价/(元/kW)	6300	5880	6500	6700
12	单位千瓦投资（动态/静态)/(元/kW)	9889/10197	9134/9369	9319/9603	8934/9216
13	单位电度投资（静态)/(元/kW)	5.17	4.24	4.29	4.98
14	经济性排序	4	1	2	3

初选机型的主要技术参数为：

（1）机型：变桨距、上风向、三叶片。

（2）额定功率：1500kW。

（3）风轮直径：77m。

（4）轮毂中心高：65m。

（5）切入风速：3.0m/s。

（6）额定风速：11.5m/s。

（7）切出风速：20m/s。

（8）最大抗风：52.5m/s。

（9）控制系统：计算机控制，可远程监控。

（10）工作寿命：≥20 年。

任 务 回 顾 与 思 考

1．风力发电机组选型有哪些基本要求？

2．年上网发电量估算需考虑哪些因素？

3．机组的选型对特定条件的要求是什么？

任务二　风力发电机组设备选型

学习目标：

1．掌握风电机组的基本结构。

2．掌握风电机组各部件的选择原则。

一、常见风力发电机组结构型式

（一）水平轴风力发电机

1. 结构特点

水平轴风力发电机的风轮旋转平面与风向垂直，叶片径向安置，垂直于旋转轴，主要机械部件都安装在机舱中（图 3－2－1）。

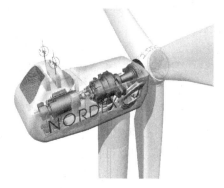

叶轮

机舱

塔架

基础

图 3－2－1　水平轴风力发电机

（1）优点。

1）风轮离地较高，随高度增加发电量增加。

2）叶片角度可以调节功率。

3）风轮叶片的叶形可以进行空气动力最佳设计，达到最高的风能利用率。

4）启动风速低，可自启动。

（2）缺点。

1）主要机械部件在高空，拆卸大型部件时不方便。

2）与垂直轴风机比较，叶型设计及风轮制造较为复杂。

3）需要对风装置即调向装置，而垂直轴不需要对风装置。

4）质量大，材料消耗多，造价较高。

2. 上风向与下风向

水平轴风力发电机也可分为上风向和下风向两种结构型式。

（1）上风向特点：风先通过风轮，再到达塔架。

（2）下风向特点：有塔影效应，噪声大。

3. 主轴、齿轮箱和发电机的相对位置

（1）紧凑型。结构特点：风轮直接与齿轮箱低速轴相连，结构较紧凑。

（2）长轴布置型。结构特点：风轮通过固定在机舱主框架的主轴，再与齿轮箱低速轴相连。

4. 叶片数的选择

风电场的风力机通常有 2 片或 3 片叶片，叶尖速度 50～70m/s，具有这样的叶尖速度，3 叶片叶轮通常能够提供最佳效率，然而 2 叶片叶轮仅降低 2%～3%效率。甚至可以使用单叶片叶轮,它带有平衡的重锤,其效率又降低一些,通常比2叶片叶轮低6%。叶片的减少,自然降低了叶片的费用,但这是有代价的。对于外形很均衡的叶片,叶片少的叶轮转速就要快些,这样就会导致叶尖噪声和腐蚀等问题。更多的人认为3叶片从审美的角度更令人满意。3叶片叶轮上的受力更平衡,轮毂可以简单些,然而2叶片、单叶片叶轮的轮毂通常比较复杂,因为叶片扫过风时,速度是变的,为了限制力的波动,轮毂具有跷跷板的特性。具有跷跷板特性的轮毂,叶轮链接在轮毂上,允许叶轮在旋转平面内向后或向前倾斜几度。叶片的摆动运动,在每周旋转中会明显地减少由于阵风和剪切在叶片上产生的载荷。

理论上减少叶片数提高风轮转速可以减小齿轮箱速比,减小齿轮箱的费用,叶片费用也有所降低,但采用$1\sim2$个叶片时,动态特性降低,产生振动。另外,转速较高时,噪声加大。一般风轮叶片数取决于风轮的尖速比λ。目前用于风力发电一般属于高速风力发电机组,即$\lambda=4\sim7$左右,叶片数一般取$2\sim3$。用于风力提水的风力机一般属于低速风力机,叶片数较多。叶片数多的风力机在低尖速比运行时有较低的风能利用系数,即有较大的转矩,而且启动风速亦低,因此适用于提水。而叶片数少的风电机组的高尖速比运行时有较高的风能利用系数,且启动风速较高。另外,叶片数目确定应与实度一起考虑,既要考虑风能利用系数,也要考虑启动性能,总之要达到最多的发电量为目标。由于三叶片的风力发电机的运行和输出功率较平稳,目前风力发电机采用三叶片的较多。

(二)垂直轴风力发电机

(1)结构特点:风轮叶片绕垂直于地面的轴旋转。

(2)常见型式:达里厄型和H型。

(3)优缺点:主要机械部件在地面,部件维护较方便,但无法自启动,风轮接近地面,风能利用率较低,造价昂贵。

二、风力发电机组结构型式选择

根据该风电场的特点,综合考虑各方面的因素,该风电场机型选择在单机容量为1500kW的风力机结构为水平轴、上风向、三叶片、计算机自动控制、无人值守机型。

三、风电机组部件选择

风力发电机组的主要部件有叶片、变速箱、发电机、塔架及其他部件组成。

(一)风轮叶片的选择

1. 风轮叶片的结构

风轮是由$1\sim3$个叶片组成,它是风力机从风中吸收能量的部件。叶片一般采用非金属材料制成,叶片常见的结构有如下几种形式:

(1)实心木质叶片。

(2)使用管子做受力梁,用泡沫材料、轻木或其他材料做中间填料,并在表面包玻璃钢。

(3)叶片用管状梁、金属肋条和蒙皮组成。

(4)叶片用管状梁和具有气动外形的玻璃钢蒙皮做成。

常见的叶轮及叶片如图 3 - 2 - 3 所示。

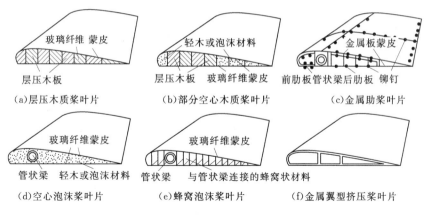

(a)层压木质桨叶片　　(b)部分空心木质桨叶片　　(c)金属肋桨叶片

(d)空心泡沫桨叶片　　(e)蜂窝泡沫桨叶片　　(f)金属翼型挤压桨叶片

图 3 - 2 - 2　风力发电机组叶片的典型结构

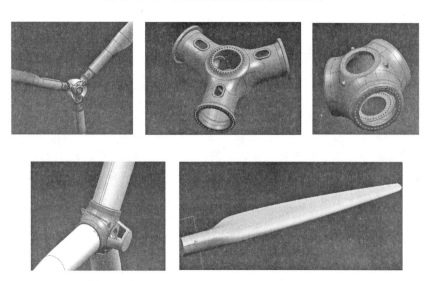

图 3 - 2 - 3　常见的叶轮及叶片

2. 叶片的材料

叶片是用加强玻璃塑料（GRP）、木头和木板、碳纤维强化塑料（CFRP）、钢和铝构成的。对于小型的风电机组，如叶轮直径小于 5m，选择材料通常关心的是效率而不是重量、硬度和叶片的其他特性。对于大型风机，叶片特性通常较难满足，所以对材料的选择更为重要。世界上大多数大型风力机的叶片是由 GRP 制成的。这些叶片大部分是用手工把聚酯树脂敷层，和通常制造船壳、园艺、游戏设施及世界范围内消费品的方法一样。其过程需要很高的技术水平才能得到理想的结果，并且如果对重量要求不严格，比如对于长度小于 20m 的叶片，设计并不很复杂。不过有很多很先进的利用 GRP 的方法可以减小其重量，增加其强度。玻璃纤维要较精确地放置，如果把它放在预浸片材中，使用高性能树脂，如控制环氧树脂比例，并在高温下加工处理。当今，简单的手工铺放聚酯，通过认真地选择和放置纤维，为 GRP 叶片提供了降低成本的途径。

3. 风轮叶片的功率调节方式

叶片工作的条件十分恶劣，它要承受高温、暴风雨、暴风雨（雪）、雷电、盐雾、阵（飓）风、严寒、沙尘暴等的袭击。由于处于高空，在旋转过程中，叶片要受重力变化的影响以及由于地形变化引起的气流扰动影响，其受力变化十分复杂。当风力达到风电机组的设计额定风速时，在风轮上就要采取措施以保证风力发电机的输出功率不会超过允许值。风电机组在达到运行的条件时，并入电网运行，随着风速的增加和降低，发电功率发生变化；机组所有状态都被控制系统监视着，一旦某个状况超过计算机程序中的预先设定值，机组将停止运行或紧急停机。机组的运行过程为：达到启动风速开始启动，达到切入风速并网，达到额定功率时将进行调节（如失速方法或变桨距方法），当达到停机（切出）风速时，机组将停止运行，直到风速回到停机风速以下，机组再恢复运行。无论是变桨距还是失速功率都是通过叶片上升阻力的变化以达到发电输出功率稳定而不超过设定功率的目的，从而保证机组不受损害，机组不应长期在超功率下运行。

（1）定桨距失速调节。定桨距确切地说应该是固定桨距失速调节式，即机组在安装时根据当地风资源情况，确定两个桨距角度，按照桨距角度安装叶片。风轮在运行时叶片的角度不再改变，如果感到发电量明显减小或经常过功率，可以随时进行叶片角度调整。

定桨距风力机一般装有叶尖刹车系统，当风力发电机需要停机时，叶尖刹车打开，当风轮在叶尖（气动）刹车的作用下转速低到一定程度时，再由机械刹车使风轮刹住直至静止。当然也有极个别风力发电机没有叶尖刹车，但要求有较昂贵的低速轴刹车以保证机组的安全运行。定桨距失速式风电机组的优点是轮毂和叶根部件没有结构运动部件，费用低，因此控制系统不必设置一套程序来判断控制变桨距过程。在失速的过程中功率的波动小。但这种结构也存在一些先天的问题，叶片设计制造中，由于定桨距失速叶宽大，机组动态载荷增加，要求一套叶尖刹车，在空气密度变化大的地区，在季节不同时输出功率变化很大。兆瓦级以上大型风电机组很少应用定桨距失速调节。综上所述，两种功率调节方式各有优缺点，适应范围和地区不同，在风电场风电机组选择时，应充分考虑不同机组的特点以及当地风资源情况，以保证安装的机组达到最佳出力效果。

（2）变桨距角调节。变桨距风力机是指风轮叶片的安装角度随风速而变化。风速增大时，桨距角向迎风面积减小的方向转动一个角度，相当于增大桨距角从而减小攻角，风力机功率相应增大。在机组出现故障时，需要紧急停机，一般应先使叶片顺桨，这样机组结构中受力小，可以保证机组运行的安全可靠性。变桨距叶片一般叶宽小、叶片轻，机头质量比失速机组小，不需很大的刹车，启动性能好。在低空气密度地区仍可达到额定功率，在额定风速之后，输出功率可保持相对稳定，保证较高的发电量。但由于增加了一套变桨距机构，增加了故障发生的几率，而且处理变距机构中叶片轴承故障难度大。变桨距机组比较适于空气密度低的地区运行，避免了当失速机安装角确定后，有可能夏季发电低，而冬季又超发的问题。变桨距机组适合于额定风速以上风速较多的地区，这样发电量的提高比较显著。

（3）变转速运行。变转速控制就是使风轮跟随风速的变化相应改变其旋转速度，以保持基本恒定的最佳速比。

相对于恒转速运行，变转速运行有以下优点：

1）具有较好的效率。可使桨距角调节简单化，变转速运行放宽对桨距角控制响应速度的要求，降低桨距角控制系统的复杂性，减小峰值功率要求。低风速时，桨距角固定，高风速时，调节桨距角限制最大输出功率。

2）能吸收阵风能量。阵风时风轮转速增加，把阵风风能余量存储在风电机组转动惯量中，减少阵风冲击对风电机组带来的疲劳损坏，减少机械应力和转矩脉动，延长机组寿命。当风速下降时，高速运转的风轮动能便释放出来变为电能送给电网。

3）系统效率高。变转速运行风力机可以在最佳速比、最大功率点运行，提高了风力机的运行效率，与恒转速、恒频风电系统相比，年发电量一般可提高10%以上。

4）改善功率品质。由于风轮系统的柔性，减少了转矩脉动，从而减少了输出功率的波动。

5）减小运行噪声。低风速时风轮处于低转速运行状态，使噪声降低。

对于某设计风速有一最佳的转速，风速越高，最佳的转速越高，这是风轮机设计的关键点。定桨距和变桨距两种功率调节方式比较见表3-2-1。

表 3-2-1　　　　　　　　　两种功率调节方式比较

项　目		定　桨　距		变　桨　距
		无气动刹车	有气动刹车	
功率调节		失速调节	失速调节	49.5r/min
刹车方式		盘式刹车	气动刹车	1500kW
主传动轴	第一节	低速轴	可转动叶尖	33r/min
	第二节	高速轴	高速轴	2172r/min
安全保障		失效安全	失效安全	16788.9N·m
优点		(1) 结构最简单。 (2) 运行可靠性高。 (3) 维护简单		(1) 结构受力最小。 (2) 主机及塔架质量轻。 (3) 运输及吊装难度小。 (4) 高风速时风力机满出力
缺点		(1) 刹车时机构受力大。 (2) 机械刹车盘庞大。 (3) 机舱、塔架重。 (4) 运输及吊装难度大。 (5) 基础大、成本高		(1) 变桨距液压系统结构复杂，故障率稍高。 (2) 要求运行、管理人员素质高

（二）齿轮箱的选择

1. 齿轮箱的作用

风电机组中的齿轮箱是一个重要的机械部件，其主要功用是将风轮在风力作用下所产生的动力传递给发电机并使其得到相应的转速。通常风轮的转速很低，远达不到发电机发电所要求的转速，必须通过齿轮箱齿轮副的增速作用来实现，故也将齿轮箱称之为增速箱。根据机组的总体布置要求，有时将与风轮轮毂直接相连的传动轴（俗称大轴）与齿轮箱合为一体，也有将大轴与齿轮箱分别布置，其间利用涨紧套装置或联轴节连接的结构。为了增加机组的制动能力，常常在齿轮箱的输入端或输出端设置刹车装置，配合叶尖制动

（定桨距风轮）或变桨距制动装置共同对机组传动系统进行联合制动。

由于机组安装在高山、荒野、海滩、海岛等风口处，受无规律的变向变负荷的风力作用以及强阵风的冲击，常年经受酷暑严寒和极端温差的影响，加之所处自然环境交通不便，齿轮箱安装在塔顶的狭小空间内，一旦出现故障，修复非常困难，故对其可靠性和使用寿命都提出了比一般机械高得多的要求。例如，对构件材料的要求，除了常规状态下机械性能外，还应该具有低温状态下抗冷脆性等特性；应保证齿轮箱平稳工作，防止振动和冲击；保证充分的润滑条件等。对冬夏温差巨大的地区，要配置合适的加热和冷却装置，还要设置监控点，对运转和润滑状态进行遥控。

2. 常见的齿轮箱结构

常见的齿轮箱结构如图 3 - 2 - 4 所示。

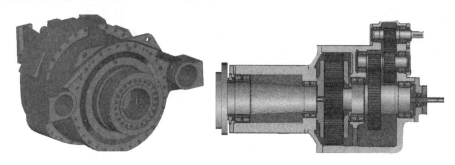

图 3 - 2 - 4　齿轮箱结构图

（1）二级斜齿。

（2）一级行星，二级平行轴结构。

（3）斜齿加行星轮结构。

不同形式的风电机组有不一样的要求，齿轮箱的布置形式以及结构也因此而异。在风电界水平轴风电机组用固定平行轴齿轮传动和行星齿轮传动最为常见。

3. 齿轮箱的润滑及冷却方式

齿轮箱的润滑十分重要，良好的润滑能够对齿轮和轴承起到足够的保护作用。为此，必须高度重视齿轮箱的润滑问题，严格按照规范保持润滑系统长期处于最佳状态。齿轮箱常采用飞溅润滑或强制润滑，一般以强制润滑为多见。因此，配备可靠的润滑系统尤为重要。润滑系统的线路是电动齿轮泵从油箱将油液经滤油器输送到齿轮箱的润滑管路，对各部分的齿轮和传动件进行润滑，管路上装有各种监控装置，确保齿轮箱在运转时不会出现断油。

（三）发电机的选择

发电机分直流发电机和交流发电机两种。

1. 直流发电机

直流发电机从原理上也可分为两种。一种是永磁直流发电机，它的定子磁极是永磁体，转子绕组在磁场中转动产生的电流经换向器、炭刷输出直流电，电压分别为 12V、24V、36V 等，这种直流发电机常用在微、小型风力机上。另一种大中型直流发电机其定子磁极是由几组镶嵌在定子槽内的绕组通入直流电形成的，直流电输出与前者相同。图

3-2-5所示为定子直流励磁的直流发电机。

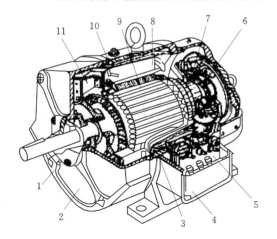

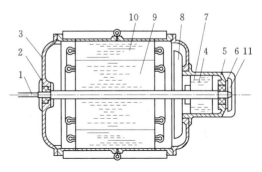

图 3-2-5 直流发电机

1—轴；2—端盖；3—换向极；4—出线盒；5—接线板；
6—换向器；7—刷架；8—主磁极；9—电枢；
10—基座；11—风扇

图 3-2-6 励磁机励磁交流发电机

1—轴；2—轴承；3—端盖；4—励磁机转子；5—励磁
机端盖；6—轴承；7—励磁机定子；8—发电机风扇；
9—发电机转子；10—发电机定子；11—励磁机风扇

2. 交流发电机

交流发电机用途广泛，按不同的励磁方式分很多种。

交流发电机有三相和单相交流发电机，两相交流发电机极少。

交流发电机是从定子绕组输出交流电，其转子是旋转磁极，转子绕组通以直流电形成磁极，形成磁极的过程称为励磁，其励磁方式有多种。

图 3-2-6 所示为励磁机励磁的交流发电机（也称无刷交流发电机）的结构示意图。

3. 交流发电机的分类

交流发电机有同步、异步、自动调频和永磁交流发电机等。

（1）同步交流发电机。当发电机转子被外动力（如风力机、水轮机、汽轮机等）拖动转动并对转子绕组通以励磁直流时，转动的转子与定子之间的气隙中就产生旋转磁场，它按正弦规律变化，称作主磁场。当主磁场切割定子绕组时，在定子的绕组中便产生正弦交流电动势。当发电机带上负载时，在定子绕组中通过的电流也在气隙中产生旋转磁场，称为定子磁场或电枢磁场。所谓同步发电机，就是电枢磁场的旋转速度与主磁场的旋转速度始终保持相同，即始终同步的发电机。电枢磁场的旋转速度称为同步转速。

$$n_D = \frac{60f}{p}$$

式中　n_D——同步发电机转速，r/min；

　　f——同步发电机交流电动势频率，Hz；

　　p——同步发电机极对数。

（2）异步发电机。交流发电机的电枢磁场的旋转速度落后于主磁场的旋转速度，这种交流发电机称异步交流发电机。异步交流发电机只要频率接近电网频率就可以并网，但当频率低于电网频率时，异步发电机变成电动机，由电网的电力驱动发电机转动，此种现象称为逆功率，异步发电机并网应安装逆功率切换装置。

（3）自动调频交流发电机。自动调频交流发电机就是在转子上安装一套电子装置来改变转子的电磁极，使其在任何转速下发出的电都能得到恒定的频率。这套电子装置虽然价格较高，但使调速装置大大简化，所以这种调频发电机在风力机的应用中得到重视。

（4）永磁交流发电机。永磁交流发电机就是用永磁体作为发电机的磁极的交流发电机。在世界上，一些工业发达国家早已开始研究采用永磁体作为发电机的磁极，这样可以省去转子绕组、励磁机、整流装置或转子绕组、炭刷、换向器、励磁用电源及节省电能。但目前都限于微型和小型发电机，电压大部分在220V以内。

（5）有刷交流发电机。有刷交流发电机就是利用炭刷、滑环将转子绕组所需励磁的直流电供给转子绕组的交流发电机。励磁用的直流电可以是发电机本身3次谐波绕组的交流电，也可以是电网交流电经整流、调整后供给。

（6）无刷交流发电机。无刷交流发电机就是转子所需要的励磁直流电由励磁机转子发出的交流电经硅二极管整流后供给的。励磁机安装在主发电机之后，励磁机转子与主发电机转子同轴，并且整流装置也都固定在轴上，从而省去了炭刷、滑环，故称无刷交流发电机，也称励磁机发电机。

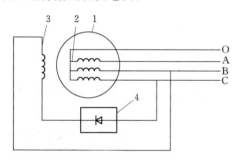

图3-2-7　晶闸管直接可控励磁电原理图
1—发电机定子；2—发电机定子绕组；
3—发电机转子；4—自动电压调节器

4. 常用交流发电机

（1）有刷励磁交流发电机。

1）晶闸管直接可控励磁。就是将交流发电机发出的交流电通过晶闸管整流，并经炭刷、滑环送给主发电机的转子励磁。当发电机开始运转时，转子没有建立起磁场，交流发电机不能发电，需另有直流电源励磁。一旦发电机发电，便可使用晶闸管直接可以控制励磁而切断起励用直流电源。励磁电流大小的调整是利用晶闸管导通角的调整来控制的。晶闸管直接可控励磁的主线路电路原理图如图3-2-7所示。

这种励磁方式体积小、重量轻、调压精度高、励磁损失小，但在短路时没有短路维持电流，尚需加电流复励或短路电流维持装置。

2）3次谐波励磁。是在发电机定子槽中附加一组谐波绕组，将谐波功率利用起来供给发电机励磁。当负载电流流经电枢绕组时所产生的3次谐波与主磁极所产生的3次谐波相位相同：两者叠加后互相增强，从而使谐波绕组中感应的3次谐波电动势增大，使励磁电流增大，从而使发电机电压升高，这就能在一定程度上补偿发电机在感性负载下由于电枢反应造成的端电压下降，达到电压自动调节的作用。

3次谐波励磁的优点是结构简单，造价便宜，静态和动态性能都较好。缺点是并网的稳定性较差，易产生振荡及3次谐波引起的波形畸变而增大中线电流。在图3-2-8中，$V_1 \sim V_6$ 及 VT_1 和 VT_2 组成测量、比较及控制电路。

当输出电压降低时，单结晶体管把取自前级 VT_1 的电压降低的信号经单结晶体管输

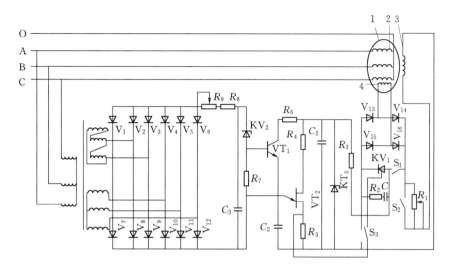

图 3-2-8　晶闸管可控分流 3 次谐波励磁主电路电原理图

1—发电机定子；2—发电机定子绕组；3—发电机转子绕组；4—3 次谐波绕组

出给晶闸管 KV_1 的控制级，使其导通角增大，从而增加了发电机转子的励磁电流和发电机电压升高，反之电压降低，达到发电机电压自动调整的目的。

3）电抗移相相复励。电抗移相相复励如图 3-2-9 所示。

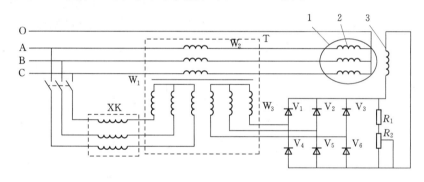

图 3-2-9　电抗移相相复励电原理图

1—发电机定子；2—发电机定子绕组；3—发电机转子绕组

图 3-2-9 中 T 为相复励变压器，有两个电源绕组：其一是电压绕组 W_1，是经电抗器 XK 由发电机输出端电压供电，其电流落后于端电压约 90°，并且与端电压呈线性关系；其二是电流绕组 W_2；它与发电机定子绕组串联，直接由发电机定子绕组电流供电。当然这要在发电机带负载的情况下才能有电，所以它反映了发电机负载电流的变化。

此外还有一个输出绕组 W_3，W_3 绕组的电流取决于发电机的电压和电流并且与它们的相位有关，W_3 绕组的电压、电流是受 W_1 和 W_2 的影响，其经 $V_1 \sim V_6$ 整流后再经炭刷和滑环给发电机转子励磁。当发电机负载为纯电感性时，发电机电流与电抗器后的电流同相位，合成电流最大，复励电流的增加抵消了 $\cos\phi = 0$ 的感性无功负载的去磁反应，使发电机输出电压稳定。

当发电机的负载为纯阻性时，电抗器后的电流落后于发电机负载电流约90°，则在 W_3 上所得到的合成电流为最小，这样在 $\cos\phi=1$ 的纯电阻性负载下，经 $V_1 \sim V_6$ 整流后的电流也小，使发电机升高的电压又回落，从而保证发电机有稳定的输出电压。整个励磁调整过程使发电机在功率因数 $\cos\phi=0 \sim 1$ 的范围内保持恒定的输出电压，实现电压自动调解。R_2 是电压输出的手动可变电阻，当手动调节可变电阻阻值变小时，经 R_1 和 R_2 分流变大，供给转子励磁电流变小，发电机输出电压降低，反之电压升高。这种励磁方式可靠、稳定，过载能力强，静态和动态性能较好，能调节无功功率。其缺点是太笨重，起励性和温度补偿性能差。

此外，还有比绕组电抗分流励磁、自并激晶闸管可控励磁等。

（2）无刷励磁交流发电机。是由主发电机和其同轴的一个交流励磁发电机组成。交流励磁发电机转子输出交流电经两级管整流后直接供给主发电机励磁。由于主发电机转子与励磁机转子同轴，所以将整流部件也同时固定在轴上形成统一的转动体，省去了炭刷、滑环，故称无刷励磁。

无刷励磁的电压调整是靠励磁机定子绕组的励磁电流大小来调整的。可以在主发电机输出端取样、放大，送至触发器中，使触发器按主发电机的电压要求去触发晶闸管，用控制晶闸管的导通角来变化交流励磁机定子绕组的励磁电流。励磁机定子绕组的励磁电流又控制励磁机转子所发交流电的电压和电流，而励磁机转子所发的交流电经硅二极管整流后直接为主发电机转子励磁，这样就控制了主发电机转子励磁的电压和电流，实现了主发电机电压的自动调整。无刷励磁的方式很多，这里主要介绍3次谐波无刷励磁。图3-2-10所示为3次谐波晶闸管可控自动调压电原理图。

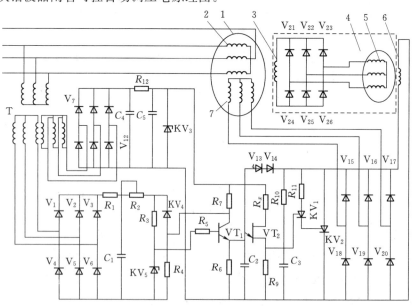

图3-2-10　3次谐波晶闸管可控自动调压电原理图

1—发电机定子；2—发电机定子绕组；3—发电机转子；4—发电机转子励磁绕组；
5—励磁机转子绕组；6—励磁机定子励磁绕组；7—3次谐波绕组

图 3-2-10 中变压器有两个绕组,星接输出为取样,亦称测量比较,其输出电压正比于发电机输出电压,经整流后给直流放大器 VT_1。VT_1 放大后由发射极输出给单结晶体管 VT_2 做小晶闸管 KV_1 的移相触发,小晶闸管 KV_1 再触发大晶闸管 KV_2,做 $V_{15} \sim V_{20}$ 整流后的分流。变压器角接的绕组经 $V_7 \sim V_{12}$ 整流及 C_4、R_{12}、C_5 滤波和 KV_3 稳压后做电路的直流电源。

当取样电压较高时,KV_2 的导通角大,分流大,给励磁机定子励磁电流越小,使励磁机转子交流电压下降,供给主发电机转子的励磁电流减少,使主发电机定子绕组交流电压下降;反之,KV_2 分流小,供给励磁机定子励磁的电流增大,励磁机转子电流增大,主发电机转子励磁电流增大,使主发电机定子绕组输出交流电压升高,这样的调整过程使主发电机能保持恒定的电压输出。

R_3、R_4、KV_4、KV_5 组成取样桥,也称比较桥,是对称的桥,从桥中心输出直流信号送至 VT_1 放大,这时 VT_1 相当一个可变电阻,取样桥的输出加在它 cd 极上,直接控制 VT_1 的基极电流。当 VT_1 的 I_{cd} 也上升,电流增大,相当于可变电阻变小,C_2 充电加快,使单结晶体管 VT_2 脉冲前移。相反,则脉冲后移,达到移相触发的目的。V_{13}、V_{14} 是接在 VT_2 的发射极与晶闸管的阳极之间的二极管,它起到触发脉冲与晶闸管同步的作用。

无刷励磁还有很多种形式,如直接可控励磁、相复励励磁、3 次谐波励磁,3 次谐波复励等。

交流发电机设计除励磁方式设计外,还有很多需要设计及计算的项目。比如发电机的功率、效率、定子齿、定子轭、转子齿、转子轭、气隙、定子槽、转子槽、定子绕组、匝数、绕组导线等。同时,还要解决散热方式、对散热面积、流道等进行计算。还要对转子轴进行强度、刚度的计算,选择硅钢片等大量计算、设计工作。

5. 独立运行发电系统中的发电机

(1) 直流发电机。直流发电机常用在微、小型、中型风力发电机上,直流电压 12V\24V、36V。

(2) 永磁发电机,常用在小型风力发电机上,电压一般 115V,127V 等,有直流,也有交流。

(3) 交流发电机。有永磁式、硅整流自励式、电容自励式三种。

6. 并网运行风力发电机

所有并网型风力发电机通过三相交流(AC)电机将机械能转化为电能。发电机分为两个主要类型,即同步发电机和异步发电机。

(1) 同步电机。同步发电机运行的频率与其所连电网的频率完全相同,同步发电机也被称为交流发电机。

同步电机有以下几种同步并网方法:

1) 自动准同步并网。并网满足的条件:①发电机的电压等于电网的电压,并且与电压波形相同;②发电机的电压相序与电网的电压相序相同;③发电机频率与电网频率相同;④并联合闸瞬间发电机的电压相角与电网的电压相角一致。

2) 自同步并网。自同步并网就是同步发电机在转子未加励磁,励磁绕组经限流电阻短路的情况下，由原动机拖动，待同步发电机转子转速升高到接近同步转速时，将发电机投入电网，再立即投入励磁，靠定子与转子之间的电磁力的作用，发电机自动牵入同步运行。

（2）异步发电机。异步发电机与同步发电机都有一个不旋转的部件称为定子，这两种电机的定子相似，定子都与电网相连，而且都是由叠片铁芯上的三相绕组组成，通电后产生一个以恒定转速旋转的磁场。尽管两种电机有相似的定子，但它们的转子却完全不同。同步电机中的转子有一个通直流电的绕组，称为励磁绕组，励磁绕组建立一个恒定的磁场锁定定子绕组建立的旋转磁场。因此，转子始终能以一个恒定的与定子磁场和电网频率同步的恒定转速旋转。异步发电机的基本结构有定子、定子铁芯、线圈、转子、转子铁芯、轴、转子绕组、风扇等组成（图 3 - 2 - 11）。

图 3 - 2 - 11　异步发电机

1）异步电机处于发电的工作状态时，其激励方式有电网电源励磁发电（他励）和并联电容自励发电（自励）两种情况。

a. 电网电源励磁发电。是将异步电机接到电网上，电机内的定子绕组产生以同步转速转动的旋转磁场，再用原动机拖动，使转子转速大于同步转速，电网提供的磁力矩的方向必定与转速方向相反，而机械力矩的方向则与转速方向相同，这时就将原动机的机械能转化为电能。在这种情况下，异步电机发出的有功功率向电网输送；同时又消耗电网的无功功率做励磁作用，并供应定子和转子漏磁所消耗的无功功率，因此异步发电机并网发电时，一般要求加无功补偿装置，通常用并列电容器补偿的方式。

b. 并联电容器自励发电。并联电容器的连接方式分为星形和三角形两种。励磁电容的接入在发电机利用本身剩磁发电的过程中，发电机周期性地向电容器充电；同时，电容器也周期性地通过异步电机的定子绕组放电。这种电容器与绕组组成的交替进行充放电的过程，不断地起到励磁的作用，从而使发电机正常发电。励磁电容分为主励磁电容和辅助励磁电容：主励磁电容是保证空载情况下建立电压所需的电容；辅助电容则是为了保证接入负载后电压的恒定，防止电压崩溃而设的。

2）异步发电机的基本原理。

当接入电网时，S 为滑差，也称为转差率。

$$S = (n_s - n)/n_s$$

当 $S < 0$ 时，作为发电机运行；当 $S > 0$ 时，作为电动机运行。

异步发电机的工作原理如图 3 - 2 - 12 所示。

3）异步发电机的并网方法。

a. 直接并网。发电机的相序与电网的相序相同。

b. 降压并网。电机与电网之间串接电阻或电抗。

c. 通过晶闸管软并网。在电机定子与电网之间每相串入一只双向晶闸管，将并网瞬间的冲击电流控制在允许的限度内。

通过上述的分析，异步发电机的启动、并网很方便，且便于自动控制，价格低、运行可靠、维修便利、运行效率也较高，因此在风力发电方面并网机组基本上都是采用异步发电机，而同步发电机则常独立运行。

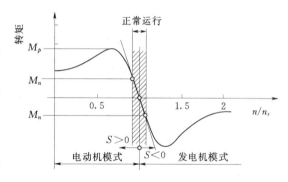

图 3-2-12　异步发电机工作原理图

7. 低速交流发电机

低速交流发电机应用常见为风力机直接驱动交流发电机。

低速交流发电机的特点为：外形酷似一个扁平的大圆盘，转子磁极数多，采用永久磁体，结构简单，制造方便。

结构型式有水平轴、垂直轴式。

（四）塔架的选择

1. 塔架的功用

（1）支撑风电机组的机械部件、发电系统，承受风轮的作用力和风作用在塔架上的力。

（2）具有足够的疲劳强度，能承受风轮引起的振动荷载，包括启动和停机的周期性变化、塔影效应，吸收机组振动。

2. 塔架的结构

塔架主要有塔筒状和桁架式两种结构（图 3-2-13）。

（1）塔筒状塔架。国外引进及国产机组塔架绝大多数采用塔筒式结构。这种结构的优点是刚性好，冬季人员登塔安全，连接部分的螺栓与桁架式塔相比要少得多，维护工作量少，便于安装和调试。

（2）桁架式塔架。桁架式是采用

（a）桁架式

（b）塔筒式

图 3-2-13　风力发电机组塔架

类似电力塔的结构型式。这种结构风阻小，便于运输，但组装复杂，工作量大，冬季爬塔条件恶劣（图 3-2-13）。

3. 塔架的与地基的连接

（1）地脚螺栓连接。塔架底法兰螺孔有良好的精度，地脚螺栓强度要高。

（2）地基环。加工短段塔架放入地基，采用法兰对法兰的连接。

4. 塔架的选型原则

风电机组的塔架除了要支撑风电机组的重量，还要承受吹向风电机组和塔架的风压以及风力机运行中的动载荷。它的刚度和风电机组的振动有密切关系。小型风电机组塔杆可

(a)   (b)

图 3-2-14 塔架与地基环的连接

以用拉线来增加抗弯矩的能力。中、大型风电机组塔杆为了运输方便，可以将钢管分成几段。一般圆柱形塔架对风的阻力较小，特别是对于下风向风电机组，产生紊流的影响要比桁架式塔架小。桁架式塔架常用于中小型风电机组，其优点是造价不高、运输方便，但这种塔架会使下风向风电机组的叶片产生很大的紊流。

四、我国国产化兆瓦级风电机组的结构

（一）我国国产化兆瓦级风电机组的研制和生产

通过引进消化国外先进技术，我国风电机组制造水平不断提高。目前能制造兆瓦级风电机组的公司已超过 10 家，如华锐风电科技股份有限公司、东方汽轮机有限公司、新疆金风科技有限公司、浙江运达风电股份有限公司、沈阳华创风能有限公司、江苏新誉重工科技有限公司、上海电气风电设备有限公司等。其中已批量生产数百台位于前列的是华锐风电股份有限公司、东方汽轮机股份有限公司等。

有的公司在国内系首家引进 1.5MW 风电机组技术，通过开展消化、吸收和二次开发工作，自主研发并认证了适用于不同风区类型、不同温度范围的 1.5MW 系列化风电机组，打造完成了大型风电机组国产化配套产业链。目前主力机型 1.5MW 风力发电机组国产化率高达 89.7%，并建立起完善的试验设施和质量保证体系。在国内大型风电设备制造企业中，率先实现了批量化、规模化生产。如华锐风电科技股份有限公司目前已具备年产 1000 台 1.5MW 风电机组的能力，已成为国内风电产业的领军企业。

这些公司肩负中国大型风电装备国产化、自主化的历史使命，全力研发具备自主知识产权的 3MW 和 5MW 陆地、海上风力发电机组。2008 年年底，3MW 海上风电机组样机已具备装机条件，2009 年实现了批量化生产和供货。

（二）FL1500 风电机组结构简介

1. 简要说明

FL1500 风电机组具有 3 个风轮叶片，主动变桨，主动偏航系统，变速，额定电力输出 1520kW。风轮直径为 70m 或 77m，轮毂高度 60～100m，用于在陆地固定位置将风能转变成电能，并按照供电公司的规范要求输入电网。

FL1500 风电机组可以通过变速运行保证低载荷，优化效率，输出端无载荷高峰，因

此可实现高效运转，并且工作寿命长。

2. 风电机组的结构

FL1500 风电机组的结构如图 3-2-15 和图 3-2-16 所示。

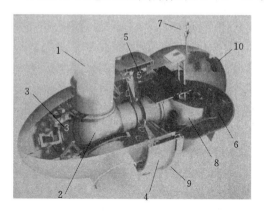

图 3-2-15　风力发电机机舱结构

1—叶片；2—轮毂；3—变桨驱动；4—发电机转子；

5—发电机定子；6—偏航驱动；7—测风系统；

8—机舱底座；9—塔架；10—辅助提升机

图 3-2-16　风力发电机机舱

3. 部件介绍

（1）风轮叶片。风轮叶片为玻璃纤维/环氧树脂制成的多重的梁/壳体结构（图 3-2-15）。叶片将风能转换为机械能并传递到轮毂上。各个叶片有内置的防雷电系统，包括一个位于叶尖的金属尖、一根沿着叶片翼梁布置的接地电缆和一根接到变桨轴承的接地电缆。

（2）轮毂。轮毂（图 3-2-17）是一个铸造结构，用于将叶片载荷传递到齿轮箱上。轮毂内部包括变桨系统。

（3）变桨系统。变桨系统作为主要的制动系统，可以在额定功率范围内对风电机组速度进行控制。变桨系统包括 3 个驱动装置，分别是电机、齿轮箱（图 3-2-18 中的变桨轴承），可以实现每个叶片单独调整。

从额定功率起，通过控制系统将叶片以精细的变桨角度向顺桨方向转动，实现风电机组的功率控制。如果一个驱动器发生故障，另两个驱动器可以安全地使风电机组停机。风轮叶片调整驱动器的供电为冗余形式，使每个叶片都可以作为独立的阻力制动系统，使风电机组停止。

图 3-2-17　风电机组轮毂

（4）齿轮箱。风轮转速通过一个多极齿轮箱提高发电机转速。齿轮箱由两个行星级和下游侧的一个正齿级组成。为减小噪声，所有的齿轮机均为螺旋齿轮。风轮轴内置在齿轮箱内，即轮毂直接与齿轮箱的传动轴连接，风轮载荷直接传递到齿轮箱和齿轮箱壳体上。

（a）变桨齿轮箱　　　　　　　　　　（b）变桨轴承

图 3-2-18　风电机组变桨机构

提供一个油路集成装置，确保为齿轮箱提供持续的润滑。齿轮箱传动轴上的一个盘式制动器起到锁定和紧急制动器的作用。

（5）减噪装置。减噪装置呈环形布置，通过保持环固定的弹性层体组成。它能避免将齿轮箱的振动传递到主机架上，而是将风轮施加在齿轮箱上的载荷传递到主机架。

（6）主机架。主机架上安装齿轮箱，并将来自齿轮箱的力转移到塔筒上。主机架是一个焊接结构，发电机安装在主机架的发电机支架部分上，主机架上还装有偏航系统的偏航驱动器、一台辅助吊车、变频器柜和电源柜、设备和电源的断路器以及控制系统部件。

（7）发电机。风电机组装有一台双馈感应发电机。发电机装有一个全封闭式的滑环装置，确保低磨损。为了避免潮湿损坏发电机，发电机安装有加热绕组。此外，在发电机内装有传感器用于监控温度。

（8）偏航系统。偏航系统的作用是转动机舱使风轮永远迎风。主机架上内嵌有滑动元件，使其在偏航齿圈上滑动。偏航齿圈又与塔筒连接。根据风向记录的信号，由安装在主机架上的偏航驱动同步电机驱动，使风电机组旋转。机舱与塔筒连接的偏航齿圈上转动台偏航系统由 4 台齿轮电机驱动（图 3-2-19）。

（a）　　　　　　　　　　　　　　　（b）

图 3-2-19　风电机组偏航系统

（9）制动联轴器。制动联轴器包括安装在齿轮箱后部驱动轴上的一个液压盘式制动器，以及盘式制动器与发电机驱动轴之间的联轴器。

1）制动器用于工作时紧急停机，在非工作时作为锁定制动器使用。启动制动器时需要液压系统工作。启动制动器时，压力降低，制动闸瓦通过弹簧力压在制动盘上。液压系统重新加压时，制动器松开。制动器闸瓦的磨损情况经检测并在电脑上显示。制动器闸瓦可以自动调整，永远保持在正确的位置。

2）联轴器将齿轮箱输出的驱动力矩传递到发电机驱动器上。联轴器电绝缘，防止漏电。可以补偿轴向和径向的位移和轴向旋转阻断不利的峰值载荷传递到发电机上，同时也阻断发电机的反作用。另外，联轴器还与发电机驱法兰连接，该接头在规定的力矩下可以滑动，防止对发电机或齿轮箱造成损坏。

（10）冷却。齿轮箱的冷却通过安装在机舱内的一台油-空气冷却器实现。在冷却环路中有一个热电旁路阀，当油温过低时将冷却器旁路，保证油温快速升高到工作温度。另外，在温度极低时齿轮油会通过电气加热。齿轮箱油温终身持续检测，如果超过工作温度范围的上限，位于换热器上方的电子风扇启动，加速散热。此措施可确保齿轮箱油温永远保持在最佳温度范围。

发电机和变频器的冷却利用安装在机舱外的一台水-空气冷却器进行水冷。

（11）风力数据记录器。风力数据测量通过安装在机舱外的一个风速仪实现。风速仪用于确定风向和风速。为防止受到风轮和塔筒的影响，风速仪安装在机舱后上方的机舱罩上。根据测量结果，偏航系统旋转机舱，使风轮最佳对风。风向标装有防雷装置。

（12）玻璃钢罩。轮毂和机舱有玻璃钢罩，保护设备部件不受气候影响，并起到降低噪声排放和增强空气动力的作用。玻璃钢罩装有笼式防雷装置。

（13）塔筒。有两种类型：一种是筒形钢制塔筒，一种是混合式塔筒。

1）筒形钢制塔筒。根据轮毂高度和风电机组的机型，钢制塔筒分3段或5段。各段之间，塔筒段与基础之间，以及塔筒段与机舱之间为法兰接头，通过预紧螺栓连接。在每个连接法兰下方和顶部法兰下方设有安装平台。塔筒内有带保护装置的梯子、休息平台和电缆桥架。

2）混合式塔筒。混合式塔筒使包括基础和分段钢制塔筒的混凝土塔筒。混凝土塔筒段是现场混凝土施工，在外部预紧连接。塔筒内的紧固钢筋将钢制塔筒段和含基础的混凝土塔筒段连接。钢制塔筒段的结构与钢制塔筒的结构特点相同。在塔筒内有梯子、带安全防护装置、休息平台和电缆桥架。在混凝土塔筒段和钢制塔筒段连接处下方，有一个安装平台，用于混凝土塔筒的梯子换到钢制塔筒的梯子。基础内还有一个地下室，用于测试钢筋，必要时可拉紧钢筋。

（14）防雷电系统。如果发生雷击，雷电从风轮叶片通过叶片接地装置传导到轮毂，经过齿轮箱轴到齿轮箱外壳和主机架，然后通过塔筒、塔筒接地和基础接地装置传导到地下。如果机舱外壳、轮毂外壳或风向标受到雷击，也以相同的路线传导。在风电机组转动部件（叶片—轮毂，齿轮箱轴—齿轮箱外壳）上安装有带碳纤维刷的不锈钢避雷齿或者不锈弹簧钢滑环装置（主机架—齿圈），间接防雷保护通过电压避雷器实现。

（15）电气设备。风电机组有一台双馈感应发电机，带变频器（IGBT 电压源变频器），实现变速运行。采用双馈发电机实现变速运行，与其他方案相比有电效率较高、谐波载荷降低的基本技术优势。

功率输出和功率因数可以在整个功率范围内，根据外部的目标值进行逐级控制或采用一个固定值控制。发电机和变频器均装有多个温度传感器用于监测温度，还装有加热装置，防止发生冷凝。

1）控制系统。控制系统包括 3 台可编程逻辑控制器（PLC），彼此之间通过以太网系统通信。这些单元布置在机舱内和塔筒底部。每个单元独立负责相关的控制功能。

2）电网连接。发电机的控制动作类似于一个同步电机。变频器在转子侧有两个独立的值是可调的，即力矩和励磁。励磁决定产生的无功功率，力矩决定风电机组的总发电量。在正常运行情况下，$\cos\phi$ 为常数。力矩则根据转速进行调节。在正常工作情况下约有 80％的有功功率来自定子，约 20％来自发电机的转子。正是因此，与全部功率通过变频器传导的同步或异步发电机的变速设备相比，这种发电机产生较少的谐波载荷。

3）闪变。风电机组的控制方式能够实现没有突然的载荷变化。所以，闪变载荷是可以忽略的。

4）谐振。IGBT 变频器的恒定切换频率约为 3kHz。因此，由于切换频率高且恒定，滤波量很少，谐振比例很小（总谐波失真率 T_{HD} 约小于 5％）。

5）切换过程。只有在直流中间回路加载时才出现切换过程。直流中间回路的电容通过一个电阻加载，产生的电流值最大为额定电流的 1％。

6）接入电网。发电机与电网实现平滑同步。同步后，力矩和功率缓慢地进行调节。

五、风电设备选型的技术分析

中国幅员辽阔，南北风资源差别较大，按目前引进的欧美风机技术及其标准制造的风电设备，其还需要有一个与本土化风资源适应性研究的过程。按照现行变桨距风力发电机的最大功率捕获原理，风力发电机从切入风速（cut-in wind speed）到额定风速（rated wind speed）这一过程中，通过变桨技术可以实现风力发电机工况下的最优化，从实际风速分布统计情况来看，风力发电机运行最多的时段也基本上是集中在这一工况下，且这一工况下的出力为最多。随着风速 v 的增加，通过控制叶片变桨，即改变叶片的迎风攻角，可以保持风力发电机在各个风速 n_{max} 时达到其出力最大化 P_{max}。而在实际工作中，一般将测得的逐时风速按风频数来统计，一个典型风场的风速分布为一个威布尔（Weibull）分布。

威布尔分布所控制分布宽度的形状参数 K 值和控制平均风速分布的尺度参数 c 值是实际工作中主要关注的两个参数。一般来说，在弄清风电场址区的风速分布情况后，会根据平均风速值、湍流计算值和极大风速推算值等，以及风力发电机组分级的相关规定，来确定风力机组及主要部件的选型。从安全的角度来说，这种做法值得肯定，但随着风电设备装机规模的不断扩大，越来越多的专业人士对风力发电机出力这一指标给予了高度关注。而决定某台风力发电机出力的指标就是其对风能的捕获能力和利用效率，所关注的这些参数与风能资源紧密相关。实况中，进入额定风速区后，同功率机型之间的出力差别不大，而风力发电机大部分时间都是在额定风速以下区间运行，不同风力发电机的出力差别则主要集中在额定风速以下的区间，因此对额定风速的确定直接关系某台风力发电机的出力指标。

在一个风电场区的风能资源参数已定的情况下，为了达到最优出力，风电设备选型的一个重要技术指标就是确定其额定风速。通过不同风场、多台风力发电机的出力对比研究发现，额定风速取值为 c 和 K 值的乘积，即额定风速 $v_N = cK$ 是一个最简单而有效的计算公式。陆上风电场风电设备应选取额定风速 $v_N = 12 \sim 13 \text{m/s}$，而海上风电场区风力发电机应选取额定风速为 $v_N = 15 \sim 16 \text{m/s}$。基于对这一点的理解，风力发电机安装在海上时可以越来越大型化，因为其要求的额定风速相对比较高，而安装在陆上的风力发电机却不能一味求大，单机功率过大的风力发电机即使采用了很多先进技术，如加大其低风速的捕风性能，但由于其额定风速较高，因而牺牲了整机性能，将得不偿失。

六、风电设备选型的主要经济指标分析

实际工作中，对风电设备选型时，既要做到风电设备选型满足风电场的技术要求，也要考虑设备价格波动对风电投资所产生的影响。现阶段，有些风电项目，不管拟建场址区的风能资源情况如何，风电设备选型上都以兆瓦级机组为目标，以 1.5MW 机组选型为最多，而 1.5MW 级单机的额定风速多以 14m/s 左右为主，一个二级风能资源的风电场其年平均风速 70m 轮毂高度的实测风还不到 6.6m/s，选用这样的风电设备，其出力很难达到 2000h 的年等效小时利用数。

评价一个风电项目的主要风险变量有上网电量、固定资产投资、上网电价。前面在技术分析中主要谈到了风力发电机的出力问题，此问题相关于上网电量，在电网电价暂不确定的情况下，由于风电设备价格的较大波动，风电项目投资回报问题已经成为影响风电项目投资的主要因素之一。

在风电项目固定资产投资中，风电设备选型对投资影响最大，风电设备选型及其组合方案与风电项目规模的关联是最主要的因素。现阶段，风电设备根据单机功率的划分，遵循的是一个由小到大的发展路线，在一个系列产品中，单机功率较小的比较大的风力发电机研发要早，产品更成熟。所以，一些单机功率稍小但国产化多年且逐步成熟稳定的风力发电机，如 750kW 机，尽管风能利用效率理论上比不上同系列的兆瓦级风力发电机，但由于其已经成熟、运行相对稳定，其可利用率反而更高，而且其价格更有竞争力，具有较高的性价比。通过对风电项目风电设备选型的多方案比较，发现风电设备选型与风电项目规模相关联。采用不同的组合方案，对风电设备投资的控制、风电设备的可利用率等主要经济指标都能实现优化。

七、工程案例分析

以一个实际风电项目风电设备选型为例，按 49.5MW 装机规模考虑，从技术经济的角度来分析多种组合方式下的选型情况。结合目前国产、合资、外资本土化等风力发电机设备制造情况，此处提出以下几种可供选择的方案。

方案一：用国产基本上已经定型且成熟的 750kW 级机组，设备单千瓦造价的工程投资将有大幅降低。这一方案建议在电价不明确的情况下使用，选用的概率为 10%。

方案二：用国产基本上已经定型且成熟的 750kW 机和 1500kW 机组合，也能有一定幅度的投资额下降。这一方案可以在电价不理想时使用，选用概率为 20%。

方案三：用国产已定型 1500kW 机，选用的概率为 50%。

方案四：用合资生产且满足国产化 70% 要求的 1500kW 机组时，投资在方案三的基础上有一定幅度的上升。这一方案由于受多方影响，选用的概率为 20%。

方案五：用进口 2000kW 风力发电机时，设备造价和投资将大幅度提升。根据现行可能的价格政策和上述的技术分析情况来看，投入此种机型将导致投资收益率和回报率都很低，对本项目来说，将选用其的概率暂定为 0%。

各方案的具体参数详见表 3-2-2。

表 3-2-2　　　　　　　某 49.5MW 规模风电项目的设备可供选型方案

序号	方案	设备造价/万元	基准率/%	设备投资浮动率/%	工程总投资浮动率/%	设备单价/(元/kW)	说　明	备注
一	用 750kW 机	19800	62.50	−37.50	−23.38	4000.00	按 66 台国产 750kW 单机	国产
二	750kW 和 1500kW 混合方案	25920.00	81.82	−18.18	−11.33	4000.00（750kW 机）6400.00（1500kW 机）	按 32 台 750kW 单机和 17 台国产 1500kW 单机的组合方式	国产
三	用 1500kW 机	31680	100.00	—		6400.00	按 33 台国产 1500kW 单机	国产
四	用 1500kW 机	38610	121.88	21.88	15.02	7800.00	按 33 台合资或独资达到国产化率 70% 要求的 1500kW 单机	合资
五	用 2000kW 机	50000	157.83	57.83	38.63	10000.00	按 25 台合资或独资达到国产化率 70% 要求的 2000kW 单机	进口机型

根据表 3-2-2 所列参数，在不同组合方案下，工程总投资的变动量非常大，每一级组合情况下都有大于 10% 的差距，而采用各种组合方式计算的上网电量差要小于 10%。这也说明，在相同的上网电价的情况下，功率较小一些的组合方案，如方案二，上网电量的降低相对投资的降低对计算投资回报来说影响要小，也就是说方案二的投资回报要好于方案三的投资回报；反之，在规模一定、上网电价还没有明确的情况下，方案二将比方案三有一个更有竞争力的上网电价。

另一个需要考虑的是风电场的规模效应问题。以现阶段的风电设备单机规模来说，过小的装机规模，如风电场的设计装机规模小于 2 万 kW，则不适宜进行多种规格的风电设备混装。这一点无论是从风电设备采购、运输、安装、运行维护等方面，还是从组合的效益方面来说，风电设备选型一定要在投资、上网电量、上网电价三者的优化组合上进行充分分析。如风电场的装机规模为 1.65 万 kW，选用的是同一规格的风电设备。而对于一个设计规模较大、投资分期进行的风电项目，则可以考虑按前段组合方案来实施。一般而言，一个风电场内的上网电价在确定的时候基本上是一致的，不会有太大的变动，选择适合于本风电场区风能资源特点的一系列规格的风电设备则是较优方案。在中国很多地区，一个风电场并不都是一次性建成的，一个较大的风电场，都是经过单机试运行、多机小规模运行、中等规模的装机、直到大规模装机的过程，在这个过程中，风电设备的选型基本上都包含了对上述技术经济及相关问题的分析考虑。

任务回顾与思考

1. 风力发电机组的主要参数有哪些？
2. 风电场选型原则主要有哪些？
3. 年上网发电电量如何估算？

任务三　新型风力发电机组

学习目标：

1. 了解直接驱动式风电机组原理。
2. 了解低温型风电机组影响因素。
3. 了解海上风电机组及风力发电技术。

常规的风电机组发电装置安装在大陆上，由增速齿轮箱增速后带动发电机发电。这种风电机组发电装置工作在常温下，按常温条件设计风电机组零部件。增速齿轮箱有大的增速比，体积大，是发生噪声和故障的源头。因此研制一种不要增速齿轮箱的直接驱动式风电机组，技术关键转为低速发电机的设计问题。我国风力资源丰富的地区在三北地区，这些地区风力大，冬天气温低，按常温条件设计的风力机零部件不能保证风电机组安全可靠运行。因此必须对运行在低温地区的风电机组的问题进行研究，特别设计零部件。海上风力大、风速风向稳定，开发海上风电场也是目前的新技术。利用太阳能烟囱发电是目前的新技术，这种热能风电机组外形上很像风力机，但原理上是一种热力机械。

一、直接驱动式风力机

（一）直接驱动式风力机原理

1. 免齿轮箱式直接驱动风力机

齿轮箱是目前在兆瓦级风电机组中过载和损坏率较高的部件。国内外已开始研制生产一种直接驱动型的风电机组（亦称无齿轮风电机组）。这种机组采用多级异步电机与叶轮直接连接进行驱动的方式，免去齿轮箱这一传统部件，具有提高机组寿命、减小机组体积、降低运行维护成本、噪声较低、低风速时高效率等多种优点。

美国一家研究机构设计出一种新型可变磁阻式发电机，用风力发动机中的磁性装置取代了机械的齿轮箱。该发电机设计的特点在于有大量的极对数，有一个比6对极造价还便宜的卷绕结构。

风电机组中的齿轮箱置于电机和转子之间，对部分工作负载的效率提高不利，而且较易受损耗。若使用一个和风力机转速相同的电机，就可以免去齿轮箱。事实上，在水电站用的就是直驱式低速旋转发电机。直驱式风力发电机仍有一些问题需要研究，例如，风力机中电机的重量；最适合的发电机型（同步、永磁、可变磁阻等型式）选择；电流和压力的波动所导致的最高扭矩密度；联网用变流器选择；噪声水平控制等。永磁电机由于高效高扭矩密度而越来越多地被采用。

市场上已出现了兼具无齿轮、变速变桨距等特征的风力机。这些高产能、运行维护成本低的先进机型有：E-33、E-48、E-70等型号，容量从330kW至2MW，由德国ENERCON GmbH公司制造。瑞典ABB公司研制成功了3MW的大型可变速风电机组，包括永磁式转子结构风力发电机高约70m、风扇直径约90m。日本三菱重工制造的2MW级风力机采用小尺寸的变速无齿轮、永磁同步电机和新型轻质风轮叶片。

无齿轮直驱式风力机的研究始于20多年前，在近几年又重新引起研究人员的极大兴趣。积极将该技术应用于产品，推向风力发电市场，德国、美国、丹麦都是在该技术领域发展较为领先的国家。其中，德国西门子公司开发的（直驱式）无齿轮同步发电机被安装在世界最大的挪威风力发电场，效率达98%。

2. 非并网直驱式风力机

非并网风电用于氯碱、电解铝等特殊产业，所要求的工作电压是直流电压，对电流无频率要求，因而在风力机制造中可以取消沉重的增速齿轮箱。发电机轴直接连接到风电机组轴上，转子的转速随风速而改变，其交流电的频率也随之变化。经过置于地面的大功率电力电子整流变换器，将频率不定的交流电整流成直流电，再输送到企业，直接用于工业生产。取消齿轮箱减少了传动环节和传动损失，可提高约8%的输出功率，还减少了电网电流的线路损耗。

在非并网风电应用中，不存在并网电流控制的问题，发电机发出的交流电经过整流变成直流后，可以直接应用于产业，因此所有电力电子器件可以简化。

非并网直驱式风力机的应用，对风电机组以及相关设备，特别是晶闸管提出了新的要求。晶闸管在大功率的电力电子变流装置（交流—直流或从直流—交流）中，用它作为功率开关器件。晶闸管在工作时，在其阳阴极施加正向电压，在门阴极施加正向触发脉冲，晶闸管才可触发导通，因此晶闸管类电力电子变流装置中，触发器必不可少。承担交流-直流变换的晶闸管整流装置，交流电源的频率多为固定频率。近年来出现了一种新型晶闸管直流电源，运行时供电电压频率为80~120Hz，能满足非并网风电应用的要求。

3. 并网运行的直驱式风力机

并网运行的现代风电场应用最多的是异步发电机。通常异步发电机在输出额定功率时，滑差率是恒定的，约在2%~5%。风力机从空气中吸收的风能随风速大小在不停地变化，风电机组的设计，在额定功率时风能利用系数（C_P值）处于最高数值区内。

按照风轮的特性可知，风力机的风能利用系数（C_P值）与风力机运行时的叶尖速比有关。因此当风速变化而风力机转速不变化时，风轮风能利用系数C_P值将偏离最佳运行点，导致风电机组的效率降低。

为了提高风电机组的效率，国外的风力发电设备制造厂家研制出了滑差可以在一定的风速范围内以变化的转速运转，发电机则输出额定功率，不必调节风力机叶片桨距来维持额定功率输出。这样就避免了风速频繁变化时的功率起伏，改善了输出电能的质量，同时也减少了变桨距控制系统的频繁动作，提高了风电机组运行的可靠性，延长了使用寿命。在异步发电机中，有一种允许滑差率有较大变化的异步发电机。它通过由电力电子器件组成的控制系统调整绕线转子回路中的串接电阻值，来维持转子电流不变。所以这种滑差可调的异步发电机又称为转子电流控制，简称为 RCC 异步发电机。

当风速变化时，风力机转速降低，异步发电机转子转速也降低。转子绕组电流产生的旋转磁场转速将低于异步发电机的同步转速，定子绕组感应电动势的频率低于额定频率（50Hz）。转速降低的信息反馈到电流频率的电路，使转子电流频率增高，则转子旋转磁场的转速又回升到同步转速。这样定子绕组感应电势的频率又恢复到额定频率（50Hz）。

（二）离网型低速永磁发电机

对电网涉及不到的边区、山区、牧区、林区、海岛及边防哨所等，仍然需要大量的离网型风电机组来供电。

由于风速的变化范围很大，使得风力发电机（特别是永磁式发电机）的输出电压波动大。因此，这种离网型发电机往往不能直接与负载相连，而是先通过整流器给蓄电池充电，将电能储存起来。再通过蓄电池，由逆变器转换成交流电，给负载供电，也可以通过一个可控的整流调节器，使发电机同时给负载和蓄电池供电。离网型风电机组的利用形式如图 3-3-1 所示。

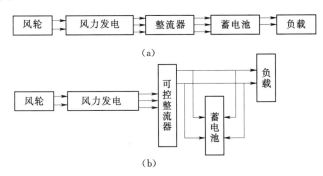

图 3-3-1　离网型风电机组的利用形式

小型离网型风电机组多采用永磁式发电机，可以提高发电机的效率，降低成本，增加可靠性。

1. 风力发电机设计要求

离网型风电机组大多为单机运行，发电机输出的三相交流电经整流稳压后向蓄电池充电，再给负载供电。

风力发电机设计时应注意以下几点：

（1）发电机的运行环境恶劣，要求发电机的安全可靠性高，能防雨雪、防沙尘。

（2）发电机由风轮直接驱动的场合（不用增速齿轮箱）要求发电机的额定转速与风轮转速相同，特别低。

（3）要求发电机的起始建压转速低，以提高风能利用系数。

（4）发电机的启动阻力矩尽量小，以使发电机在较低风速下能启动，提高风能的利用程度。

2. 低速永磁风力发电机设计特点

（1）定子。永磁发电机的定子结构与一般电机类似。该类发电机的电负荷较大，发电机的铜耗较大。因此，应在保证齿、轭磁通密度及机械强度的前提下，尽量加大线槽面积，增加绕组线径，减小铜耗，提高效率。定子绕组的分布影响风力发电机的启动阻力矩的大小。启动阻力矩是永磁式风力发电机设计中一个重要的设计参数。启动阻力矩小，发电机在低速风时就能发电，风能利用程度高。启动阻力矩是永磁电机中齿槽效应的影响在发电机启动时引起的磁阻力矩。降低齿槽效应降低阻力矩的方法主要是：采用定子斜槽、转子斜极以及定子分数槽绕组。根据实践经验，采用分数槽绕组是降低磁阻力阻最有效的办法，而且在分数槽绕组中，每极槽数为

$$Z = \frac{Q}{2P} = A + \frac{C}{D}$$

式中　　Q——定子槽数；

　　　　P——发电机的极对数；

　　　　A——整数；

　　C/D——不可约分的分数。

实践证明，D 越大，发电机的启动阻力矩越小。D 的大小还影响发电机的其他电气性能，也不宜过大。例如，5kW、150r/min 永磁式风力发电机的定子结构参数见表 3-3-1。

表 3-3-1　　　　　　　　　　　　发电机定子结构参数

定子冲片	标准 Y 系列冲片	定子冲片	标准 Y 系列冲片
斜槽因数	0.9643	每相串联匝数	306
每极槽数	$54/16 = 3\frac{3}{8}$	绕组线径	1.5mm
每极没相槽数	$54/48 = 9/8$		

（2）转子。按工作主磁场方向的不同，离网型永磁风力发电机转子磁路结构分为切向式和径向式两种结构，如图 3-3-2 所示。

图 3-3-3 所示为两种结构对应的实际风力发电机的磁场分布图。径向式结构的永磁体直接粘在转子磁轭上，如图 3-3-3 所示。

一对极的两块永磁体串联，永磁体仅有一个截面提供每极磁通。所以气隙磁密度小，发电机的体积稍大。永磁体黏结在转子表面，受到转子周向长度的限制，这在多极电机中格外明显。如果增大转子外径，就要加大发电机的体积。

切向式结构是把永磁体镶嵌在转子铁芯中间，固定在隔磁套上。隔磁套由非磁性材料制成（如铜、不锈钢、工程材料等），用来隔断永磁体与转子的漏磁通路，减少漏磁。从图 3-3-3（b）可以看出，该结构使永磁体起并联作用，即永磁体有两个截面对气隙提供每极磁通，使发电机的气隙磁密较高。在多极情况下，该结构对永磁体宽度的限制不大，极数较多时可摆放足够多的永磁体。设计的发电机转速较低，需较多的极数。

（3）极对数选择。在永磁电机中，永磁体体积的计算公式为

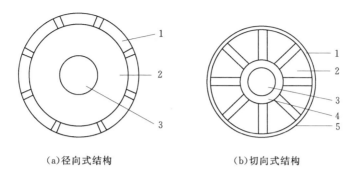

(a)径向式结构　　　　　　(b)切向式结构

图 3-3-2　风力发电机转子结构

1—永磁体；2—硅钢片；3—轴；4—隔磁套；5—套环

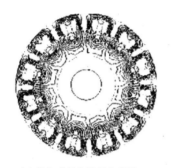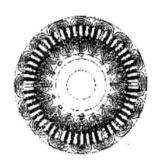

(a)径向式结构磁场分布图　　　　　(b)切向式结构磁场分布图

图 3-3-3　发电机转子结构磁场分布图

$$V_m = 51 \frac{p_{N\sigma0} k_{gaf}}{f k_w k_q c (BH)_{max}} \times 10^6$$

由上式可见，增大电网频率 f 可以减少需要的永磁体体积 V_m。电网频率 f 发电机极对数 p 和发电机转速 n 之间有下列关系

$$f = \frac{pn}{60}$$

在电网频率 f 一定时（如 50Hz），发电机转速和电机极对数成反比。因此，在设计直驱式风力机发电机时，发电机与风轮转速相同，都很低（如 20Hz）。因此，直驱式风力机发电机必须有很高的极对数。根据技术条件要求，风力发电机的转速宜不低于 20Hz，低转速直驱式风力发电机有较多的极数，但极数会受电机尺寸及加工工艺的限制，不能太多。

（三）　变速直驱永磁发电机控制系统

目前的风电机组有恒速/恒频和变速/恒频两种类型。恒速/恒频风电机组不能有效地利用不同风速的风能，而变速/恒频风电机组可以在很大的风速范围内工作，能有效地利用风能。一种双馈风力发电机在低风速下风轮机转速也很低，直接用风轮机带动双馈电机转子将满足不了双馈发电机对转子转速的要求，必须引入齿轮箱升速后，再同双馈发电机转子连接进行风力发电。

随着发电机组功率等级的升高，齿轮箱体积增大，成本高，且易出现故障，需要经常维护，可靠性差。当低负荷运行时，效率低。同时，齿轮箱也是风力发电系统的噪声污染源。齿轮箱的存在严重限制了风力发电机单机容量的增大。

1. 永磁同步发电机设计方案

永磁同步发电机采取较多的极对数，使得转子可在转速较低时运行。直驱永磁风力发电系统风轮与永磁同步发电机转子可直接耦合，省去齿轮箱，提高了效率，减少了发电机的维护操作，并且降低了噪声。直驱永磁风力发电系统还不需要电励磁装置，具有重量轻、效率高、可靠性好的优点。随着电力电子技术和永磁材料的发展，直驱永磁风力发电系统的开关器件（IGBT 等）和永磁体成本也正在不断下降，促进了直驱永磁风力发电系统的快速发展。

2. 最大风能追踪控制原理

根据贝兹理论，风力机的功率与风速的三次方成正比，即

$$P = \frac{1}{2}\rho A C_P v^3$$

式中　　ρ——空气密度，kg/m^3；

　　　　v——风速，m/s；

　　　　A——风力机扫掠面积，m^2；

　　　　C_P——风力机风能利用系数，一般 $C_P = 1/3 \sim 2/5$，最大可达 0.59，它与叶尖速度比和桨叶节距角 α 成函数关系。

当 α 保持不变时，风力机输出功率系数 C_P 将仅由桨叶尖速度与风速之比 A 决定。图 3-3-4 所示为风力机 C_P-λ 关系曲线。

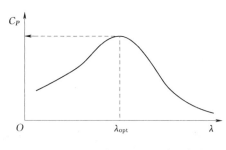

图 3-3-4　风力机 C_P-λ 关系曲线

可以看出，对于一台确定的风力机，桨叶不变时节距角不变，总有一个对应着最佳风能利用系数 $C_{P,max}$ 的最佳叶尖速比 λ_{opt}。此时风力机转换效率最高，这时需要始终保持 $\lambda = \lambda_{opt}$，那么风力机的转速将与风速一一对应。对于一个特定的风速 v，风力机只有运行在一个特定的转速 ω_m 下才会有最高的风能转换效率。将各个风速下的最大功率点连成线，即可得到最佳功率曲线，如图 3-3-4所示。

风力机获得最佳功率与转速的关系式如下

$$P_{max} = kn^3$$

式中

$$k = \rho A \left(\frac{R}{\lambda_{opt}}\right)^3 C_{P,max/2}$$

图 3-3-5 所示为一组在不同风速（$v_1 > v_2 > v_3$）下风力机的输出功率特性。P_{opt} 曲线是各风速下最大输出功率点的连线，即最佳功率曲线。从中可以看出，在同一个风速下，不同转速会使风力机输出不同的功率。要想追踪 P_{opt} 曲线，保持最佳叶尖比，即最大限度地获得风能，就必须在风速变化时及时调节风轮机的转速 n（在直驱永磁风力发电系

统中，即为发电机的转速）。这就是变速/恒频发电技术的原理。

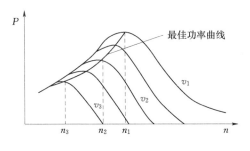

图 3-3-5 不同风速下功率曲线及
最佳功率曲线图

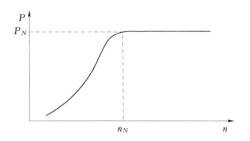

图 3-3-6 变速/恒频风力
发电系统功率曲线

通过变速/恒频发电技术，理论上可以使风力发电机组在输出功率低于额定功率之前输出最佳功率，效率最高。在达到额定功率以后，保持额定功率不变，如图 3-3-6 所示。

最大功率输出工作方式为：额定风速以下，风力机按优化桨距角定桨距运行，由变频器控制系统来控制转速，调节风力机叶尖速比，从而实现最佳功率曲线的追踪和最大风能的捕获。

恒功率输出工作方式为：在额定风速以上，风力机变桨距运行。由风力机控制系统通过调节桨距角改变风能利用系数，从而控制风电机组的转速和功率，防止风电机组超出转速极限和功率极限运行而可能造成的事故。

大部分时间风电场中风速较低，因而额定风速以下运行时，变速/恒频发电运行的主要方式也是经济高效的运行方式。这种情况下，变速/恒频的风力发电系统控制目标就是追踪捕获最大风能。直驱永磁同步发电系统的控制也是针对这一目标提出来的。

3．控制策略

（1）系统描述。直驱永磁风力发电系统示意图如图 3-3-7 所示。

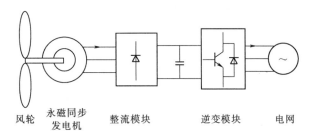

图 3-3-7 直驱永磁同步发电系统示意图

变桨距风轮机直接耦合永磁同步发电机的转子，发电机输出经不可控整流后由电容滤波，再经逆变器将交流电能量馈送给电网。由于采用不可控整流，所以恒压/恒频输出由逆变器完成。同时，当风速低于额定风速时，还必须通过控制逆变器来控制发电机转速，使叶尖速比保持在最优值。

（2）直流电压控制方案。以控制直流电压为目标的控制方案目前研究得比较成熟。通

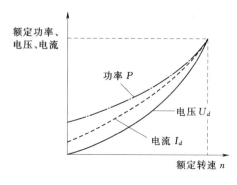

图 3-3-8 最佳工作曲线

过控制直流电压来控制发电机转速，进而获得最大风能。因为发电机的转速（即风轮的转速）是由原动力的转矩和发电机的电磁转矩决定的，只要根据原动力的转矩控制好发电机的电磁转矩就可以控制转速。控制发电机整流后的电压和电流可以改变发电机的输出电流，即改变电磁转矩。当直驱永磁风力发电系统应用的环境和选用的发电机确定后，风场和发电机的特性是确定的。所以可以根据已知的风场特性和选用的发电机的特性得到功率、直流电压和直流电流和转速对应的最佳工作曲线，如图 3-3-8 所示。

运行于最佳工作曲线上的直驱永磁发电系统，在额定功率前可以最大限度地利用风能。不难发现，风场特性决定转速对应的功率，因而以直流电压为控制信号，通过调节逆变器来实现对直流电压的控制，从而控制转速，获得最优叶尖速比。

（3）逆变器控制电压电流。在获得最大风能的同时，希望获得更好的并网电压和电流的波形。可以根据最大功率曲线确定逆变器输出的电网电压和电流曲线，调节逆变器输出电压、电流。跟踪这一理想电压、电流曲线不但能使发电机最大限度地获得风能，同时还可以抑制电网电压波动，减少注入电网电流谐波。考虑到需要并入的电网电压已知，逆变器输出电压的频率、幅值和相位跟踪电网电压、逆变器输出电压和电网电压存在一定的向量关系。无论何种情况，对于已知的电网电压，都可以得到逆变器输出电压每相波形。

1）并网前。当风速和电机速度不断变化时，逆变器并不以获得最大风能为控制目标，而是希望逆变器输出各相电压，跟踪电网各相电压。用电压传感器检测电网和发电机电压的频率、幅值和相序，采用闭环 PI 控制。电网电压采样信号和逆变器输出电压信号比较后产生控制波，再与三角载波信号比较，产生各桥臂的 PWM 控制信号来控制逆变器的各桥臂导通和关断，如图 3-3-9（a）所示。当检测到两端电压完全一致时，满足并网条件后并网。

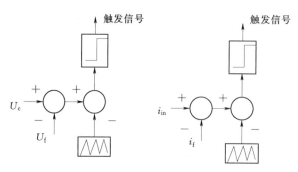

（a）逆变器电压跟踪电网电压　　（b）逆变器电流跟踪理想电流

图 3-3-9　PWM 触发信号获取方法

2）并网后。设定逆变器输出电压跟踪电网电压，此时逆变器应该以获得最大风能为控制目标。对应于每个转速，风力机原动力有最大功率输出。去掉功率在发电系统传输过程中的损耗 ΔP（ΔP 包括机械损耗和发电机损耗），得到发电系统馈入电网的有功功率。不需要计算直流母线上的电压和电流，只需通过控制逆变器馈入电网电流的频率、幅值和相位，馈入有功功率跟踪指令，就能实现对发电机转速的控制，保持最优叶尖速比，从而获得最大风能。

逆变器输出电流的频率、幅值和相序控制类似于逆变器输出电压的控制，但要确定逆变器输出的电流波形：①根据电网电压频率确定逆变器馈入电网电流的频率；②根据发电机不同转速下的有功功率指令和电网电压的幅值确定逆变器馈入电网电流的幅值；③根据要求的功率因数和电网电压的相位确定逆变器馈入电网电流的相位。这样就可以得到最大功率和逆变器输出电流波形。

控制逆变器输出电压的方法实现对电流的控制，PWM 控制信号产生过程如图 3 - 3 - 9（b）所示。

不难看出，要实现的逆变器输出电流波形是根据转速对应的最大功率和电网电压波形得到的。不同转速对应的有功功率完全由风场情况决定。如果可以使逆变器输出电流波形严格跟踪上面得到的电流波形，那么逆变器的输出电压也会很好地跟踪电网电压。

3）高风速下。逆变器已经达到额定功率，靠调节桨距降低 C_P 减少从风中捕获的机械能量。闭环控制保持逆变器输出电流不变，从而保持转速不变和维持额定最大输出功率。

（4）DC - DC 升压电路。为了最大限度地利用风能，使直驱永磁发电系统工作在一个较宽的包括较低风速在内的风速范围内，必须引入 DC - DC 升压电路。永磁同步发电机输出电压有效值近似正比于发电机的转速，因而经过不可控整流后，直流电压值和转速也近似成正比。当风速较低时，直流电压会很低，而风力发电系统对逆变器的输出电压幅值有一定要求，这样过低的直流电压将引起电压源逆变器无法完成有源逆变过程，进而无法将功率馈入电网。如果没有 DC - DC 电路升压，也会使系统消耗较高的无功功率，引起电网电压波动。所以需要引入升压电路，并使该电路在一定输入范围内保持输出电压恒定。

二、低温式风力机

（一）低温环境对风力发电机组的影响

我国"三北"地区风资源丰富，全国风电装机总容量的 76% 分布在这一区域。这些地区有一个共同特征，就是冬季温度低，最低温度低于 $-30℃$，低温问题是这些地区风电场的共同问题。低温工况机组运行、零部件性能、机组可维护性等都将发生变化，可能会造成风电机组超出设计能力，情况严重时甚至会引起严重的安全事故。

装在低温地区的风电机组的设计还没有标准，一般按标准设计加上专项技术措施，以保持机组低温安全运行。

1. 风电机组出力特性的变化

风电机组风轮的输出功率 P 与风轮的风能转化率 C_p、空气密度 ρ 风轮的扫风面积 A 以及风速 v 有关，为

$$P = C_p \frac{\rho}{2} A v^3$$

随冬季温度降低，空气密度将增大。风力发电机组，特别是失速型机组的额定出力将增加，可能出现过载现象。夏天气温上升，空气密度将下降，将导致机组的出力下降。在冬夏温度变化比较大的地区，需要对影响出力的叶片安装角等参数进行优化设置和必要的处理，尽量降低因空气密度变化带来的不利影响。

叶片翼型的气动力也受到表面粗糙度和流体雷诺数的影响。冬季容易出现雾凇，在叶片表面"结晶"，粗糙度增加，会降低翼型的气动性能。在风雪交加的气候，空气的黏性和雷诺数都将发生很大变化，翼型的最大升力系数和失速临界攻角等特性均会发生较大变化。

2. 低温对主要零部件的影响

不同种类材料的零部件受低温的影响不同，对于金属机件，应根据载荷、应力予以区别。例如，传动系统中的齿轮箱、主轴等承受冲击载荷，这类零部件需重点防止低温时的脆性断裂，提高材料和机件的多次冲击抗力。材料的化学成分、冶炼方法、晶粒尺寸、扎制方向、应变时效以及冶金缺陷等是影响冲击韧度和冷脆转变温度的主要因素，在设计时应重点考虑。

采取适当的热处理方法（淬火＋中温回火）能显著提高材料多次冲击抗力。避免应力集中、表面冷淬硬化和提高零件的表面加工质量等措施，均能提高多冲载荷下的破断抗力。还要避免在低温情况下出现较大的冲击载荷。例如，在风速较高时机组频繁投入切出、紧急制动等工况，对机组的影响非常不利，应采取措施，降低发生的概率。承受循环载荷的部件，如机舱底板和塔架一般是大型焊接件，此类零件在高寒地区环境温度下存在低温疲劳问题。试验结果表明，所有的金属材料的疲劳极限均随温度的降低而提高，缺口敏感性增大。因此，焊缝将成为影响低温疲劳强度的关键环节。焊缝的抗疲劳能力主要取决于焊接质量和焊缝型式，焊缝中存在大的缺陷，非常容易引起低温脆断破坏。

因此，在考虑低温塔架的设计选材时，如果过分强调材料的低温冲击性能，选择 D 等级甚至 E 等级的钢，而焊缝仍按常规设计，就达不到预期效果。采用价格贵的高韧性钢也不经济。中等韧性的低合金结构钢。例如，16Mn 及 Q345C，低温性能和焊接性能都好，用途广泛、大批量生产、质量稳定可靠，已广泛应用在重要的大型焊接结构和设备上。选择这个等级的钢材制作塔架等结构件，能够满足我国低温环境的要求，但焊缝要采取防止低温脆断的技术措施，包括避免焊缝应力集中、采取预热和焊后热处理等，以改善焊缝、热影响区、熔合线部位的性能，避免未焊透，加强无损探伤检验、定期检查等技术措施，保障设备的安全工作。

复合材料如玻璃纤维增强树脂具有较好的耐低温性能，选用适合低温环境的结构胶生产叶片就能满足叶片在－30℃运行的要求。但要注意，由不同材料制作的零部件由于热膨胀系数不同，在低温时配合状态会发生变化，可能影响机构的正常功能，在设计时考虑胀差。电子电气元器件功能受温度影响也大，选用耐低温的元器件成本昂贵甚至难以做到。可采取在柜体内加热的方法保持局部环境温度，简单有效。

风电机组所使用的油品受温度的影响也较大。一般要求润滑油在正常的工作温度条件下需具备适当的黏度，以保持足够的油膜形成能力。温度越低，油的黏度越大。例如，

XMP320 润滑油，40℃的黏度为 320Pa·s，－38℃低温时油的流动性很差，机组在这种情况下难以运转。需要润滑的部位得不到充分的润滑油供给，会危及设备的安全运行。可以通过加热，使油温维持到正常水平。

基础需要考虑的低温影响主要是冻土问题。冻土中因有冰和未冻水存在，故在长期载荷下有强烈的流变性。长期载荷作用下的冻土极限抗压强度比瞬时载荷下的抗压强度要小很多倍，且与冻土的含冰量及温度有关，这些情况应在基础设计施工时考虑。

（二）低温对风轮叶片的影响

风电场装机运行的风电机组面临的特殊自然环境条件如高温、低温、台风、雷击、风沙和各种腐蚀等的影响，这给风电机组的设计、制造、运行和维护等带来很多特殊问题。风轮叶片是风电机组的核心部件，成本高昂、环境恶劣和维护困难等。特别是低温环境，对风轮叶片的影响更大。由低温诱导失速型风轮叶片产生的不可预测的振动，将导致叶片结构发生破坏、影响机组正常运行等。

1. 失速控制型风力机叶片损坏

对于定桨距失速控制型风电机组，如果风电场的环境温度低于－20℃，风速超过额定点以后（大约 16～18m/s），在风电机组会发生无规律的、不可预测的叶片瞬间振动现象，即叶片在旋转平面内的振动。这种振动有时会发散，导致机组振幅迅速增加，造成机组停机，影响机组正常发电。这种振动对叶片有害，它会导致叶片后缘结构失效，产生裂纹。这种叶片损坏占总量的 1%左右。600kW 风力机叶片也发生过这种损坏。

2. 原因分析

叶片在旋转平面内的振动导致的后果非常严重，国际上特别是欧洲几个开发定桨距失速型风电机组的制造商，如 Bonus、NEG-Micon 等，荷兰的 ECN、Delft 技术大学，丹麦 Riso 国家实验室等，对此投入了大量的研究工作。

通过大量计算、试验分析认为，横振方向振动的根源是由于失速运行时的气动激振力产生的。原因是叶片失速后，气动阻尼变为负值，振动系统总阻尼为负值，系统发作不稳定的气动弹性振动。这种振动是发散的，它与叶片翼型的静态、动态空气动力特性、叶片型线分布、叶片结构特性（结构阻尼）等有关。复合材料叶片在低温时，材料的阻尼也下降，最后导致总的阻尼下降。

通过全尺寸气动弹性分析计算和实测比较显示，机组的支撑机构（如机舱和塔架等）特性对叶片横振方向的振动也很重要。振动叶片与支撑结构交换能量，在这种能量交换过程中，叶片固有频率相对于机组俯仰-偏航耦合模态频率影响大。

3. 解决措施

横振方向上的振动是由失速运行时的空气动力产生的，气动阻尼变负，结构阻尼下降。因此，解决此问题的主要措施就是要增加系统的阻尼，通过阻尼消耗掉这部分能量。

（1）局部改善措施。

1）增加叶片结构阻尼。阻尼是减振最有效的措施。研究表明，如果叶片结构阻尼达到 5%以上时，可以有效减缓横振方向上振动的发生。因此，最根本的办法是提高复合材料叶片结构本身在低温时的结构阻尼。低温对复合材料叶片结构阻尼影响较大，特别是环境温度低于－20℃时，叶片自身的结构阻尼会下降。必须用特殊的阻尼材料提高复合材料叶片低温时的结构阻尼。

针对通过不同的阻尼材料、阻尼结构、阻尼位置等对叶片结构阻尼的影响进行的大量试验分析最终证明，选用合适的阻尼材料及合理的阻尼结构，可以有效提高叶片的结构阻尼，结构阻尼在3%～5%范围的阻尼结构对减缓横振方向上的振动效果明显。

2）改变叶片气动阻尼。改变翼型局部形状，使翼型的气动性能发生改变，来增加翼型的气动阻尼。最有效的方法是在叶片局部前缘加装失速条。这种方法可以有效降低叶片横振方向的振动，使叶片横振方向的振动延迟到切出风速以后。但安装失速条会降低风轮的功率输出，可以利用涡流发生器来提高风轮的输出功率。

3）叶片内部加装阻尼器。也可以利用在叶片内部安装阻尼器的方式来降低叶片横振方向的振动。这种阻尼器可以是机械的，也可以是流体的。缺点是结构复杂，而且这种结构阻尼器只能在很窄的频率范围内起作用。

（2）总体改善措施。

1）利用减振器消除机舱横振。利用在机舱尾部加装机械减振器的方法消除或降低叶片横振方向的振动，但结构较复杂。NEG-Micon公司在其600kW机组上采取此种方式。

2）合理设计支撑结构。机组总体设计时，应合理确定支撑结构特性以达到避免横振方向振动的目的。使用同样型号叶片的不同机组，对低温失速导致的振动是不同的。例如，德国Nordex公司的600kW定桨距失速型机组就没有这一问题。

（三）高原环境对风力发电的影响

西藏境内地势高，地形复杂，台地、山峰、河谷、湖泊等众多，为世界最高、最大的高原主体，特殊的地理位置、地形地貌，形成了独特的西藏高原气候。大力开发西藏较丰富的风能和太阳能资源，是解决西藏电力供应需求的重要途径。西藏的环境气候条件十分恶劣，风力发电的应用有很多待研究问题。

1. 空气密度的影响

（1）空气密度随海拔的变化。根据气体状态方程式求得空气密度与海拔的关系为

$$\rho_H = \rho_0 \left(1 - \frac{\alpha H}{T_0}\right)^{4.26}$$

式中 ρ_H——海拔为 H 时的空气密度；

     ρ_0——标准状态下空气密度，海平面在摄氏零度气温条件下空气的密度是 1.292kg/m³；

     H——海拔高度，m；

     T_0——绝对温度，为273K；

     α——空气温度梯度，约为 6.5K/km。

空气密度海拔的变化关系见表3-3-2。

表3-3-2   空气密度随海拔的变化关系

海拔/m	0	1000	2000	3000	4000	5000
空气密度/(g/m³)	1292.0	1166.7	1050.4	943.2	843.7	753.2
相对空气密度	1	0.90	0.81	0.73	0.65	0.58

（2）西藏高原空气密度状况。西藏地势高，气压随高度下降很快，年均气压在 65.25kPa 以下，不足海平面的 2/3，空气密度为 0.57~0.89kg/m³。如果取平原地区气压值为 1，那么西藏各地的气压值为：林芝 0.71、拉萨 0.66、那曲 0.62、安多 0.60。在温度相同的情况下，空气密度和气压成正比，而在高原上空气密度只有平原地区的 75%~80%。

（3）空气密度对风力发电的影响。由贝兹理论，理想叶轮从风源吸收的最大功率为

$$P_{\max}=\frac{8}{27}\rho SV^3$$

常温标准大气压力下空气密度值为 1.225kg/m³，在海拔 4000m 以上的西藏地区，相对空气密度只有 0.65，对相同参数的风轮机在两种空气密度下所获得的最大功率进行对比有

$$\frac{\rho_{1\max}}{\rho_{2\max}}=\frac{\rho_1}{\rho_0}=0.65\approx\frac{2}{3}$$

式中　ρ_1——海拔 4000m 处空气密度；

　　　ρ_0——常温标准大气压力下空气密度。

即相同参数的风轮机叶轮在相同风速下，在西藏地区只能获得内陆平原最大功率的 2/3。由此可见，在西藏地区，空气密度对风轮机提取能量的影响十分显著。

风力发电机在西藏地区应用时，必须考虑空气密度随高度变化的影响。

（4）改进措施。

1）修正输出功率曲线。空气密度越低，风力机输出功率就越小。由风力机生产厂家提供的风电机组的标准功率曲线是在标准大气压下空气密度测定的。西藏地区空气密度与标准空气密度差别显著，因而风电机组的实际输出功率曲线与标准功率曲线会有显著不同，需要对风电机组的功率曲线进行修正，可以采用对风电机组的标准功率曲线乘以修正系数的方法。

标准空气密度条件下，风电机组的输出功率与风速的关系曲线称为风电机组的标准功率特性曲线。在安装地点条件下，风电机组输出功率与风速的关系曲线称为风电机组的实际输出功率特性曲线。

设 $X(v)$ 和 $X_0(v)$ 分别为风电机组的实际功率特性曲线和标准功率特性曲线，则它们之间的变换关系为

$$X(v)=X_0\,\frac{v}{a}\quad(0\leqslant v<\infty)$$

式中　v——风速；

　　　a——风速变换系数。

$$a=\left(\frac{\rho_0}{\rho}\right)^{\frac{1}{3}}$$

式中　ρ_0——标准空气密度，取 1.225kg/m³；

　　　ρ——风电场的空气密度。

在西藏地区，可取 $a=(1/0.65)^{\frac{1}{3}}\approx1.147$ 对不同空气密度条件下理想风力机输出功

率特性曲线进行仿真，结果如图 3-3-10 所示。

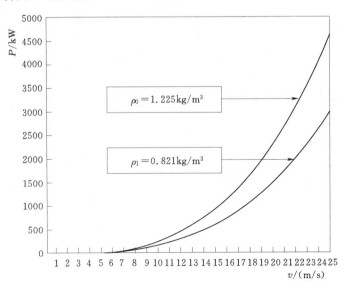

图 3-3-10　理想风轮机输出功率特性曲线

2）改进风轮设计。在标准空气密度 ρ_0 条件下，估算的风轮直径为

$$D_0 = \left(\frac{8P}{C_P \rho_0 v_1^3 \pi \eta_1 \eta_2} \right)^{1/2}$$

式中　P——叶轮从风源吸收的功率，W；

　　　ρ_0——标准空气密度，取 1.225kg/m³；

　　　v_1——设计风速（风轮中心高度处），$v_1 = 7.8$m/s；

　　　D_0——风轮直径，m；

　　　η_1——发电机效率，取 0.72；

　　　η_2——传动效率，取 1.0；

　　　C_P——风能利用系数，取 0.4。

其余参数不变，当空气密度从标准空气密度 ρ_0 变化为 ρ_1，时，为获得相同的功率，风轮直径变化为

$$D_1 = \left(\frac{8P}{C_P \rho_0 v_1^3 \pi \eta_1 \eta_2} \right)^{1/2}$$

与标准空气密度条件下求得的风轮直径相比，有

$$\frac{D_1}{D_0} = \left(\frac{\rho_1}{\rho_2} \right)^{1/2}$$

西藏地区 $\rho_0 / \rho_1 \approx 1/0.67 \approx 3/2$，有

$$\frac{D_1}{D_0} = \left(\frac{\rho_0}{\rho} \right)^{1/2} = \left(\frac{2}{3} \right)^{1/2} \approx 6/5 = 1.2$$

即在其余条件相同的情况下，用于西藏地区风力发电的风轮直径要增大 1.2 倍，才能获得相同的功率。

3）采用浓缩风能型风力发电机。浓缩风能型风力发电机的设计思想是为了克服风能

能量密度低这一弱点，把稀薄的风能浓缩后利用。在浓缩风能的过程中，能有效地克服风能的不稳定性这一弱点，从而实现提高风轮机的效率和可靠性及降低风力发电成本的目的。

4）适当增加风轮机叶片安装高度。由于风速会随着高度的变化而变化，适当增加风轮机叶片的安装高度可以使风轮机获得更多的风能，从而提高发电功率。

2. 大气温度的影响

（1）大气温度随海拔高度的变化。温度随高度的增加而降低，是大气对流层的特征。根据观测记录，可以认为竖直温度梯度等于 6℃/1000m。气温与海拔的关系见表 3-3-3。

表 3-3-3　　　　　　　　　气 温 与 海 拔 的 关 系

海拔/m	1000	2000	3000	4000
最高气温/℃	40	35	30	25
平均气温/℃	20	15	10	5

（2）西藏高原大气温度变化情况。

1）年平均气温低。按气温划分季节的标准，海拔 4500m 以上地区四季皆冬，如那曲年平均气温为 -2.1℃，拉萨年平均气温只有 7.5℃。

2）温度随高度上升而下降。海拔越高，气温越低。藏东南海拔 2500m 左右地区平均气温在 16℃以上，极端最高气温可达 30～33℃。在海拔 3500～4000m 的雅鲁藏布江河谷地带，年平均气温在 7～8℃，极端最高气温为 27～29℃。到了海拔 4500m 以上的藏北草原，年平均气温则下降到 -21℃，极端最高气温仅有 22℃，最低气温可达 -40℃以下。

（3）大气温度变化对风力发电的影响。

1）温度变化对功率输出的影响。根据风能转换原理，风力发电机组的功率输出主要取决于风速，气压、气温和气流扰动等因素也显著地影响其功率输出。由于功率曲线是在空气标准状态下测出的，这时空气密度 $\rho = 1.225 kg/m^3$。当气压与气温变化时，空气密度会跟着变化，一般温度每变化 $\pm 1℃$，相应的空气密度变化 $\pm 4\%$。定桨距风电机组的桨叶失速性能只与风速有关。只要达到叶片气动外形所决定的失速风速，不论是否满足输出功率，桨叶失速性能都要起作用，影响功率输出。通常在内陆地区冬季与夏季，对桨叶的安装角做一次调整，便可适应变化。由于西藏地区大气温度日差大，平均约为 15℃，引起空气密度变化显著，风电机组输出功率波动较大。因此，定桨距风电机组不适于在西藏地区应用。

2）风电机组的覆冰。西藏地区气候变化急剧，温差幅度较大。除喜马拉雅山南坡外，其余各地都有不同程度的霜冻现象，藏北高原最为严重，无霜期不超过 70d。喜马拉雅山北麓及丁青、索县等海拔为 3800～4200m 的地区次之，无霜期只有 100d 左右。处于临界状态的雨、雪、雾、露，遇到低温的设备和金属结构表面会结冰，覆冰对电力系统安全运行危害较大。风力机桨叶的覆冰会带来风轮运行的不平衡，风速、风向仪和风速平衡装置的覆冰将影响机组的运行和控制。

3）对发电机的影响。温差大易引起发电机绕组表面冷凝，可在发电机内部安装电加热器。

3. 雷暴的影响

(1) 西藏雷暴情况。西藏高原海拔高、气压低、空气干燥，夏天多夜雨，雷暴日数多。高原的雷暴日数比同纬度我国平原地区、太平洋、伊朗高原等都多出 2 倍以上，甚至有的多达 10 倍，成为北半球同纬度地带雷暴日数最多的地区，属于雷暴多发地。西藏地区雷暴多发区有 3 个高值中心：第一个是以索县为中心，年雷暴日数达到 87d；第二个是以江孜为中心，年雷暴日数为 76d；第三个高值中心则在贡嘎，雷暴日数为 82d。

(2) 雷击危害。雷击是影响风电机组运行安全的重要因素。德国风电部门对该国风电机组的故障情况进行了统计，结果显示，德国风电场每年每百台风机的雷击率基本在 10% 左右。在所有引发风电机组故障的外部因素（如风暴、结冰、雷击以及电网故障等）中，雷击约占 25%。我国风机叶片的雷击年损坏率达 5.56%。对风电机组危险性最大的是峰值较低的雷电流，这些快速变化的雷电流，将产生暂态磁场，而暂态磁场可以通过感应和辐射对周围的电子系统造成危害。

(3) 解决措施。加强对风力发电机防雷接地设施的研究与开发，做好对防雷设备的保养与检修。

4. 其他因素的影响

除以上的影响风力发电机性能的因素外，日照强度、空气湿度、流沙尘埃、地形等对风力发电机也有一定的影响，需要给予必要的重视。

(1) 日照的影响。发电机位于室外高空狭小而封闭的机舱内，通风条件较差。而电机又应是密闭结构，靠电机的外壳散热，因此风力发电机的散热条件比通常使用情况下的条件较差。西藏地区日照时间长、辐射强，太阳直晒机舱外壳（多数为金属外壳），使机舱内空气温度升高，需要对发电机耐高温的绝缘等级予以必要的考虑，应该选用较高等级的绝缘材料。

(2) 空气湿度的影响。发电机位于室外高空的机舱内，虽然机舱是封闭的，但并不十分严密，机舱外的风雨、雾、沙等仍有漏泄而进入机舱的可能。由于西藏地区气候变化迅速，雨季明显，使机舱经常处在云雾之中，舱内湿度很大，因此也要求有耐湿热性较好的绝缘材料。

(四) 风力机在恶劣环境下的可靠性研究

风力机是一种以自然风为动力的特殊叶轮机械，在某些地区运行的风电机组要承受很恶劣的环境条件。如在东南沿海地区，经常发生台风，北方冬季，在低温下运行等。

由于恶劣环境，导致风力发电设备损坏和故障的情况在国内外时有发生。

例如，汕尾风电场经受了台风"杜鹃"吹袭后，13 台风力机受到破坏，停止运行，造成接近 1000 万元的经济损失。根据风电场的风况记录，台风风力达 10 级。风速超过了切出风速 25m/s，风力机停机。最大风速 10min 的平均风速为 30.0～40.5m/s。多台风力机受到严重破坏，破坏形式主要有：桨叶被部分撕裂，有碎片脱落，有的出现很长裂纹；尾翼被吹断，风向标被吹掉，风速计的风杯被吹走；偏航系统受损，密封环脱落，偏航系统的从动齿轮脱落。这批受损风力机均为国外进口，设计的极限风速是：10min 的平均风速为 50m/s，3s 的平均风速为 70m/s。可是，这次台风经过时，风速都低于 57m/s，

10min 的平均风速的最大值也低于 41m/s，远低于设计的标准。国内外专家对造成破坏的原因进行多方面的考察和讨论，认为目前风力机极限载荷的设计理论对桨叶载荷影响方面存在不足，风力机可靠性设计方法需要研究。

风力机工作环境恶劣，一年内四季环境温度从 50℃ 以上到 −20℃ 以下变化，昼夜温度差高达 20℃ 以上。周围介质湿度大，有盐雾，常有雨雪甚至冰雹的浸淋。风速在 4.5～28m/s 范围随机变化，有时还要经受 60m/s（2s 的平均风速）的最大风速，会产生包括冲击在内的非稳定性随机振动。因此风力机可靠性设计显得尤其重要。

1. 风力机可靠性研究方法

风力机可靠性研究内容包括系统可靠性评估分析和关键部件在极限载荷下的损坏分析。国际上采用结构可靠性设计方法进行系统可靠性评估，建立风力机全系统故障树，分析计算系统的失效概率，适用于已知各部件失效模式的全系统可靠性评价和可靠性优化。

这种方法的有效性主要依赖对部件失效模式的正确性。风力机运行在很随机的非线性复杂环境内，如果把可靠性分析从性能分析系统中分离出来单独分析，可能导致无效的可靠性评估结果。因此，关键部件在极限载荷下损坏分析是可靠性研究的关键。桨叶、塔架和传动机构等关键部件的极限载荷分析，国际上主要研究风力机在切出风速下和设计最大风速下的极限载荷。对给定紊流强度的风场进行多次仿真计算，对仿真结果进行统计分析，得出最大载荷的均值和方差，可得到规定置信度的极限载荷。

2. 极限载荷分析方法研究

（1）极限载荷模型和失效模式。在对风力机设计进行整体结构验证时，除了要进行疲劳载荷分析外，还必须对风力机可能承受的极限载荷进行分析。根据 IEC − 61400 标准风况设计风力机时，极限负载是最重要的一个参数。大部分风力机主要是因为各种极限状况的出现而失效的，严重的无法修复。在提供设计载荷时，不能任意人为地假定，应该用概率的方法结合风场的实际情况确定，所以需要一种实用的预测风力机极限载荷的方法。

一般可用两种方法来预测风力机极限载荷，即 Davenport 建立的计算风载的传统方法和 Madsen 提出的概率方法。风场模拟能力的增强，采用时间域的风场模拟风速可进而计算出风力机的随机响应载荷。在此基础上，可用一定的模型预测极限载荷。风况由两个参数表示，即 10min 平均风速和紊流密度。考虑到这两个参数的可变性和风力机响应载荷的可变性，在预测风力机极限载荷时一般采用概率统计的方法。

在进行极限载荷分析时，需要考虑以下 3 种不同的失效模式：

1）风力机在高于切出风速后处于静止状态时所受的极限风载。

2）在运行风速范围内运行的风力机，由于阵风或某些特定的操作，如启动、停机、偏航等所受的额外负载。

3）在较高风速状况下运行时，由于保护系统出现故障而引起的极限载荷。

国际上主要采用的极限载荷计算模型有统计模型、半分析模型和 Madsen 模型。其中，统计模型是一种实用的极限载荷分析方法，这个方法对可能出现极限载荷的动态过程进行模拟，得到各个时间序列的模拟数据，从这些数据中，得到 n 个最大负载 X_m。10min 最大负载响应 X_m 可以近似认为满足 Gum − bel 分布，即

$$F_{X_m}(x_m) = \{\exp[-\alpha(x_m - \beta)]\}$$

式中　α——比例参数；

　　β——位置参数。

计算步骤为：①从舱个模拟时间序列得到几个最大负载响应 X_m 的观察值；②将 X_m 按升序排列，X_1，X_2，…，X_m；③计算 β、α 的估计值；④计算 X_m 平均值和标准偏差的估计值；⑤估计 X_m 分布的 θ-分位点；⑥θ-分位点基本的错误估计；⑦假定 θ-分位点的估计值满足正态分布，计算 θ-分位点双边置信度为 $1-\alpha$ 的置信区间；⑧当模拟次数很多时，可以得到信度很高的 F_{x_m}。

以 3 叶片风轴风力机为例预测运行风力机的极限载荷。这里考虑的载荷类型是叶片根部的横向力矩，这个力矩是在风力机处于极限载荷状况下具有代表性的载荷类型。风力机为 600kW，风轮直径为 43m，在紊流风场模拟中，仅考虑纵向的紊流风速。在纵向上，所用的点的功率谱模型是冯·卡门模型，风场中两点间的相干函数是 Davenport 指数相干谱经验公式，气动性能计算采用片条理论。用 VC 编程，风力机 CAD 软件，实现 10min 动态过程仿真模拟。水平轴风力机极限载荷预测流程如图 3-3-11 所示。

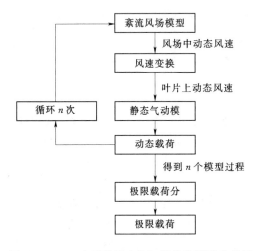

图 3-3-11　水平轴风力机极限载荷预测流程图

用 VC 编程模拟建立紊流风场和气动计算模型。模拟 15 次，得到 15 个模拟过程的最大值，根据统计模型，得到正常运行中风力机的极限载荷。各计算量为：平均值 $u=409.9kN\cdot m$，标准方差 $\sigma=7.89kN\cdot m$，98% 分位点处的值为 430.4kN·m，98% 分位点估计的基本错误估计是 6.86kN·m，计算 98% 分位点置信度为 95 的置信区间是 409.9kN·m±14.72kN·m。

（2）系统可靠性评估。为了定量表征风力机的可靠性，需要引入一些可靠性的基本函数，如可靠度函数、累积故障分布函数、故障分布函数以及故障率函数等。

1）可靠度函数。定义为在规定的使用条件下，在规定的时间内完成规定功能的概率。

$$R(t)-P(T>t)A(t>0)$$

$$R(t)-C$$

2）累积故障分布函数。又称累积故障概率或不可靠度。定义为，在规定的条件下，在规定的时间内完不成规定功能的概率。

$$F(t)=1-R(t)$$

3）故障概率密度函数。定义为在某时刻的时间段内，单位时间的故障概率称为故障概率密度函数，即

$$f(t)=\frac{\mathrm{d}F(t)}{\mathrm{d}t}$$

4）故障率函数（或称失效率函数）。定义为系统工作到 t 时刻正常的条件下，它在 $(t，t+\Delta t)$ 时间间隔内故障的概率，即

$$\lambda(t) = \frac{f(t)}{R(t)}$$

可靠性评估分析在风力机的整个开发设计研制过程中，必须不断对其可靠性进行定性和定量的评估分析。可靠性评估分析技术有故障模式、影响与危害度分析（FMECA）、故障树分析（FTA）、失效分析等。

故障树分析简称 FTA，它是以故障树的形式进行分析的一种方法，用于确定哪些组成部分的故障模式或外界事件或它们的组合，可能导致系统的一种给定的故障模式。FTA 从系统的故障出发，分析出系统和零件的故障，是自上而下的设计分析方法。故障树分析一般按如下步骤进行：①熟悉分析对象，确定分析范围和要求；②选择顶事件，建造故障树；③建立故障树的数学模型；④故障树的定性分析；⑤故障树的定量分析。故障树的定量分析包括求顶事件发生的概率、底事件的概率重要度、相对概率重要度和结构重要度，从而对系统的可靠性做出评估。采用故障树对系统可靠性评估分析的方法可以分为以下两种。

（1）直接概念法。如已知底事件的发生概率，可自下而上地根据概率运算定理计算出各个门事件的概率，直到求出顶事件的发生概率。本法不仅要求所有底事件相互独立，而且同一底事件在故障树中只能出现一次。

（2）不交布尔代数法。先求出所有最小割集，然后将顶事件表示为各底事件积之和的最简布尔表达式，并将其化为互不相交的布尔和，再求得顶事件发生的概率。本法不要求底事件在故障树中只出现一次。

系统可靠性评估模型主要在于建立风力机全系统故障树。结合各关键部件的正确失效模式，分析计算系统的失效概率，以完成对全系统可靠性评估和可靠性优化工作。

风力机可靠性研究属于学科交叉研究，包括风力机气动分析、结构稳定性分析、控制系统响应、材料的腐蚀、磨损、系统可靠性设计和优化设计评论。

（五）热带气旋对风电场安全性的影响

影响风电场安全运行的气象灾害主要为热带气旋、雷暴、龙卷风、强沙尘暴、低温及积冰等，其中以热带气旋最为严重。台风"杜鹃"登陆时中心附近最大风力达 12 级，登陆点附近某风电场风机测风系统测得极大风速为 57m/s，风电场 25 台风机中 13 台受到不同程度损坏。强台风"珍珠"穿过南澳岛，在广东澄海登陆时风力为 12 级，南澳风电场 3 号机组测风系统瞬时风速达到 56.5m/s，多台风电场风机受损。超强台风"桑美"在浙江省苍南沿海登陆时中心附近最大风力为 17 级（60m/s），中心气压为 92kPa，浙江苍南霞关观测到的极大风速为 68.0m/s，福建福鼎合掌岩观测到的是 75.8m/s，受其影响，苍南鹤顶山风电场 28 台发电机组全部受损，其中 5 台倒塌。强度较弱的热带气旋及其外围环流影响的区域可以给风电场带来较长的"满发"时段（一般风机 13～25m/s 为额定风速，大于 25m/s 自动切出）。

IEC 61400 标准"风力发电机组安全要求"中规定，各等级风电机组设计参数为：10min 平均最大风速分为 4 级，即 50m/s、42.5m/s、37.5m/s 和 30m/s，分别对应着不同的风机设计等级。

杭州湾以南沿海风速基本上都在 25m/s 以上。杭州湾以北风速大多在 25m/s 以下，风电场遭遇热带气旋破坏的可能性很小。风速超过 35m/s 的区域出现在福建北部和浙江沿海及福建南部至广东西部和海南东部沿海，40m/s 以上的区域集中在珠江口以东的广东沿海和海南东部沿海，最强发生在汕尾附近，即这些地区的风电场及易受到热带气旋的破坏。

三、海上风力发电

（一）海上风电场

1. 海上风电场前景广阔

海上风电场风速高且稳定，是国际风电发展的新领域。在欧洲北部海域，60m 高度处的平均风速超过 8m/s，比沿海好的陆上场址的发电量高 20%～40%。近海区域空气密度高，风速平稳，风资源丰富且容易预测。为此，欧洲一些国家纷纷兴建海上风电场，为下一步风电的高速增长开拓新的市场。陆地、海上风速剖面图比较如图 3-3-12 所示。

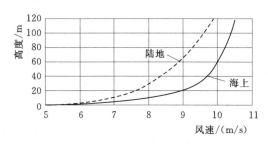

图 3-3-12 陆地、海上风速剖面图比较

根据海上特点，一些风力机公司都对海上风电机组进行了特别的设计和制造，对海上风电场的建设也做了很多研究，包括对海上风电场的风力资源则试评估、风电场选址、基础设计及施工、风电机组安装等，并开发出专门的海上风资源测试设备及海上风电机组的海上安装平台集成。

2. 海上风电场的发展

海上风电发展大致可分为 5 个时期：1977—1988 年，欧洲对国家级海上风电场的资源和技术进行研究；1989—1990 年，进行欧洲级海上风电场研究，并开始实施第一批示范计划；1991—1998 年，开发中型海上风电场；1999—2005 年，开发大型海上风电场和研制大型风力机；2005 年以后，开发大型风力机海上风电场。

1990 年，在瑞典 Nogersund 安装了由 Wind World 制造的 2.2MW 海上风电机，是世界上第一台海上风力发电机组。1991 年，丹麦 Vindeby 建设了有 11 台风力机的海上风电场，Bonus 制造 450kW 风力发电机组。2002 年，丹麦建设了 5 个海上风电场，海上风电总装机容量达 250MW。2003 年，丹麦在 Nysted 海域建成了世界上最大的近海风电场，有 72 台 2.3MW 机组，装机容量为 165MW。

到 2003 年年底，世界近海风电总装机容量达到 53MW。2005 年以来，德国也开始大规模开发，10 多家公司和发展财团在德国沿岸海域筹划兴建装机容量达 1200 万 kW 的风电场。为避免影响沿海的保护区，很多项目的选址在离岸达 60km、水深达 35m 的海域。在北海的布坎（Borkum）岛外，开始进行 100 万 kW 近海风电场的开发。

英国贸工部 2003 年发展近海风力发电事业的大型计划，当时计划将在英国的东海岸和西海岸设置 3000 部大型风电机组，力争 2010 年前开始向电网供电，并预计这些风电机组全部正式运转起来后，其发电量将占到英国全国总发电量的 8%～10%。其他拥有先进的近海风电计划的国家包括荷兰、比利时、爱尔兰、瑞典和美国等。

（二）海上风力发电技术

1．风力机支撑技术

海上风力机支撑主要有底部固定式支撑和悬浮式支撑两类。

（1）底部固定式支撑。有重力沉箱基础、单桩基础、三脚架基础三种方式，如图 3-3-13 所示。

1）重力沉箱基础。重力沉箱基础用沉箱自身质量使风力机矗立在海面上。Vindeby 和 Tunoe Knob 海上风电场基础就采用这种传统技术。在风场附近的码头用钢筋混凝土建造沉箱，然后使其漂至安装位置，用砂砾装满，以获得必要的质量，继而将其沉入海底。海面上基础呈圆锥形，可减少海上浮冰碰撞。Vindeby 和 Tunoe Knob 风电场的海水深变化范围为 2.5～7.5m，每个混凝土基础的平均质量为 1050t。该技术的进一步发展，用圆柱钢管取代钢筋混凝土沉箱将其嵌入海床。该技术适用于水深小于 10m 的浅海地区。

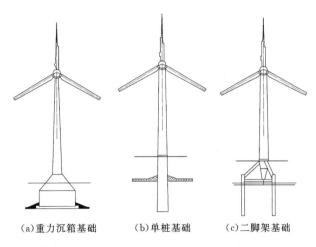

（a）重力沉箱基础　　　（b）单桩基础　　　（c）二脚架基础

图 3-3-13　海上风力机底部固定式支撑方法

2）单桩基础。单桩基础由直径 3.0～4.5m 的钢桩构成，如图 3-3-14（a）所示。

（a）单桩基础　　　　　（b）三脚架基础

图 3-3-14　海上风电场单桩基础及三脚架基础

钢桩安装在海床下 18～25m 的地方，深度由海床地面的类型决定。单桩基础有力地将风塔伸到水下及海床内，这种基础的优点是不需整理海床，但需要重型打桩设备，还需要防止海流对海床的冲刷。该技术应用范围是海水深小于 25m。

3) 三脚架基础。三脚架基础吸取了海上油气工业中的一些经验，采用了质量轻、价格低的三脚钢套管，如图 3-3-13 所示。

风塔下面的钢桩焊在钢架上，这些钢架承担和传递塔身载荷。钢桩被埋置于海床下 10～20m 的地方。

(2) 悬浮式支撑。有浮筒式和半浸入式两种，主要应用于水深 75～500m 的范围，如图 3-3-15。

1) 浮筒式支撑。浮筒式基础被 8 根缆索固定在海面上，缆索与海床相连，风力机塔筒通过螺栓固定在浮筒上。

2) 半浸入式支撑。主体支撑结构浸在海水中，通过缆索与海底的锚锭连接。该形式受波浪干扰较小，可以支撑 3～6MW、旋翼直径为 80m 的大型风力机。

2. 海上风力机设计技术

海上风力机的特点是离岸并在海中。离岸产生的额外成本主要包括海底电缆和风力机基础成本，取决水深和离岸的距离，与风力机的尺寸关系不大。因此，对选定功率的风场，宜采用大功率风力机，以减少风力机个数，从而减少基础和海底电缆的成本。

海上风力机是在陆地风力机基础上，针对海上风场环境，适当改进设计发展起来的，具有以下特点。

（a）浮筒式支架　　（b）半浸入式支架

图 3-3-15　海上风电场悬浮式支撑方式

(1) 高翼尖速度。陆地风力机优化设计着重降低噪声，而海上风力机优化设计则是极大化空气动力效益为目标。采用高翼尖速度、小桨叶面积，使海上风力机的结构和传动系统设计较简单。

(2) 变桨速运行。高翼尖速度桨叶设计有高的启动风速和大的气动损失。采用变桨速设计可改善气动性能，风力机在额定转速附近有最大速度。

(3) 减少桨叶数量。现在大多数风力机采用 3 桨叶设计，存在噪声和视觉污染。

(4) 新型高效发电机。研制结构简单、高效的发电机，如直接驱动同步环式发电机、直接驱动永磁发电机、线绕高压发电机等。

(5) 海洋环境下风力机的其他部件。海洋环境下要考虑风力机部件对海水和高潮湿气候的防腐问题。塔筒应具有升降设备，满足维护需要。变压器和其他电器设备可安放在上部吊舱或离海面一定高度的下部平台上。控制系统要具备岸上重置和重新启动功能。备用电源用来在特殊情况下，使风力机能安全停机。

（三）国内海上风电场建设

在中国，海上风电场的建设正在起步。汕头的海上风电项目已正式动工，将在南澳周围分 4 片海域开发，总装机容量将达 40 万 kW。浙江岱山将兴建总装机容量 20 万 kW 的海上风电场。上海拟建设东海大桥海上风电场，初步拟定布置 50 台单机 2MW 的风力机，总装机容量为 100MW。风电由 35kV 海底电缆接入岸上 110kV 风电场升压变电站，再接入上海市电网。福建省已确定 14 个海上风电场选址，计划装机约 397 万 kW。江苏东台已完成开发浅海 20 万 kW 海上风电场的前期准备。

（四）大功率浅海风电场风投资概算

1. 风电上网电价分析

风力发电成本一般由两部分构成：一部分是风电场建设成本，即投资额，这是构成风电成本的主要部分；另一部分是运行维护成本，主要取决于风电设备的可靠性及风电场管理水平。

风电成本 C ［元/（kW·h）］为

$$C = \frac{A+M}{E_C} = \frac{A}{E_C} + m$$

式中 E_C——每千瓦装机年发电量，kW·h/kW；

M——年运行维护费；

m——每度电运行维护费，国内一般为 0.005 元/（kW·h）左右；

A——年投资等额折旧。

$$A = P \frac{i(1+i)^n}{(1+i)^n - 1}$$

式中 P——每千瓦投资，元/kW；

i——贷款利率，%；

n——折旧年限。

考虑到国产化、规模扩大对成本的递减效应及国家政策支持，取浅海风电场单位千瓦投资额 $P=10000$，$i=5\%$，$n=20$，$E_C=365\times24\times0.72$kW·h，可得

$$C = \frac{10000 \times \frac{5\%(1+5\%)^{20}}{(1+5\%)^{20}-1}}{365\times24\times0.27} + 0.005 \approx 0.335 [元/(kW·h)]$$

2. 浅海风电场成本

如果浅海风电场中的机组发电量全部并网，则容量系数可达 0.34，预计风电机成本为 2000 元/kW。再加上相应的管理成本和基础建设投资，运行后的整个浅海风电场实际成本为 3500 元/kW，可得在并网情况下风电电价为

$$C = \frac{3500 \times \frac{5\%(1+5\%)^{20}}{(1+5\%)^{20}-1}}{365\times24\times0.34} + 0.005 \approx 0.099 [元/(kW·h)]$$

如果浅海风电场有 5/6 的发电量用于非并网直接应用，加上风能利用区间从 3～12m/s 扩大到 3～14m/s，则容量系数可达 0.40。浅海风电场实际成本为 3200 元/kW，可得在并网情况下风电电价为

$$C = \frac{3200 \times \frac{5\%(1+5\%)^{20}}{(1+5\%)^{20}-1}}{365 \times 24 \times 0.40} + 0.005 \approx 0.07 [\text{元}/(\text{kW} \cdot \text{h})]$$

若风机风能完全利用区间从 $3\sim12$ m/s 扩大到 $3\sim16$ m/s，容量系数可达 0.60，浅海风电场实际成本仍设定为 3200 元/kW，风电电价可以达到

$$C = \frac{3200 \times \frac{5\%(1+5\%)^{20}}{(1+5\%)^{20}-1}}{365 \times 24 \times 0.60} + 0.005 \approx 0.054 [\text{元}/(\text{kW} \cdot \text{h})]$$

（五）丹麦的海上风力发电

1. 丹麦的海上风电蕴藏量

丹麦有世界上最大的海上风电场，丹麦政府能源计划 2030 年，海上风电装机将达到 4GW，投资共计 70 亿美元。加上陆地上的 1.5GW，丹麦风力发电量将占全国总发电量的 50%。

丹麦电力公司确定了 4 个海域适合建风电场，蕴藏量达 8GW。选的这些地区必须在国家海洋公园、海运路线、微波通道、军事区域等之外，距离海岸线 $7\sim40$ km，使岸上的视觉景观影响降到最低。对风机基础的研究表明，在 15m 水深处安装风电机组比较经济，丹麦海域选择的风电场潜藏容量可达 16GW。

2. 风电机组的海上基础

海上风能开发的海底电缆和风机基础的投资巨大。海上风电机组比邻近陆地风场风机的电力输出要高出 50%，所以，海上风电的开发更具吸引力。对海上风机基础的设计和投资进行的研究表明，对于较大海上风电场的风机基础，钢结构比混凝土结构更加适合。

3. 设计寿命

与大多数人们的认识相反，钢结构腐蚀并不是主要的问题。海上石油钻塔的经验表明，阴极防腐措施可以有效防止钢结构的腐蚀。海上风电机组表面保护（涂颜料）一般都采取较陆地风机防腐保护级别高的防护措施。石油钻塔的基础一般能够维持 50 年，也是风电机组钢结构基础的设计寿命。

4. 风塔高度设计

防腐研究对象是一台 1.5MW 三叶片上风向风力机，轮毂高度大约为 55m，转子直径为 64m。这台风机的轮毂高度相比陆地风机要偏低一些。丹麦在德国北部所建风电场，一台典型的 1.5MW 风电机组轮毂高度大约为 $60\sim80$ m。这时因为水面十分光滑，海水表面粗糙度低，海平面摩擦力小，因而风速随高度的变化小，不需要很高的塔架，可降低风电机组成本。另外，海上风的湍流强度低，海面与其上面的空气温度差比陆地的空气温差小，又没有复杂地形对气流的影响，作用在风电机组上的疲劳载荷减少，可延长使用寿命。所以，使用高度较低的风塔比较合算。

5. 海上基础类型

（1）常用的混凝土基础。丹麦的第一个工程采用混凝土引力沉箱基础。依靠地球引力，使涡轮机保持在垂直的位置。Vindeby 和 Tunoe Knob 海上风电场基础就采用了这种传统技术。在这两个风场附近的码头，建造钢筋混凝土沉箱基础，然后使其漂到安装位

置，再用砂砾装满获得必要的重量，继而将其沉入海底，像传统的桥梁建筑那样。两个风场的基础呈圆锥形，可起到拦截海上浮冰的作用。在寒冷的冬天，波罗的海和卡特加特海峡有坚硬的冰块。在混凝土基础技术中，整个基础的投资大约与水深的平方成正比。Vindeby 和 Tunoe Knob 的水深变化范围为 2.5～7.5m，每个混凝土基础的均重量为 1050t。根据基础投资二次方规则，在水深 10m 以上混凝土基础不宜采用。

（2）重力＋钢筋基础。基础新技术提供了一种类似于钢筋混凝土重力沉箱的方法，用圆柱钢管取代钢筋混凝土，将其嵌入到海床里。

（3）单桩基础。单桩是一种简单的结构，由一个直径为 3.5～4.5m 的钢桩构成。钢桩安装在海床下 10～20m 的地方，其深度由海床地面的类型决定。单桩基础有力地将风塔伸到水下及海床内。这种基础的优点是不需整理海床。但是它需要重型打桩设备，对于海床内有很多大漂石的位置，采用这种基础类型也不适合。

（4）三脚架基础。吸取石油工业中的经验，采用了重量轻、价格合算的三脚钢套管基础。风塔下面的钢桩分布着一些钢架，这些框架分担塔架对于 3 个钢桩的压力。由于土壤条件和冰冻负荷，3 个钢桩要埋置于海床下 10～20m 深的地方。

6. 海上风电场的并网

（1）电网。海上风电场的并网本身并无特殊问题，但为确保经济合理性，对偏远海上风电场的并网技术要进行优化。丹麦第一批商用海上风电场距海岸 15～40km，水深 5～10m 或 15m，风电场装机为 120～150MG。第一批海上风电场用 1.5MW 风力发电机，该机型已在陆地上试运行 5 年。

（2）敷设海底电缆。海上风电场通过敷设海底电缆与主电网并联。为了减少捕鱼工具、锚等对海底电缆的破坏风险，海底电缆必须埋起。如底部条件允许，用水冲海床，然后使电缆置入海床是最经济的。

（3）电压。丹麦规划的 120～150MW 的海上风电场一般用 30～33kV 的电压，每个风电场中，有一个 30～150kV 变电站平台和许多维修设备，与陆地电网的连接采用 150kV 电压等级。

（4）无功功率和高压直流输电。无功功率和交流电相位改变相关，相位的改变使电能通过电网传输更困难。海底电缆相当于一个大电容，它有助于为风电场提供无功功率。这种系统是最佳的可变无功功率补偿方式，决定于准确的电网配置。如果风电场距离主电网很远，高压直流输电（HVDC）联网也是一个可取的方法。

（5）远程监控。海上风电场远程监控要比陆地远程监控更重要和困难些。风电场用 1.5MW 的大风力机在关键设备上安装一些特别的传感器。用以分析设备磨损后的工作模式和产生的细微振动。为确保机器适时、适当的检修，远程监控技术是必要的。

（6）定期检修。海上风力机工作在恶劣的天气条件下，维修人员很难随时接近风电机组，风机得不到及时检修和维护会造成安全隐患。对偏远的海上风电场，应合理设计风电机组的定期检修程序，以保证风电机组得到及时检修和维护。海上风电场的例子如图 3-3-16 所示。

（六）漂浮式海上风电场

漂浮式海上风力发电机的成本比火电厂的发电成本更低。漂浮式风力发电机安置在海

图 3 - 3 - 16 海上风电场

边的强风区域，成本低、无方向性，用漂浮式垂直轴风力发电机来发电。

1. 近海风电场的建设成本

一般的近海风电场建设成本非常高，原因是安装成本高。安装成本高的原因有以下几个：

（1）海上风力机重量大、制造成本高。因为迎风风力机的转子是逆风的，需要刚度非常高的叶片和高强度的塔架，因此需要大量高强度的材料，材料成本高。

（2）设备重，地基成本高。在较软的海床上建造坚固的地基，势必大大增加建造成本。

（3）重设备，安装成本高。需要有附带超重起重机的专有船只来完成海上安装。

（4）在海上检修风力机相当困难，检修成本高。

一个典型的欧洲近海风电场每千瓦安装成本为 3000 美元，而一般的陆上风电场每千瓦的安装成本仅为 1300 美元。

2. 漂浮式海上风电场的特点

新的安装方法可以显著降低海上风电的安装成本，主要表现在以下几个方面：

（1）不用迎风风力机，使用一种低成本的漂浮式垂直轴风力机。

（2）把风电场置于强风区域，将大大增加发电量。

通过上述两种方法可以有效地降低海上风电的成本。

在世界上许多地区，海上的平均风速超过 10m/s，而风能与风速的 3 次方成正比，因此如果风速增加 44.3％时，风力将增加 3 倍。以江苏东台为例，黄海岸边的平均风速是 7m/s，被认为是建造风电场的好地方。已计划在黄海沿岸选址，建造一座总装机容量为 1250MW 的风电场。若风速达到 10.1m/s，则风力将是黄海沿岸的 3 倍。但是强风往往出现在离岸较远的深海，因此，必须研发一种用于深海的漂浮式垂直轴风力机。漂浮式垂直轴风力机概念图如图 3 - 3 - 17 所示。整合垂直轴风力机技术和海上平台技术完全可以实现这一设想。

漂浮式垂直轴风力机预计 18 个月完成设计、建造、测试。这种风机集成了已经验证的垂直轴技术和海上浮动平台技术。一旦成功，就可用漂浮式海上风电场。

运行表明，漂浮式垂直轴风力机的成本低、耐用性好。FloWind 公司已经在美国加州两家大型风力发电厂生产、安装、运行了 500 多台低成本的漂浮式垂直轴风机。

（七）近海风电场建设关键技术

大型风电场正从陆地向海上发展，因为海洋风资源丰富，不占用土地，机位选择空间大，有利于选择场地，受环境制约少。且海上风速高、湍流强度小、风电机组发电量多、风能利用更加充分，其能量收益比沿海风陆地风机高 20%~

图 3-3-17　漂浮式垂直轴风力机概念图

40%。近海风电投资成本是陆地的一倍（达 2 万元/kW），其中，风力机（含塔架）占 58%，基础占 20%，电气系统占 16%，项目管理占 4%，其他占 2%。海上风力发电已引起世界各国重视。德国政府计划 2030 年近海风电装机达 23GW；荷兰政府计划 2020 年近海风电装机 6000MW；瑞典计划 2019 年近海风电装机 3300MW；欧洲规划到 2020 年，近海风电装机达到 240000MW，可以满足 1/3 的欧洲用电量。

近海上风电场发展的关键技术为：

（1）近海风电场开发的基础工作。近海风电场建设基础工作包括海上风电场风能资源测试与评估、风电场选址、基础设计及施工、风电机组安装等；开发专用的海上风能资源测试设备及安装海上风电机组的海上施工平台，其中，海上风电场场址选择包括宏观海上选址和微观选址两个方面。海上风电场规划基于评估、研究地区风能资源，综合考虑电力需求、入网方法和系统状况以及地质、地貌、航道、鱼类生产等因素，综合进行技术经济分析，达到最优规划目的。

在风电场的开发过程中，前期的风资源评估尤为重要。到目前为止，风资源评估大都是用丹麦实验室开发的 Riso WAsP 软件，该软件主要是基于欧洲地形条件设计的，应用于评估我国近海或海上风资源，仍需做大量的研究工作。

（2）近海风电场极限功率计算的数学模型。建立近海风电场极限功率计算的数学模型是当前国内外研究的热点。建模时如何考虑电网结构、负荷水平和入网方式等因素，相关研究也较少。

（3）风电机组并网方式。风电机组并网方式有交流并网与直流并网等。交流并网主要研究实现风电场和电网频率一致、动态无功补偿器、防止电缆电容和电网电抗之间出现谐振现象，避免电网故障，影响风电场运行。输电电缆等电气系统接入国家电网系统投资费用高（占 16%），且电缆能量损失大。风电场规模较小时，接入电网主要以地区低压配电为主，现在也逐步开始接入 110kV 和 220kV 电网。输电系统导线较细，R/X 比值较大，与系统联系紧密程度的短路容量较低，严重影响风电场的供电质量，并制约近海风电场规模的进一步发展。

风电场的总体规模与系统短路容量之比与风电场电压的波动密切相关。为了保证电网电压质量，风电场的装机容量不能超过连接点短路容量的某一个百分值。直流联网方式需要配置大容量电力变换器。固定资产投资高，适合长距离输电，与交流输电相比，其高容量的电缆投资和损失都比较小。针对风力发电特点，采用轻型高压直流输电技术可满足输送近海风电到公共电网。

研究近海风电场电网接入和稳定运行并网技术，分析风电场对电力系统的影响，尤其是分析在单机和装机容量不断增加的情况下，风机系统较频繁地切入和切出对电力系统的影响，如电网稳定性、可靠性、电能质量、涉及频率稳定性、功角稳定性、电压稳定性等。采取电容器组提供无功功率补偿方式，因容量固定，在风电机组输出改变的情况提供的无功功率补偿，势必出现过多或不足现象。也可采用可控静态无功补偿装置提供可变的无功补偿。

（4）飓风影响。要抑制飓风造成电网剧烈波动，可以采用可控静态无功补偿装置与蓄电池储存装置的组合方式，同时提供系统所需有功和无功补偿，但会增加一个全容量变频器，引起高次谐波。蓄电池储存装置提供的有功补偿还受到化学反应时间的限制不可能迅速地提供所需的有功补偿。

3. 近海风电场系统优化设计关键技术

（1）关键技术主要研究内容。

1）近海风电场优化配置与评估。采用数据挖掘及智能聚类处理技术，综合多种预测方法，建立风速组合预测模型。

a. 风能资源评估分析。进行技术和经济性评估，以正确地选择风电场场址，包括测风数据的处理、统计、预测及数据反演分析方法、风资源评估、风力发电机组和风电场年发电量评估。

b. 建立近海风电场极限穿透功率计算的数学模型。确定近海风电场极限穿透功率与电网结构、负荷水平和入网方式之间的函数关系。

c. 近海风电场可靠性分析。建立风能资源对风电场可靠性影响的数学模型。

d. 建立各种发电形式并存时最佳比例计算的数学模型。确定风电比例不当，对电网造成影响的量化指标。

e. 建立考虑近海风电资源分布与电网结构的近海风电场最优规划数学模型。

2）近海风电场电气传输技术。

a. 研究交流并网、基于轻型 HVDC 的发电机集中控制并网和基于轻型 HVDC 的发电机分散控制并网 3 种并网方案。结合经济、技术比较，提出近海风电场电气传输设计方案。

b. 风电场的最大安装容量和风电机组的控制方式、功率因数与并网点电压等级等相关。通过稳态分析及暂态分析，针对不同近海风电场，辅助确定风电机组运行控制方式、并网点电压等级。研究风电场的动态优化，确定最优化模型。

c. 针对风电场电压波动、闪变和谐波等电能质量采取无功、电压控制等方式，改善风电场并网运行电能质量。

3）近海风电场系统接入与稳定运行。

a. 近海风电场电网接入和并网技术包括电网稳定性、可靠性等。如频率稳定性、功角稳定性和电压稳定性。风电场并网运行的电压稳定性属于小干扰电压稳定性问题，通常作为静态问题来分析。

b. 风电场并网控制方案研究。与固定转速风电机组相比，变速/恒频风电机组对改善风电场并网运行电压稳定性有一定的作用。通过研究风电场的无功、电压调节、频率控制方案及方法，确保风电场并网运行时电压稳定和可靠，并提高并网成功率和风电场故障穿越能力。

（2）技术关键。

1）采用数据挖掘及智能聚类处理技术，综合多种预测方法，建立风速组合预测模型。

2）研究建立近海风电场极限穿透功率计算最优数学模型。采用高效子群优化技术求解该模型，并定量研究风电穿透功率极限与电网结构、负荷水平和入网方式之间的关系。

3）研究近海风电场可靠性及经济性指标。建立风资源对风电场可靠性影响的数学模型，考虑电网结构、入网方式等，利用蒙特卡罗仿真研究风能参数对风电场可靠性及经济性影响。

4）建立多种发电形式并存时风电最佳比例计算数学模型。确定风电比例不当，对电网造成影响的量化指标。

5）建立考虑近海风资源分布与电网结构的近海风电场最优规划数学模型。

6）综合研究交流并网、基于轻型 HVDC 的发电机集中控制并网和基于轻型 HVDC 的发电机分散控制并网 3 种并网方案。结合经济、技术比较，提出近海风电场电气设计方案。

7）风电场最大安装容量和风电机组的控制方式、功率因数与并网点电压等级等相关。通过稳态分析及暂态分析，针对不同近海风电场，确定风电机组运行控制方式、并网点电压等级。研究风电场动态优化潮流，确定最优潮流模型。以有功网损最小为目标，假设分析周期由几个时段组成，确定目标函数。

建立等式约束，对于动态优化潮流，要满足各时段节点潮流方程。建立不等式约束，包括发电机出力、节电电压、支路功率以及风电场无功补偿容量等约束，还考虑发电机组爬坡速率约束。内点法具有收敛迅速、稳定性强、对初值不敏感等特点。风电场的优化潮流计算是一个多时段优化问题，对计算精度和计算速度有较高要求。为弥补以前算法不足，改进内点算法，求最优潮流。

8）风电场电压波动、闪变和谐波等电能质量问题一直存在。通过对无功、电压控制方式以及风电场方式的研究，可改善风电场并网运行的电能质量。风电场输出可变功率会影响电力系统运行，引起系统不稳定、带来许多问题，包括线路传输容量越限，频率和电压不稳定、发电量和用户耗电量不平衡等。

并网系统的功率不仅与近海风电场的注入功率有关，还与系统运行方式、风电场与系统联络线的电抗与电阻的比值大小有关。因此，改变风电场与系统联络线的电抗与电阻比值能改变注入并网系统的功率，特别是在风速变化时，同步地改变线路电抗与电阻的比值可以保持并网系统功率的恒定。静止同步串联补偿器（简称 SSSC）在并网系统中，对抑制风电场功率波动有作用。

9）研究近海风电场电网接入和并网技术。分析近海风电场对电力系统的影响，包括电网稳定性、可靠性等。根据所研究的扰动大小及时域范围，将电压稳定性分为小干扰、暂态和长期电压稳定性。小干扰电压稳定性是指系统遭受任何小干扰后，负荷电压恢复到扰动前电压水平的能力。暂态电压稳定性是指系统遭受大扰动后，负荷节点维持电压水平的能力。长期电压稳定性是指系统遭受大扰动或者负荷增加、传输功率增大时，在 $0.5 \sim 30\mathrm{min}$ 内，负荷节点维持电压水平的能力。

风电场并网运行的电压稳定性属于小干扰电压稳定性问题，通常作为静态问题分析。采用基于潮流分析的电压稳定 $P\text{-}V$ 分析方法和 $Q\text{-}y$ 曲线法。

10）风电场并网控制方案研究。变速/恒频风电机组对改善风电场并网运行电压稳定性有一定作用。通过研究风电场的无功及电压调节、频率控制策略及方法，实现风电场并网运行。确保电压稳定、可靠，并提高并网成功率、风电场故障穿越能力。近海风电场功率由风速决定，可调度性差，需要研究风电场系统调度问题。结合负荷变化情况以及气象预报等信息，合理、科学安排风电场发电，预测风电场出力、研究风电机组组合等问题。采用非线性控制、模糊控制、神经网络等智能控制算法，用 Digsilent、PSCAD/EMTDC、PSS/E、Matlab/Simulink 等软件建立近海风电场并网模型，研究风电场并网控制策略等。

风能的规模化、低成本利用需要解决大功率风电机组与近海风能规模化利用中的关键技术问题。实现高效率、高可靠性和低成本，近海风能利用潜力极大。近海风电机组容量大，现已商业运行的海上风力发电机组单机容量已达 5MW，需要解决风力机防腐（盐雾引起）、海上风机基础建设等问题。随着近海风电规模化发展，基础设计建造以及吊装等技术的成熟，近海风电成本可降低 20％以上。

任 务 回 顾 与 思 考

1. 简述新型风力发电机组的类型及特点。
2. 简述变速直驱永磁发电机的控制原理。
3. 简述低温环境对风力发电机组的影响。
4. 简述海上风电场建设的关键技术。

学习情境四　风力发电机组布置

任务一　平坦地形风力发电机组布置

学习目标：

1. 掌握风电机组布置的基本原则。
2. 了解制定风电机组布置方案的基本步骤。
3. 了解风电机组布置的基本方法。

风电机组位置排布在整个风电场规划和建设过程中是非常重要的环节。如果对风电机组没有进行合理排布，不仅降低风能利用率，还将直接影响风电场建设的预期经济效益。对此，在风电机组位置排布过程中，设计人员可以利用一些风电机组布置优化软件，例如，WAsP、Wind Farmer 等软件，通过准确分析风电场历年气象数据、风电场风资源分布、风电场风功率密度分布、风电场地形地貌、尾流影响等，推算出风电机组优化布置方案，从而进一步提高风能的使用效率和风电场的经济效益。

风电机组布置方式除与当地风资源分布有关外，还与风电机组数量、风电场实际地形地貌等情况有关。如果排列过密，风电机组之间将会相互影响，大幅度地降低风能利用效率，减少年发电量，并且产生的强紊流将造成风电机组振动，恶化受力状态；反之，如果排列过疏，不但年发电量增加很少，而且增加了道路、电缆等投资费用及土地利用率。即在风电机组布置时，要按照标准要求，应保证风电机组相互之间干扰最小。具体要根据当地的单一盛行风向或多风向，决定风电机组的布置形式。

一、风力发电机组布置基本原则

（1）根据风向和风能玫瑰图，使风机间距满足发电量较大，尾流影响较小的原则。

按照风电场风向玫瑰图和风能密度玫瑰图显示的盛行风向、年平均风速等条件确定主导风向，风电机组排列应与主导风能方向垂直。平坦、开阔的场地，风电机组可布置成单列型、双列型和多列型。多列布置时应呈"梅花型"，以尽量减少风力机之间尾流的影响。

（2）根据风电场地形条件，充分利用风电场的地形，恰当选择机组之间的行距和列距，提高土地使用率，并结合风电场交通运输和安装条件选择机位。

（3）风电机组布置尽量规则整齐，以方便场内配电系统的布置，减少输电线路的长度，并满足机组吊装、运行维护的场地要求，同时方便管理。

（4）要拟定多个风电机组布置方案，并使用风电机组布置优化软件进行模拟计算，进行经济比较，选择最佳方案。

二、制定风力发电机组布置方案的步骤

按照风电机组布置的指导原则，结合风电场的风资源分布，并根据风电场范围内的实际地形，对风电机组位置进行初步布置。随后通过风电机组布置优化软件计算各个机组的发电量和尾流影响，根据计算结果并综合考虑各方因素如安装、地形地质等，对风电机组位置进行重新排布。

三、风力发电机组布置的基本方法

以甘肃省酒泉市瓜州县北大桥第三风电场风电机组布置为例，对风电机组布置的基本方法进行说明。

北大桥第三风电场位于河西走廊的西段，场址位于疏勒河右岸（北岸），属北山山系山前倾斜冲洪积平原的戈壁滩地貌，地势开阔，地形平缓，风资源丰富，且便于风机安装。

通过前期对风电场测风资料的分析得出：主风向和最大风能密度的方向一致，盛行风向稳定且为一个方向（E），所以，本风电场风电机组排列方式采用矩阵式分布，即风电机组群排列方向与盛行风向垂直，前后两排错位，后排风电机组位于前排 2 台风机之间。

根据国外进行的试验，风电机组之间的距离为其风轮直径 D 的 20 倍时，风电机组之间无影响，但在风电机组运行管理、场内道路、输电电缆和节约土地等投资成本合理的前提下，垂直主风向方向风电机组之间间距一般约为风轮直径的 3～5 倍，平行主风向方向风电机组之间间距一般约为风轮直径的 5～9 倍。根据本风场主风向和主风能方向，本次以选定机型华锐 SL 1500/82 风电机组为例进行风电机组间距布置分析（轮毂高度取 70m，功率曲线为 1.093kg/m³ 下），分别按 4D（南北间距）×8D（东西间距）、4D（南北间距）×9D（东西间距）、4D（南北间距）×10D（东西间距）、5D（南北间距）×8D（东西间距）、5D（南北间距）×9D（东西间距）、5D（南北间距）×10D（东西间距）、6D（南北间距）×8D（东西间距）、6D（南北间距）×9D（东西间距）、6D（南北间距）×10D（东西间距）布置进行比较。各布置方案的尾流影响比较见表 4-1-1。

表 4-1-1　　　　　　　　　各布置方案的尾流影响比较见表

布置方案	4D×8D	4D×9D	4D×10D	5D×8D	5D×9D	5D×10D	6D×8D	6D×9D	6D×10D
尾流影响后发电量 / （万 kW·h）	65122.2	65627.5	66002.3	66189.6	66683.7	66861.1	66912.6	67223.4	67720.8
尾流损失系数/%	9.32	8.60	8.06	7.86	7.16	6.89	6.86	6.42	5.72

注：发电量及尾流损失率使用 WAsP 软件进行计算。

由表 4-1-1 可看出，增大风电机组南北间距比增大东西间距发电量增加的多，且风电机组间距增大到一定程度后间距增大发电量增加缓慢，各布置方案中 5D×9D 布置方案最优。

由于受场址范围限制，本风电场风电机组布置最终按南北列距 4.5D，东西行距 9D 布置（南北列距 360m，东西行距 740m）。

注意： 在制定平坦地形风电场风电机组布置方案时，设计人员在设计过程中应准确掌

据影响风电机组风能利用率的各种因素,对布置方案进行充分的优化比选,并在现场微观选址中认真复核,使得布置方案在现有条件下做到更好的可行性、更优的经济性和更大的容量,避免工程反复和留下隐患。

任 务 回 顾 与 思 考

1. 试述风电机组布置的基本原则。
2. 试述风电机组布置的基本方法。

任务二 复杂地形风力发电机组布置

学习目标:

1. 了解复杂地形风电机组布置的基本步骤。
2. 了解复杂地形风电机组布置的基本方法。

近年来,风电产业在我国北方地区尤其是东北、西北发展十分迅速。除了风资源丰富外,东北、西北地区地势平坦、开阔,地形平缓,便于风机安装,也是风电产业在以上地区迅速崛起的原因之一。而我国南方地区多为山地、丘陵等地形,少有的平原地区土地资源又十分宝贵,在平原地区建设风电场也会大幅度增加建设成本。所以随着风资源开发的不断深入,可开发风电场的地形也越来越复杂。虽然山地、丘陵等地形对风资源有加速效应,但是这类复杂地形风电场的风电机组布置,不能简单地按照平坦地形风电机组的布置原则进行确定,还要结合场区内的地形地质、施工、湍流强度、入流角等各方面因素,选择合适的地点进行风力发电机组的安装。

一、复杂地形风力发电机组布置

(一) 制定风力发电机组布置方案的基本步骤

复杂地形风电场由于其资源分布的不均匀性,风电机组的布置具有自身特点,在制定布置方案时,基本步骤为:确定制约因素→模拟区域风资源分布图→初步布置→软件试算→根据计算结果调整布置方案→再次软件试算→进一步调整布置方案(直至计算结果合理)→复核机组布置方案(主要对各机位湍流强度、入流角以及道路、安装场地的可行性进行验证)→现场确认安装点→调整后获得最终布置。

(二) 风力发电机组布置的主要环节

1. 确定制约因素

风电机组布置的制约因素主要根据现场勘查及相关规划来确定,较为常见的主要有村庄、寺庙、采矿点、基本农田、军事设施、自然保护区、架空线路、信号塔、保护型水源、景区、行政区域交界线等。其中基本农田、军事设施、自然保护区、保护性水源为颠覆性因素,风电机组的布置应严格避开此类区域;村庄及寺庙主要是考虑到风电机组所产生的噪声对其生活造成的影响,应根据实际测评及选定风电机组的特性来控制合理距离。

2. 风资源模拟

现阶段,风资源模拟仍主要采用 WAsP、Wind Farm、Windsim、WT 等软件进行模拟分析计算。另外,也可通过多设测风塔,并采用多塔计算的方式提高复杂地形风电机组布置的精度。

3. 初步布置

初步布置主要根据确定的制约因素及风资源分布图并结合设计人员的自身经验在拟定的场址范围内进行风电机组的点位排布。一般情况下,初步布置应尽量选出具有可能性的所有风电机组的点位。

设计人员对各点位的施工条件应用进行初步的判断,将风电机组布置在施工条件较好的位置。如图 4-2-1 所示,15(1) 号机位和 15(2) 号机位相比,前者比后者在海拔上低了近 30m,故前者发电量要略低于后者。但由于 15(2) 号机位所在山型较小,要使道路及安装场地到达指定地点,其开挖量极大。因此,在布置时,选择 15(1) 号机位是较为合理的。

另外设计人员应对风场主风向受地势的遮挡有一定的判断。如图 4-2-2 所示,若此地主导风向为西南风,24 号机位由于受西南侧山头遮挡,基本没有主导风向。因此虽然施工条件及海拔高度情况与 23 号基本相同,但其发电水平却远不如 23 号机位。

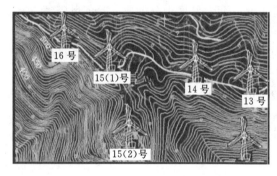
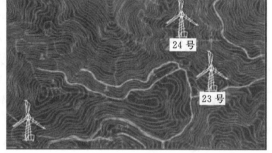

图 4-2-1 15(1) 号和 15(2) 号机位地形对比   图 4-2-2 23 号和 24 号机位地形对比

4. 优化调整

通过风机布置优化软件对初步布置方案进行计算,并根据计算结果进行优化调整。判断依据为单个风电机组发电量水平及尾流影响的大小。

(1) 发电量水平。单个机组发电量水平过低,说明该机位的选择不合理。通常筛选机组位置的最小发电量不小于全场风力发电机组平均值的 80%。由于单个机组的投资一般在全场风电机组平均投资的 80% 以下,因此,增加的机位的边际成本不会降低该风电场的经济性。

(2) 尾流影响。尾流影响过大,一方面降低了机组的发电量水平;另一方面说明该机位点湍流过大。通常情况下,单个机组最大尾流影响应控制在 10% 以内。

5. 复核风电机组布置方案

复杂地形风电机组布置完成后,应连同道路、土建等专业技术人员赴现场放样确认。由于地形限制,部分机位点的道路不能到达或安装场地不足,因此,这种情况下机位点并不一定选在最高点,如图 4-2-3 所示。

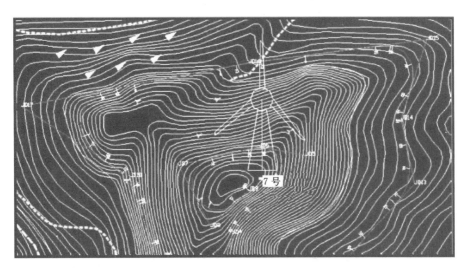

图 4-2-3　7号机位地形

另外，相对平坦地形风电场，山地、丘陵地形的风电机组布置除考虑以上布置因素外，由于地形复杂，还应根据各机位的湍流强度、入流角复核风电机组的布置。

（1）湍流强度。由于地形、地貌及障碍物的原因，风会产生湍流。山地、丘陵地带的风电场地形复杂，部分区域湍流强度较大，若机位处的湍流强度超过了风电机组允许的最大湍流强度，将影响风电机组的运行安全。

图 4-2-4 中，31号西侧山脊线（圈内）区域虽然地形平坦、风资源也较好，但是由于 31号、32号、33号机位的主风向（东方）迎风面很陡，造成山脊线区域湍流强度过大，机组疲劳载荷不能满足要求而不得不废弃。

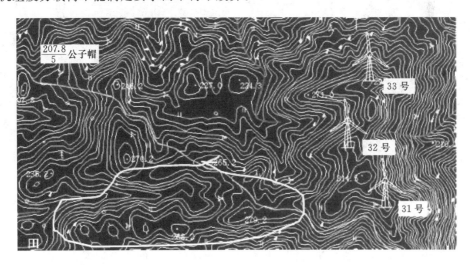

图 4-2-4　31～33号机位地形

在分析湍流强度时需注意，当山体陡峭度超过 6°时，湍流强度计算模型就开始逐渐失效，且一般的线性模型无法考虑特殊山体形状对风速风向的影响。试验表明，当山体的陡峭度大于 5°时，采用线性模型所计算出的山顶风速曲线将与试验的风速曲线分离，如

图 4 - 2 - 5 所示。

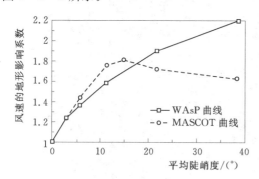

图 4 - 2 - 5　山顶与试验的风速曲线对比

（2）入流角。入流角是衡量风向偏移引起风电机组偏负荷的参数，入流角越大，对风电机组越不利。目前风电机组在设计时所承受的入流角不大于 8°。

对于复杂地形的风电场，如果风电机组布置的山脊线一侧是陡坡，为避免入流角较大，影响风电机组的运行安全，风电机组因尽量远离陡坡布置。

（三）风电机组机位现场布置

根据已制定好的风电机组布置方案，结合现场实际情况，要对部分风电机组机位做适当调整。调整应在充分考虑风电机组布置各制约因素的前提下，追求风电场发电量的最大化，同时兼顾建设成本。

复杂地形风电机组的现场确认安装工作是否到位将影响风电场的工程投资和施工难易度，所以在现场确认安装点时应注意以下问题。

1. 地形地貌图与风电场实地的误差

由于地形地貌图存在一定的误差（通常在 5m 等高线以上，山顶存在 5m 以下的高度误差），因此，在放样时，可根据现场情况对机位进行微调，以确保将机位放在较高点，并减少开挖量。如图 4 - 2 - 6 所示，40 号机位点位于 325m 等高线以上，但无法判断最高点在该等高线范围内的何处，因此，在现场定位时有必要将机位调整到较高点。

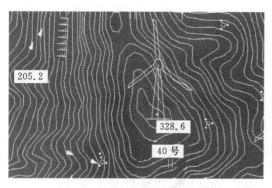

图 4 - 2 - 6　40 号机位地形（单位：m）

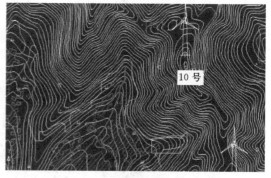

图 4 - 2 - 7　10 号机位地形

2. 机位点附近的信息采集完善

由于地形图测量精度限制，并不能完全反应现场所有信息，因此，在现场放样过程中如发现新制约因素，应对机位进行调整，如零星的坟墓、新的建筑物等。如图 4 - 2 - 7 所示，红框处，原地形图反应的居民点最高仅为等高线 65m 处，而现场实际已有新的民房建筑物建在了等高线 80m 处，因此，10 号机位点距离居民点位置过近，需要往被调整，以保持足够的噪声控制距离。

注意：相对于平坦地形的风电场，山地、丘陵地区的风电场风能分布随地形变化而具有一定的特殊性，影响风电机组布置的因素较多，除考虑风资源分布、场地条件外，还需考虑湍流强度、入流角等影响风电机组安全的因素，在实际工程设计中，设计人员应根据不同地区的风电场地形、地貌的差异，结合工程经验，对布置方案进行充分的优化比选，从而达到风电机组优化布置的目的。

任务回顾与思考

1. 试述风电机组布置的基本步骤。
2. 复杂地形风电机组在现场确认布置时有哪些注意事项？

任务三 海上风力发电机组布置

学习目标：

1. 了解海上风电机组布置的原则。
2. 了解海上风电场对环境的影响。

从已建陆上风电场可见，部分风电场存在严重的用地矛盾、噪声污染等问题，且陆上优良场址已逐渐开发完毕。例如，德国具有经济可开发性的陆上风电开发已接近饱和；丹麦虽继续开发陆上风电，但其成本将高于现在常规电力价格水平，今后这些国家的风电发展重点将转移到海上风力资源的开发，即建设海上风电场。

海上风电场就是通常所说的近海风电场（水深范围5~50m），而海边滩涂不属于海上风电场。研究表明，海上风电场具有以下明显的优势：

（1）海上风速较陆地大且日变化小，适合采用单机容量较大的风机，同时海上风能资源有效利用小时数高，可充分利用风电机组的发电容量。

（2）海水表面粗糙度低，风速随高度变化快，可以降低塔架高度。

（3）海上风的湍流强度低，可减少风电机组的疲劳载荷，延长使用寿命。

（4）距离沿海城市近，而城市正是电力负荷中心。

但是，海上风电场也还存在很多负面影响和挑战，例如，海上风电场的基础设施建设费用高；并网费用更高；海上环境气候恶劣会导致建设、运行、维护的困难。

位于欧洲的4个海上风电场 Horns Rrv、Samsφ、Nysted 和 North Hoyle 在其建设和运行过程中都出现了不少问题，这些问题很大程度上是因为建设前期风能资源调研不足、风电场规划布置不合理、电缆埋深和联网考虑不够等造成。加上诸如海上风电场对鱼类、景观、海洋生态等的影响也越来越受人们的关注，如何优化设计近海风电场使得其负面影响尽可能地小，又在经济技术上可行，这是目前亟待解决的问题。

一、海上风力发电机组布置原则

风通过风电机组风轮后，风速下降，并产生湍流，对其后面风电机组的运行产生影响。为了减少风电机组间的相互影响，降低机组联网费用，根据海上风场风能资源分布情况和场址建设条件，应遵循以下原则布置风电机组：

（1）根据风向玫瑰图，准确判断风电场盛行风向，合理选择风机间距，尽量减少风电机组间尾流的影响。

（2）应避开风电场场址附近通信、电力、油气设施和渔业养殖场。

（3）应避开航道，尽量减少对船舶航行的影响。

（4）应考虑工程施工船舶进场、抛锚、掉头等对风电机组间距的要求。

由于海上风电场建设成本的主要部分是海底电缆和风电机组基础成本，虽然缩短机组之间的距离可以减少电缆长度，但因海上大气湍流度较陆地低，所以风电机组转动产生的扰动恢复慢，下游风电机组与上游风电机组需要较大的间距，因此在风电机组布置时不能单纯考虑风电机组间距或尾流影响，需要进行大气湍流计算以求出最小间距。

二、海上风电机组布置形式

图 4-3-1 和图 4-3-2 所示为风电机组的两种不同的布置方式。图 4-3-1 所示为风电场通常所采用的矩形布置形式，是目前陆上风电场常用的风电机组布置形式，风机布置紧凑。但在海上，这种方式则不利于风机的安装、维护管理。图 4-3-2 所示的圆形布置形式则有利于风电机组的安装、风电场的维护管理和其他配套设施的布置，且风电机组之间的尾流影响较小。

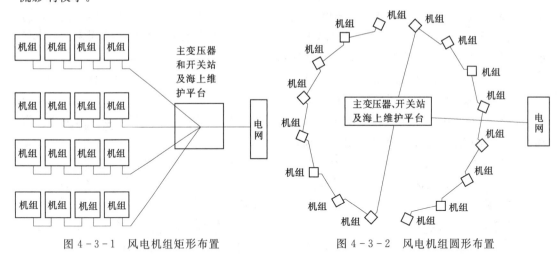

图 4-3-1　风电机组矩形布置　　　　　图 4-3-2　风电机组圆形布置

三、海上风电场对环境的影响及优化设计

海上风力发电虽然是一种清洁的能源，但是风电场建设的各个阶段，如风机制造、运输、基础施工、风电机组安装、运行以及风电场寿命终止时的拆除等各个环节对海洋的人文环境、自然环境以及地理环境都将造成不同程度的影响，所以在海上风电场建设之前要对环境影响做出详细的分析。

（一）基础施工与风电机组安装阶段

1. 视觉影响

多只运输船的忙碌给人视觉上的混乱，这种影响是暂时的，只在施工期间存在。

2. 意外事故

由于操作不当可能造成船只之间的碰撞，发生漏油后的海洋污染。所以需加强各个安装船的熟练程度和配合。

3. 基础施工对海床、海流、海底栖息物的影响

基础施工对海床的形态和水深会产生一定的影响；基础的位置会影响到周围的洋流，但总流速会因此降低2%左右；在基础施工时会直接或间接地造成海底部分生物的灭亡和生活习性的改变，对海床上的微生物有较大影响，这种影响取决于海床上的生态系统，在相邻两个基础间，不同的微生物系统甚至会产生冲突。为此，考虑到风机运转时气流的互不影响，将基础之间的距离设计成10倍于叶片直径。

4. 电缆埋设

电缆一般埋设在海床内，以避免被渔船或其他船只作业时碰到，抛锚船有可能会切断电缆，致使其中的油渗漏，但这种可能性较小。在有电缆埋设的海域可能会禁止船只的通行以及海上娱乐活动的进行，同时在开凿埋设电缆所需的隧道时会破坏海床上的有机体，若有稀有动植物存在于埋设电缆的区域，则需经过当地环境部门的授权和批准才能进行施工。

（二）风电场运行阶段

1. 维修

在进行海上风电场的维修时，可能由于操作不当，维修船会与风电机组塔架或变电站发生碰撞，从而产生漏油污染。对此，可将变电站的柴油箱架高至两层壁面，以减少漏油的风险，另外可在风力发电机和变电站安装相关回收系统来回收溢出的油，同时在风电机组上安装警示灯，防止维修船与之相撞。

2. 光影闪烁

由于风电机组的运转，太阳光会带来光影晃动，其易引起干扰的频率为2.5～20Hz，频率在2.5～3Hz之间的光闪会使人产生一些不规则行为，如癫痫症状；频率在15～20Hz之间的光闪会使人情绪急躁，甚至类似痉挛的症状。尤其是太阳升起后，近岸风电场会对沿岸居民造成一定的影响。为此，在风机的选择上可选用大型风力发电机，转速在35r/min以下，单个叶片穿越频率不超过1.75Hz，低于引起人类不适感的2.5Hz。

3. 噪声和电磁干扰

叶片运转时会产生噪声，带来一定的噪声污染，通过调查发现，这种噪声在1000m以内的距离都可以听到；风电机组运转还会对通信信号产生较大的影响，同时对雷达也有一定的影响，可能会使雷达对接近物体的高度和距离判断的准确性造成一定的影响。为尽量避免电磁干扰，在海上风电场的选址时要避开建有信号塔或雷达站的岛屿和地形复杂的区域。

4. 对鱼群种类的影响

在基础的施工阶段，鱼类会因噪声、振动而暂时离开栖息地，风电场运行时基础的周围又新增了一些动植物群落，为鱼类提供食物，同时重力式基础还会为鱼类提供新的栖息地和保护，离开的鱼类一般又会回到原栖息地。而且在风电场区域禁止捕鱼，这使得鱼类的数量和种类都能够得到提升。

5. 对渔业的影响

风电场的建设会对渔业造成一定的影响，尤其是风电场所在区域和铺设电缆的地方都严禁捕鱼，但是风电场对捕鱼工作的影响区域较小，因为海上风电场的建设一般都会远离这些渔业圈。而且从长远来看，海上风电场的基础可以吸引更多的鱼类，从而带来新的捕鱼机会，另外在建造海上风电场时可以给予渔民一定的经济补偿。

6. 对鸟类的影响

关于对鸟类（包括迁移性的鸟类）的影响，普遍认为：一是鸟类在捕食鱼类的时候有可能会与塔柱或运转的叶片发生碰撞；二是在迁徙过程中鸟类因不能及时回避风电场亦有可能与塔柱或叶片发生碰撞；三是由于生存环境的改变而使得原居鸟类迁移到其他地方。

对于前两点，已有海上风电场的建设经验表明鸟类能够顺利避开塔柱和旋转的叶片，其数量的增减只与食物的供给量有关，与风电场无关。对于第三点，我国相关法律明确规定，对于海域中划有专门鸟类保护区的区域，在其周围严禁海上风电场的建设。

7. 对旅游产业的影响

海上风电场的建设不仅不会破坏海洋的自然风景，反而能增加一道亮丽的风景线，很多城市都有高空旅游。所以风电场的建设在满足技术要求的前提下可以与旅游产业有机地结合起来，形成产业带动效应，海上风电场的大规模建设必将拉动旅游产业的发展。

8. 我国海上风电场规划需进行的研究

近年来，我国对陆上风电场的规划建设已取得了一些经验，但海上风电场的建设在我国尚处于起始阶段，由于风电场建在海上，其建设、运行维护及环境条件与陆上有很大的差别，所以海上风电场的规划问题要在借鉴陆上风电场建设经验的基础上，结合国外已建工程的实践经验，根据我国实际进行深入研究：

（1）尽量准确评估拟建风电场场址的风能资源，确定合理的建设规模。

（2）对风电场的风机、主变站、开关站、安装维护平台等设施进行优化布局，以控制投资成本，并减少运行维护问题。

（3）随着风电场装机规模的增大，其对电网的影响将越来越大，需研究可靠的蓄能设施以调节风电场的出力，稳定电网频率、补偿风机运行过程电网的无功消耗。

（4）对场址处的海洋生态、周围景观等做深入研究，妥善解决风电场建设与生态环境的矛盾。

任务回顾与思考

1. 试述海上风电机组布置的原则。

2. 海上风电场建设时应注意哪些方面？

学习情境五　风力发电机组的现场安装

任务一　风力发电机组现场安装的安全规范及准备工作

学习目标：

1. 熟悉吊装的各种安全规程。
2. 掌握机组吊装前的各项准备工作。
3. 掌握吊装过程工器具的正确使用。

风电机组重量大、尺寸大，受环境因素影响大，其现场吊装过程非常复杂和困难，结合机组各组成部件的结构特点，要熟悉吊装的安全操作规程，做好吊装前的准备工作，降低吊装风险，确保机组现场吊装顺利进行。

一、概述

（一）风力发电机组外形
风电机组的外形如图 5-1-1 所示。
（二）机舱内部结构
风电机组机舱内部结构如图 5-1-2 所示。
（三）机组零部件重量清单
70/1500 风电机组零部件重量清单见表 5-1-1。

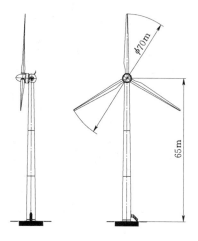

图 5-1-1　风电机组的外形

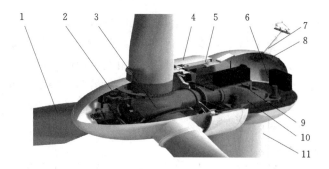

图 5-1-2　机舱内部结构

1—叶片；2—变桨机构；3—轮毂；4—发电机转子；5—发电机定子；6—偏航驱动；

7—测风系统；8—辅助提升机；9—顶舱控制柜；10—底座；11—塔架

表 5-1-1   70/1500 风电机组零部件重量清单

总成	部件	数量	重量	
			单重/kg	总重/kg
叶轮 31100kg	叶片 34	3 个	5750	17250
	轮毂变桨总成	1 套	13850	13850
机舱 11685kg	机舱罩总成	1 套	1115	1115
	底座总成	底座（5480）+附件（1034）	1 套	6514	6514
	测风系统	1 套	18	18
	偏航系统	偏航电机	3 个	48	144
		偏航减速器	3 个	440	1320
		偏航轴承	1 个	1159	1159
		偏航刹车盘	1 个	550	550
		偏航制动器	10 件	70	700
	润滑系统	1 套	15	15
	液压系统	1 套	50	50
	提升机总成	1 套	100	100
发电机		1 个	44119	44119
电控柜	主控柜+电容柜+计算机柜	1 套	3600	3600
塔架 90157kg	塔架上段	1 段	22144	22144
	塔架中段	1 段	34210	34210
	塔架下段	1 段	27707	27707
	基础环	1 段	6096	6096
合计				180661

二、安全规范

（一）总则

安全是一切工作的根本，为了保证安全操作风电机组设备，须认真阅读和遵守使用手册安全规范，任何错误的操作和违章的行为都可能导致设备的严重损坏或危及人身安全。所有在风力机附近工作的人员都应阅读、理解和使用安全指南。负责安装工作的管理人员必须督促现场人员按安全规程工作，安装前（中）应对吊车、起吊设备、安全设施进行必要的维护检查，如果发现问题应立即报告现场负责人员，并进行处理。风机厂家保留因改进风电机组而更改使用手册的权利。

（二）安装现场安全要求

（1）现场安装人员应经过安全培训，工作区内不允许无关人员滞留。

（2）现场指挥人员应唯一且始终在场，其他人员应积极配合并服从指挥调度。

（3）在风电机组安装现场，工作人员必须穿戴必要的安全保护装置进行相应的作业。

（4）恶劣天气特别是雷雨天气，禁止进行安装工作，工作人员不得滞留现场。

（5）在起重设备工作期间，任何人不得站在吊臂下。

（6）使用梯子作业时，应选用足够承载量的梯子，同时必须有人辅助稳固梯子。

（7）现场安装废弃物或垃圾应集中堆放、统一回收，严禁随意焚烧。

（8）现场进行焊接或明火作业，必须得到现场技术负责人的认可，并采取必要的预防保护措施。

（三）搬运、起吊的安全要求

（1）在任何情况下应首先使用机械方式进行物体的搬运和起吊。除非在别无选择的情况下，才允许采用人工操作。

（2）在使用吊车等机械设备搬运起吊物体时，首先应检查设备是否合格，负荷量是否在安全要求范围之内。

（3）吊车操作人员应持证上岗。

（4）工搬运的物体必须是力所能及的，并应穿安全鞋戴手套。提升低于臀部高度的物体，应弯曲膝盖而不应弯腰。双脚分开与肩膀等宽，搬运过程中应避免扭曲身体（图5-1-3）。

图5-1-3　搬运图示

（四）接近风电机组时的安全要求

（1）雷电天气，禁止人员进入或靠近风电机组，因为风电机组能传导雷电流，至少在雷电过去1h后再进入。

（2）塔架门应在完全打开的情况下固定，避免意外伤人。

（3）用提升机吊物时，须确保此期间无人在塔架周围，避免坠物伤人。

（五）在风电机组内工作的安全要求

（1）工作人员在攀爬塔架时，应该头戴安全帽、脚穿胶底鞋。在攀爬之前，必须仔细检查梯架、安全带和安全绳，如果发现任何损坏，应在修复之后方可攀爬。平台窗口盖板在通过后应当立即关闭。

（2）在攀爬过程中，随身携带的小工具或小零件应放在袋中或工具包中，固定可靠，防止意外坠落。不方便随身携带的重物应使用提升机输送。

（3）不能在不小于10m/s的风速时进行吊装，风速不小于12m/s时，禁止在机舱外作业，风速不小于18m/s时，禁止在机舱内工作。

（4）安装人员要注意力集中，对接塔架及机舱时，严禁将头、手伸出塔架外。

（5）当人员需要在机舱外部工作时，人员及工具都应系上安全带。作业工具应放置在安全地方，防止出现坠落等危险情况。

（6）一般情况下，一项工作应由两个或以上的人员来共同完成。相互之间应能随时保持联系，超出视线或听觉范围，应使用对讲机或移动电话等通信设备来保持联系。只有在特殊情况下，工作人员才可进行单独工作，但必须保证工作人员与基地人员始终能依靠对讲机或移动电话等通信设备保持联系。注意：提前做好通信设备的充电工作，出发前试用对讲机。

（7）发电机锁定。在机舱前部发电机定子处的两个手轮是发电机的锁定装置，只有指定的人员可以操作这个手轮。如果操作不正确，可能会导致严重的设备损坏或人身伤害。

注意： 未经许可的人不能操作锁定装置。

（六）风电机组的安全装置及使用方法

（1）在爬塔架或滞留在风电机组里的时候，必须穿戴安全装备，例如，安全带、安全锁扣、安全帽等，其标准见表 5-1-2。在攀爬之前，每个人都要能正确的使用安全装备，认真阅读安全装备的说明书。错误使用安全设备可能会导致生命危险，同时对于安全装备要正确地维护，而且应注意其失效期。

表 5-1-2　　　　　　　　　安全设备及标准

安全设备名称	标　准
安全带	EN 361—2002
机械安全锁扣	EN 355—2002
锁扣导轨	EN 353-1—2005
连接（绳子、吊钩）	EN 354—2002
安全帽	EN 397—2001

（2）安全帽、安全带的佩戴方法如图 5-1-4 所示。

（3）安全扣、安全绳的佩戴方法如图 5-1-5 所示。

图 5-1-4　安全帽、安全带　　　　图 5-1-5　安全扣、安全绳

（七）电气安全

（1）为了保证人员和设备的安全，只有经培训合格的电气工程师或经授权人员才允许对电气设备进行安装、检查、测试和维修。

（2）安装调试过程中不允许带电作业，在工作之前，断开箱变低压侧的断路器，并挂上警告牌。

（3）如果必须带电工作，只能使用绝缘工具，而且要将裸露的导线做绝缘处理。应注意用电安全，防止触电。

（4）现场需保证有两个以上的工作人员，工作人员进行带电工作时必须正确使用绝缘手套、橡胶垫和绝缘鞋等安全防护措施。

（5）对超过 1000V 的高压设备进行操作，必须按照工作票制度进行。

（6）对低于1000V的低压设备进行操作时，应将控制设备的开关或保险断开，并由专人负责看管。如果需要带电测试，应确保设备绝缘和工作人员的安全防护。

（八）焊接、切割作业

（1）在安装现场进行焊接、切割等容易引起火灾的作业，应提前通知有关人员，做好与其他工作的协调。

（2）作业周围清除一切易燃易爆物品，或进行必要的防护隔离。

（3）确保灭火器有效，并放置在随手可及之处。

（九）登机

（1）只能在停机和安全的时候才能登机作业。

（2）使用安全装备前，要确认所有的东西都是完好的。在爬风电机组前要检查防滑锁扣轨道是否完好。穿戴好安全装备并检查，不要低估爬风机的体力消耗。允许攀爬的前提条件是：①身体健康；②没有心血管疾病；③没有使用药物或醉酒。

（3）一次只允许一个人攀爬塔架。到达平台的时候将平台盖板打开，继续往上爬时要把盖板盖上。只有当平台盖板盖上后，第二个人才能开始攀爬，因为这样，可以防止下面的人被上面掉落的东西砸伤。

（4）攀爬的时候，手上不能拿东西。小的东西可以放在耐磨的袋子里背上去，并应防止袋中物品坠落。爬到塔架顶的时候，在解开安全锁扣前必须先与安全绳的附件可靠连接好。没有垂落危险时，至少保留一根安全绳可靠地固定在一个安全的地方。进入机舱时，把上平台的盖板盖好，防止发生坠物的危险。

（十）防火

1. 防火措施

严禁在工作区内吸烟；所有的包装材料、纸张和易燃物质必须在离开工作区的时候全部带走；为了保证在紧急情况时实现快速救护，必须保证到现场的道路畅通，而且保证道路可以通行车辆。

2. 应对火灾措施

发现着火应立即使用灭火器进行扑救，若火势加大，控制难度加剧，所有人员必须远离危险区，及时拨打"119"火警电话，讲明着火地点、着火部位、火势大小、外界环境风速、报警人姓名、手机号，并派人在路口迎接，以便消防人员及时赶到。

三、准备工作

（一）现场条件

1. 道路

通往安装现场的道路要平整，路面须适合运输卡车、拖车和吊车的移动和停靠。松软的土地上应铺设厚木板/钢板等，防止车辆下陷。

2. 基础

风机基础施工完毕，安装前混凝土基础应有足够的养护期，一般需要28d以上的养护期，且各项技术指标均合格（如水平度等）。

（二）技术交流

（1）安装前期，建设、监理、施工、制造单位四方应召开技术交流会。确定各方职责、根据天气状况确定安装计划、供货进度，讨论并确定安装方案，明确安装过程使用设备、工具的提供者，形成会议纪要。

（2）安装前一周，四方再次召开技术交流会，通报工作进度（包括物资交接情况、问题等），再次确认安装计划、安装方案、现场布置、设备及工具、各方参加安装人员职责、现场管理约定。

（三）安装用具

1. 吊装设备

全面检查吊装设备的完好性，并保养。

2. 吊装工具

根据《吊装工具清单》、工装总成图，检查工装的齐全性、完好性，将工装用的标准件安装到工装上后进行发运（塔架吊装工装标准件可借用塔架安装螺栓）。

3. 标准件

根据《安装零部件清单》进行分包装（M16 以下螺栓最好将配套的平垫、螺母配套后包装）、贴标签（规格、数量、使用处），总包装箱上亦应贴标签（列出箱内标准件规格、数量、使用处）。注意核查标准件的强度等级。

4. 工具

根据《工具清单》准备工具，检查工具的齐全性（注意小配件）、完好性、配套性（如套筒方孔与扳手方头）、符合性（特别是薄壁套筒的壁厚，如塔架用套筒）。专用或特殊用途工具发运前应试用，特别注意将专用工具的使用说明书、换算表复印件放在工具箱内。

5. 消耗品

根据《消耗品清单》准备消耗品。

安装用具的交接工作在安装前三天进行。

（四）主要零部件

在安装前，应对所有的设备进行检查，到货产品应为出厂/验收合格的产品。核对货物的装箱单及安装工具清单，如果发现异常情况，立即报告主管人员，及时与供货商进行联系，决定处理措施。

1. 基础环

（1）清除基础环内土、石等杂物，清洁法兰，工具见表 5－1－3。

表 5－1－3　　　　　　　　　　安装用零部件、工具

序　号	名称/规格	数　量	备　注
1	铁铲	2 把	
2	大布	0.5m	

（2）对接标记。基础环法兰和塔架底法兰外侧面均有一个堆焊形明显标记，表明与塔架底法兰的对接位置（一般这个标记对应塔架门的方向）。

（3）水平度检查。用水平仪和标尺检查相隔120°的三个方向上（其中一个方向对应法兰对接标记）基础法兰面是否水平。测量点位于法兰中环，每个方向最少测量两次，最大水平误差平均不超过2mm（图5-1-6），该项工作应在基础验收时进行，工具见表5-1-4。

表5-1-4　　　　　　　　　　　　　安装用零部件、工具

序　号	名称/规格	数　量	备　注
1	数显水平尺	1把	

（4）检查基础环防腐层是否有损伤。

（5）确定电抗器支架的定位尺寸（图5-1-7），并用红色油漆标识定位点，工具见表5-1-5。

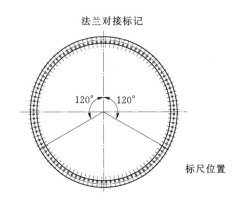

图5-1-6　基础法兰面　　　　　　　图5-1-7　电抗器支架的定位尺寸（单位：mm）

表5-1-5　　　　　　　　　　　　　安装用零部件、工具

序　号	名称/规格	数　量	备　注
1	石笔	1支	
2	油漆（红色）	100g	
3	细绳（φ2）	2m	
4	铅锤	1个	
5	钢板尺（1.5m）	1把	
6	卷尺（5m）	1把	

2. 塔架

（1）检查。

1）到货检验。随机文件、外观（防腐、塔筒两端用防雨布封堵、法兰用米字支撑固定），零部件、随机件齐全、完好。

2）检查塔架下法兰与基础环的对接标记，各段对接标识。

3）检查塔筒是否变形。分别测量法兰面两个相互垂直方向的直径，$D_{max} - D_{min} \leqslant 3mm$。

4）检查各段塔筒梯子的伸、缩量，核算下段梯子与下平台及各段间是否干涉，所用工具见表5-1-6。

表5-1-6　检查塔架所用工具

序　号	名称/规格	数　量	备　注
1	卷尺（5m）	1把	
2	方木（50×50，长2m）	1根	

图5-1-8　使用吊带搬运塔架图示

5）检查各段平台、梯子和其他附件的螺栓紧固，清理杂物，避免吊装时异物落下伤人。

（2）卸货。使用吊带进行搬运，避免损坏塔架防腐层，如图5-1-8所示，工具见表5-1-7。

（3）摆放。

1）塔筒应放置在基础环附近，注意各段摆放次序、间距及上法兰方向（图5-1-9），工具见表5-1-8。

2）用枕木垫在塔架法兰处，使塔架水平放置。在支撑处用三角木打"堰"，防止塔架滚动，如图5-1-10所示，工具见表5-1-9。

表5-1-7　搬运塔架所用工具

序　号	名称/规格	数　量	备　注
1	扁平吊带（25t，15m）	2根	

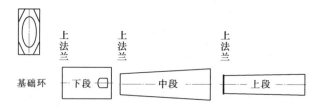

图5-1-9　塔筒摆放图示

表5-1-8　摆放塔筒所用工具

序　号	名称/规格	数　量	备　注
1	扁平吊带（25t，15m）	2根	

表5-1-9　摆放塔架所用工具

序　号	名称/规格	数　量	备　注
1	枕木	适量	

3）安装前三天应对筒体进行清洗，清洁筒体内部，必要时进行补漆，工具见表 5－1－10。

3. 电抗器支架、电控柜

（1）检查。到货时应检验其外观，零部件、随机件应齐全、完好。

（2）卸货。用吊带卸货，所用工具见表 5－1－11。

（3）摆放。

1）放在基础环附近，注意塔架门的方向，摆放应便于安装。

图 5－1－10 "堰"示例

2）电控柜应摆放平稳，若到货当日不安装，必须进行固定，避免倒塌。

3）注意防护，避免风沙、雨、雪对电器元件的侵蚀。

表 5－1－10　　　　　　　　清洗塔筒及补漆所用工具

序　　号	名称/规格	数　　量	备　　注
1	大布	2m	
2	拖把	2把	
3	洗洁精	适量	
4	水桶	1只	
5	油漆（白色）	适量	
6	毛刷	2把	
7	稀释剂	适量	
8	枕木	适量	
9	双侧梯子（承载大于150kg，长度4m）	1副	

表 5－1－11　　　　　　　电抗器支架、电控柜卸货所用工具

序　　号	名称/规格	数　　量	备　　注
1	扁平吊带（10t，12m）	2根	
2	梯子（承载大于150kg，长度4m）	1副	
3	钢丝钳	1把	拆包装
4	撬杠	1根	拆包装
5	导向绳（φ20，30m）	2根	固定用

4. 机舱

（1）检查。到货时应检验其外观，零部件、随机件应齐全、完好。

（2）卸货。机舱卸货如图 5－1－11 所示，所用工具见表 5－1－12。用机舱吊装吊具将机舱连同运输支架一起卸吊，并卸下两片舱底护罩。

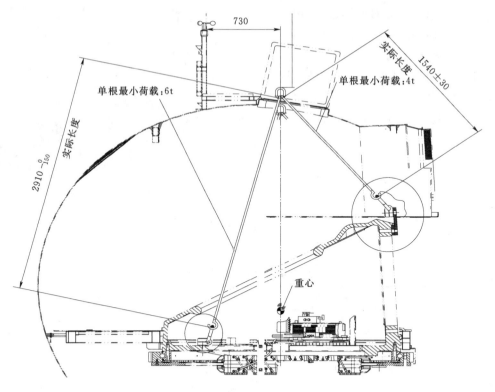

图 5 - 1 - 11 机舱卸货图示（单位：mm）

表 5 - 1 - 12 机舱卸货所用工具

序 号	名称/规格	数 量	备 注
1	机舱吊装吊具	1 套	JF1500.82.004

图 5 - 1 - 12 机舱摆放图示

（3）摆放（图 5 - 1 - 12）。

1）放置时机舱口（带毛刷）应偏离主风向，并保持运输支架水平。

2）存放时使用专用篷布防护。

5. 发电机

（1）检查。

1）到货时应检验其外观，零部件、随机件应齐全、完好。

2）检查发电机被完全锁定。

（2）卸货。发电机卸货所用工具见表 5 - 1 - 13。用发电机专用吊具连同运输支架一起卸吊。

（3）摆放。

1）发电机运输到现场时应水平摆放在机舱附近，但不能影响机舱的吊装。

2）存放时使用专用篷布防护。

表 5-1-13　　　　　　　　　　机 舱 卸 货 所 用 工 具

序　号	名称/规格	数　量	备　注
1	发电机吊具	1套	IF1500.83.021A
2	导向绳（φ20，10m）	1根	

6. 轮毂变桨系统总成

（1）检查。

1）到货时应检验其外观，零部件、随机件应齐全、完好。

2）为避免导流罩与发电机干涉，检查轮毂安装面到导流罩下端尺寸，见图 5-1-13，工具见表 5-1-14。

3）检查变桨轴承与导流罩毛刷孔的同心度，钢板尺紧贴变桨轴承端面，应不与导流罩毛刷孔干涉（出厂要求不同心度小于 10mm），如图 5-1-14、图 5-1-15 所示，所用工具见表 5-1-15。

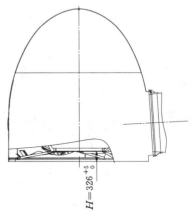

图 5-1-13　轮毂安装面到导流罩下端尺寸图示

表 5-1-14　　　　　　　　　　安装用零部件、工具

序　号	名称/规格	数　量	备　注
1	卷尺（5m）	1把	
2	方木（50×50，长2m）	1根	

图 5-1-14　钢板尺紧贴变桨轴承端面图示

图 5-1-15　量同心度图示

表 5-1-15　　　　　　　　　　安装用零部件、工具

序　号	名称/规格	数　量	备　注
1	卷尺（5m）	1把	
2	钢板尺（1.5m）	1把	

（2）卸货。采用轮毂吊具吊卸，所用工具见表5-1-16。

表5-1-16 安装用零部件、工具

序 号	名称/规格	数 量	备 注
1	吊具	3套	
2	U形卸扣（9.5t）	3只	
3	吊带（6t）	3根	

图5-1-16 在运输支架下垫枕木图示

（3）摆放。

1）按预先制定的现场布置方案，将轮毂卸到方便叶轮组对的位置。注意不能影响机舱和发电机的吊装。

2）在运输支架下垫两层枕木，便于叶轮组对（变桨，叶片-90°，"刀刃"向上），如图5-1-16所示，工具见表5-1-17。

7. 叶片

（1）检查。

1）到货时应检验其随机文件、外观、零部件应齐全、完好。

表5-1-17 安装用零部件、工具

序 号	名称/规格	数 量	备 注
1	枕木	适量	厚度大于250mm

图5-1-17 叶片卸货图示

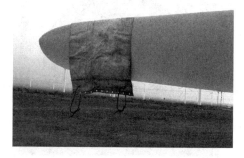

图5-1-18 帆布袋图示

2）检查所有叶片表面是否有划痕或损伤，如果发现叶片上出现裂纹或损伤，必须由专业人员在吊装前一天完成修复。

（2）卸货。

1）在叶片的后缘部位安放叶片护具，吊带安装在叶片制造商规定的起吊位置处，采用扁平吊带吊卸叶片，如图5-1-17所示，工具见表5-1-18。

2）起吊前，在叶片的叶根和叶片主体靠近端面处适当位置通过帆布袋固定导向绳，在起吊过程中，设专人拉住导向绳，控制叶片移动。帆布袋如图 5-1-18 所示，所用工具见表 5-1-19。

表 5-1-18　　　　　　　　　　　安装用零部件、工具

序　　号	名称/规格	数　　量	备　　注
1	扁平吊带	2块	
2	吊带 10t，12m，宽度不小于 120	1根	
3	后缘护具	1件	

表 5-1-19　　　　　　　　　　　安装用零部件、工具

序　　号	名称/规格	数　　量	备　　注
1	帆布袋	1件	
2	导向绳（ϕ20，10m）	1根	

（3）摆放。

1）叶片摆放在预先指定的地方，不能影响塔架、机舱、发电机的吊装。

2）为防止叶片倾翻，摆放时应注意现场近期内的主风向，叶片顺风放置，且叶片根部呈迎风（主风向）状态。叶尖处用钢钎斜拉至地面，防止叶片随意摆动。

3）放置地势一定要选择较平坦的地方，若出现凸凹不平，则需要进行回填或是开挖。如果场地呈一定程度的坡度，且坡度方向与主风向一致，则顺风放。如果坡度方向与主风向不一致，让叶片的放置方向在风向和坡度方向上稍受力，以此来使叶片放置稳固。

4）叶尖部位保护支架与叶片接触部位应放置适当的保护材料（如软橡胶垫、纤维毯等）进行必要的保护，避免叶片损坏。

5）存放时要保证叶片法兰口的封闭，防止叶片内进入砂石等杂物。叶片摆放如图 5-1-19 所示，所用工具见表 5-1-20。

图 5-1-19　叶片摆放图示

表 5 - 1 - 20　　　　　　　　摆 放 叶 片 所 用 工 具

序　号	名称/规格	数　量	备　　注
1	铁铲	2 把	
2	活扳手（300×34）	2 把	
3	扁平吊带（10t，12m）	1 根	吊带宽度不小于 120mm
4	帆布袋	1 件	
5	导向绳（ϕ20，10m）	1 根	

任 务 回 顾 与 思 考

1. 风电机组现场吊装前的准备工作有哪些？
2. 试述风电机组现场吊装的安全规范。
3. 试述风电机组各主要部件的现场摆放。
4. 试述现场吊装的电气安全要求。

任务二　风力发电机组主要部件的现场吊装

学习目标：

1. 熟悉机组各组成部件的吊装工艺过程。
2. 熟悉吊装过程所需的零部件和工器具。
3. 握塔架的吊装方法和步骤，并能正确使用相应吊装工器具。
4. 按照工艺要求，正确吊装机组的各组成部件。

风电机组的现场吊装按照其主要组成部分为电控柜、塔架、机舱、发电机、叶轮和其他零部件等几大过程来进行，要了解各部件的结构特点，熟悉吊装工艺过程中所需的零部件和工器具，按照工艺要求和操作规程进行吊装，确保机组的可靠运行。

一、电抗器及其支架、电控柜安装

（一）电抗器及其支架

（1）将调节螺栓安装到支架下部地脚钢板上［图 5 - 2 - 1（a）］。

（2）支架下部吊入基础环内，正面与塔架门方向一致，并将 4 个调节螺栓落在定位标记的位置上［图 5 - 2 - 1（b）］，所用工具见表 5 - 2 - 1。

（3）将电抗器及其支架（支架上部）落在支架下部上，用螺栓紧固支架上部和下部。使用吊线测量支架组件的边缘位置，不能妨碍塔架下段的吊装，并调节螺栓高度使支架上部电控柜安装面水平，所用工具见表 5 - 2 - 2。

| (a) 步骤 1 | (b) 步骤 2 |

图 5-2-1 电抗器及其支架安装

表 5-2-1 安装电抗器及其支架所用工具（一）

序　号	名称/规格	数　量	备　注
1	电抗器支架下部	1 套	
2	调节螺栓 M20×140	4 个	
3	螺母 M20	8 个	
4	开口扳手（30）	1 把	
5	活扳手（300×34）	2 把	
6	吊带（10t，12m）	2 根	

表 5-2-2 安装电抗器及其支架所用工具（二）

序　号	名称/规格	数　量	备　注
1	电抗器支架上部	1 套	
2	螺栓 M16×70	8 个	
3	螺母 M16	8 个	
4	垫圈 φ16	16 个	
5	撬杠	2 根	
6	开口扳手（24）	2 把	
7	活扳手（300×34）	1 把	
8	吊带（10t，12m）	2 根	

（二）电控柜吊装及其通风

电控柜吊装及其通风所用工具见表 5-2-3。

（1）电控柜正面与塔架门方向一致，用吊带把电控柜吊至电抗器支架上部平面上。

（2）用导向绳固定电控柜，塔架下段吊装完成后，方可拆掉导向绳。

（3）用吊带把通风系统吊至电控柜上，取下电控柜顶板相应螺栓，并固定通风系统。

（4）电控柜及其电抗器整体应用防雨布遮盖防止雨水或其他污物侵蚀电器元件。

表 5-2-3　　　　　　　　　　　安装电控柜及其通风安装工具

序号	名称/规格	数　量	备　注
1	电控柜	1 套	
2	通风系统	1 套	
3	梯子（4m）	2 副	
4	开口扳手（19）	2 把	
5	活扳手（200×24）	2 把	
6	吊带（10t，12m）	2 根	
7	导向绳（ϕ20，30m）	4 根	

二、塔架吊装

（一）塔架下段

1. 准备

（1）清洁基础环、塔架下段各法兰表面，在基础环法兰面安装孔外部一圈呈 S 形涂抹玻璃胶，如图 5-2-2（a）所示，所用工具见表 5-2-4。

（2）将连接螺栓涂抹 MoS_2 后摆放在相应安装孔附近，配套用双垫片、螺母也应作对应摆放，如图 5-2-2（b）所示，所用工具见表 5-2-4。

（3）把下平台横支撑、下段安装用工具、塔底散热风扇支架、风筒、轴流风扇放在基础环内，如图 5-2-2（c）所示，所用工具见表 5-2-4。

（a）步骤 1　　　　　　（b）步骤 2　　　　　　（c）步骤 3　　　　　　（d）步骤 4

图 5-2-2　塔架下段准备

表 5-2-4　　　　　　　塔架下段吊装准备时所需零部件、工具

序　　号	名称/规格	数　量	备　注
1	塔架下段	1 套	
2	螺栓 M36×215	132 个	
3	螺母 M36	132 个	
4	垫圈 ϕ36	264 个	
5	风扇支架	1 件	
6	风筒	1 件	
7	轴流风扇	1 套	
8	大布	1m	
9	玻璃胶	2 瓶	
10	胶枪	1 把	
11	MoS_2	适量	
12	毛刷	2 把	

（4）在梯子上绑好辅助安全绳。将中段法兰连接螺栓、螺母、垫片，电动扳手及电缆放在下段上平台上，固定好［图5-2-2（d）］，安装用零部件、工具见表5-2-5。

表5-2-5　　　　　　　　　　安装用零部件、工具

序　号	名称/规格	数　量	备　注
1	螺栓 M36×215	96个	
2	螺母 M36	96个	
3	垫圈 φ36	192个	
4	大布	0.5m	
5	电动扳手	1套	
6	套筒（55，外径φ74）	1个	
7	电缆（含插座）	1套	

（5）安装吊具。安装塔架吊梁到塔架下段上法兰上，安装辅助吊耳到下法兰上，注意辅助吊耳与吊梁成90°，下段下法兰吊耳口在塔壁侧（图5-2-3和图5-2-4），安装吊具所用工具见表5-2-6。

（6）下法兰上绑三根导向绳（均布）。

表5-2-6　　　　　　　　　　安装吊具所用工具

序　号	名称/规格	数　量	备　注
1	下段下法兰吊具	1套	JF1500.85.005D-1
2	下段上法兰吊具	1套	JF1500.85.011D
3	导向绳（φ20，10m）	3根	
4	导向绳（φ20，30m）	1根	

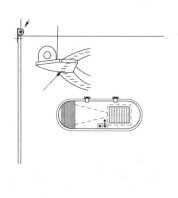

（a）原理图　　　　　　　　　　（b）现场图

图5-2-3　下法兰吊耳的安装方式

2．吊装

（1）吊车缓缓提起下段塔架，下段完全成竖直状态后，拆下下段下法兰吊耳，所用工具见表5-2-7。

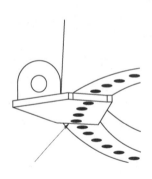

(a) 原理图　　　　　　　　　　　(b) 现场图

图 5-2-4　上法兰吊具的安装方式

表 5-2-7　　　　　　　　　　吊装塔架下段所用工具（一）

序　号	名称/规格	数　量	备　注
1	活扳手（450×55）	1 把	

（2）移动塔筒使下法兰高于电控柜上方 100mm 处，然后逐渐下落，注意调整塔筒位置，使其准确套入电控柜外（须特别注意塔筒移动时不能碰撞电控柜），继续缓慢下落至基础环上方 10mm 处，如图 5-2-5 所示。

(a) 步骤 1　　　　　　　　　　　(b) 步骤 2

图 5-2-5　塔筒移动

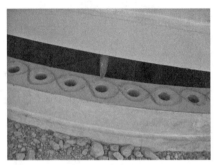

(a) 步骤 1　　　　　　　　　　　(b) 步骤 2

图 5-2-6　调整塔门朝向

（3）调整相互位置，注意对准法兰标记位置，确保塔架门的朝向正确，如图 5-2-6 所示。

（4）对称装上几个螺栓，放下筒体，装上所有螺栓，并用电动扳手预紧，如图 5-2-7 所示。

（5）松开上法兰吊具螺栓，组合成套后吊车将其吊至地面。

（6）调整好液压扳手的力矩，对角线方向紧固下法兰螺栓。螺栓力矩分三次打 1400N·m、2100N·m、2800N·m。所用工具见表 5-2-8。

图 5-2-7　装螺栓

表 5-2-8　　　　　　　　　吊装塔架下段所用工具（二）

序　号	名称/规格	数　量	备　注
1	活扳手（450×55）	1把	
2	电动扳手	1套	
3	液压扳手	1套	
4	套筒（55，外径 ϕ74）	1个	

3. 安装下平台

调整支架位置，拼装下平台，如图 5-2-8 所示，所用工具见表 5-2-9。

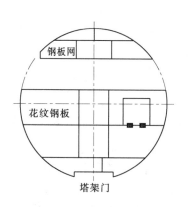

图 5-2-8　下平台安装

图 5-2-9　门梯子固定

表 5-2-9　　　　　　　　　安装下平台所用工具

序　号	名称/规格	数　量	备　注
1	撬杠	2根	
2	活扳手（200×24）	2把	

4. 门梯子固定

如图 5-2-9 所示，门梯子固定所用零部件、工具见表 5-2-10。

表 5-2-10　　　　　　　　　固定门梯所用工具

序　号	名称/规格	数　量	备　注
1	塔架入口梯子	1把	
2	螺栓 M16×25	2个	
3	螺母 M16	2个	
4	垫圈 $\phi16$	4个	
5	开口扳手（24）	1把	
6	活扳手（300×34）	1把	

用螺栓固定挂耳，调整梯子地脚高度，使梯子台阶面水平。

（二）塔架中段

1. 准备。所用工具见表 5-2-11。

表 5-2-11　　　　　　　　塔架中段安装的准备环节所用工具

序　号	名称/规格	数　量	备　注
1	塔架中段	1套	
2	螺栓 M36×215	76个	
3	螺母 M36	76个	
4	垫圈 $\phi36$	152个	
5	大布	1m	
6	玻璃胶	2瓶	
7	胶枪	1把	
8	MoS_2	适量	
9	毛刷	2把	
10	中段下法兰吊具	1套	JF1500.85.006D-1
11	中段上法兰吊具	1套	JF1500.85.003D
12	导向绳（$\phi20$，100m）	3根	
13	导向绳（$\phi20$，30m）	1根	

图 5-2-10　塔架中段吊具安装

（1）清洁塔架中段各法兰表面，在下段上法兰面安装孔外部一圈呈 S 形涂抹玻璃胶。

（2）将放在下段上平台上的连接螺栓涂抹 MoS_2 后摆放在相应安装孔附近，配套用双垫片、螺母也应作对应摆放。

（3）在梯子上绑好辅助安全绳。将上段法兰连接螺栓、螺母、垫片，电动扳手及电缆放在中段上平台上，固定好。

（4）安装吊具时根据中段上法兰孔中心距选择吊梁合适位置，安装塔架吊梁到塔架中段上法兰上，安装辅助吊耳到下法兰上，注意辅助吊耳与吊梁成90°，中段下法兰吊耳口在塔壁侧（图5-2-10）。

（5）下法兰上绑三根导向绳（均布）。

2. 吊装

（1）吊车缓缓提起中段塔架，中段完全成竖直状态后，拆下中段下法兰吊耳。如图5-2-11（a）～（c）所示，所用工具见表5-2-12。

（a）步骤1

（b）步骤2

（c）步骤3

（d）步骤4

（e）步骤5

图5-2-11　塔架中段吊装

表5-2-12　　　　　　　　　　吊装塔架中段所用工具

序　号	名称/规格	数　量	备　注
1	活扳手（450×55）	1把	

（2）移动至高于下段上法兰上方10mm处，如图5-2-11（d）、（e）所示。

（3）调整相互位置，注意对准法兰标记位置。

（4）对称装上几个螺栓，放下筒体，装上所有螺栓，并用电动扳手预紧。

（5）松开上法兰吊具螺栓，组合后吊车将其吊至地面。

（6）调整好液压扳手的力矩，对角线方向紧固下法兰螺栓。

螺栓力矩分三次打1400N·m、2100N·m、2800N·m。所用工具见表5-2-13。

（三）塔架上段吊装

1. 准备。所用零部件、工具见表5-2-14

（1）清洁塔架上段各法兰表面，在上段上法兰面安装孔外部一圈呈S形涂抹玻璃胶。

表 5 - 2 - 13　　　　　　　吊装塔架中段后紧固下法兰螺栓所用工具

序　号	名称/规格	数　量	备　注
1	活扳手（450×55）	1 把	
2	电动扳手	1 套	
3	液压扳手	1 套	
4	套筒（55，外径 ϕ74）	1 个	

表 5 - 2 - 14　　　　　　　　　塔架上段安装所用工具

序号	名称/规格	数　量	备　注
1	塔架上段	1 套	
2	电缆 1×185	6 根	
3	大布	1m	
4	玻璃胶	2 瓶	
5	胶枪	1 把	
6	MoS_2	适量	
7	毛刷	2 把	
8	尼龙绳（ϕ20，30m）	1 根	
9	上段下法兰吊具	1 套	JF1500.85.007D - 1
10	上段上法兰吊具	1 套	JF1500.85.004D
11	导向绳（ϕ20，200m）	2 根	
12	尼龙绳（ϕ20，30m）	1 根	

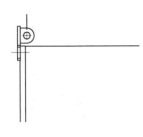

图 5 - 2 - 12　塔架上段
吊具安装

（2）将放在中段上平台上的连接螺栓涂抹 MoS_2 后摆放在相应安装孔附近，配套用双垫片、螺母也应作对应摆放。

（3）在梯子上绑好辅助安全绳。将塔架 6 根 185 动力电缆放在上段上平台上，固定好。

（4）安装吊具：安装塔架吊梁到塔架上段上法兰上，安装辅助吊耳到下法兰上，注意辅助吊耳与吊梁成 90°，上段下法兰吊耳口在塔壁侧，如图 5 - 2 - 12 所示。

2. 吊装

（1）两台吊车缓缓提起中段塔架，中段完全成竖直状态后，拆下中段下法兰吊耳，如图 5 - 2 - 13 所示，所用工具见表 5 - 2 - 15。

表 5 - 2 - 15　　　　　　　吊装塔架上段所用工具（一）

序　号	名称/规格	数　量	备　注
1	活扳手（450×55）	1 把	

（2）移动至高于下段上法兰上方10mm处。

（3）调整相互位置，注意对准法兰标记位置。

（4）对称装上几个螺栓，放下筒体，装上所有螺栓，并用电动扳手预紧。

（5）松开上法兰吊具螺栓，组合后吊车将其吊至地面。

（6）调整好液压扳手的力矩，对角线方向紧固下法兰螺栓。螺栓力矩分三次打1400N·m、2100N·m、2800N·m。所用工具见表5-2-16。

（a）步骤1　　　　　　　　　　　　　（b）步骤2

图5-2-13　塔架上段吊装

表5-2-16　　　　　　　　　　吊装塔架上段所用工具（二）

序　　号	名称/规格	数　　量	备　　注
1	活扳手（450×55）	1把	
2	电动扳手	1套	
3	液压扳手	1套	
4	套筒（55，外径φ74）	1个	

三、机舱组对与吊装

1. 测风支架的安装（图5-2-14，零部件、工具见表5-2-17）

安装测风支架必须是机舱在地面放置时进行，一人在天窗外协助机舱内人员安装测风支架，注意测风支架的方向，不要与吊带的使用出现干涉。

2. 机舱组对

（1）方案1：用主吊车起吊，装配舱底后，即刻吊装至塔架上。

拆除机舱与运输台车的螺栓，吊起机舱，将两片机舱底与机舱体用螺栓固定，结合部位外表面用密封

图5-2-14　测风支架的安装

胶密封处理，并安装吊物孔门，如图5-2-15所示，所用零部件、工具见表5-2-18。

表 5 - 2 - 17　　　　　　　　　　　安装测风支架所用工具

序　号	名称/规格	数　量	备　注
1	机舱	1个	
2	测风支架	1套	
3	螺栓 M10×45	4个	
4	垫圈 φ10	4个	
5	活扳手（200×24）	1把	

（a）步骤1　　　　　　　　　　　　　（b）步骤2

图 5 - 2 - 15　安装吊物孔门

表 5 - 2 - 18　　　　　　　　　　　机舱组对方案 1 所用工具

序　号	名称/规格	数　量	备　注
1	左舱底	1个	
2	右舱底	1个	
3	吊物孔门	1扇	
4	螺栓 M10×50	42个	
5	螺母 M10	42个	
6	垫圈 10	84个	
7	螺栓 M10×40	15个	
8	螺母 M10	15个	
9	垫圈 10	30个	
10	聚氨酯密封胶 AM - 120C	2瓶	
11	胶枪	1把	
12	开口扳手（17）	2把	
13	活扳手（200×24）	1把	
14	活扳手（450×55）	2把	

　　方案 2：用辅助吊车将机舱从运输支架上拆卸后安装至安装支架上，装配舱底。换主

吊车吊装至塔架上。

拆除机舱与运输台车的螺栓，吊起机舱至安装支架上并紧固，将两片机舱底与机舱体用螺栓固定，结合部位外表面用密封胶密封处理，所用工具见表5-2-19。安装吊物孔门。

表5-2-19　　　　　　　　　安装用零部件、工具

序　号	名称/规格	数　量	备　注
1	机舱现场组装支架	1套	JF1500.82.009A

（2）将偏航轴承与塔架连接的螺栓、垫片，电缆、机舱偏航处毛刷，底座与发电机定轴、轮毂与发电机动轴连接的标准件，电动扳手及手拉葫芦放在底座平台上，并固定好，所用零部件、工具见表5-2-20。

表5-2-20　　　　　　　　机舱组对固定零部件所用工具

序　号	名称/规格	数　量	备　注
1	螺栓 M30×290	76个	
2	垫圈 $\phi30$	76个	
3	螺栓 M36×300	48个	
4	螺母 M36	48个	
5	垫圈 $\phi36$	48个	
6	螺栓 M36×220	48个	
7	垫圈 $\phi36$	48个	
8	电缆（1×185）	6卷	
9	毛刷（偏航处）	2把	
10	手拉葫芦（5t）	2只	

3. 清洁

清洁底座与发电机连接法兰、偏航轴承与塔架连接面，所用工具见表5-2-21。

表5-2-21　　　　　　清洁法兰等与塔架连接面所用工具

序　号	名称/规格	数　量	备　注
1	大布	0.5m	

4. 吊装

起吊机舱至塔架上法兰面高约100mm，用3根导正棒从塔架上法兰螺孔处插入机舱偏航轴承螺孔，注意不能太深，不能伤到螺纹，导正后慢慢放下机舱，法兰间距约20mm时停止，插入塔架与机舱连接螺栓，指挥吊车放下机舱，用电动扳手旋紧螺栓后，用液压力矩扳手按对角方向分3次力矩（820N·m、1230N·m、1640N·m）上紧螺栓，如图5-2-16所示，所用工具见表5-2-22。

（a）步骤1

（b）步骤2

（c）步骤3

图 5-2-16 机舱吊装

表 5-2-22 机舱组对上螺栓所用工具

序　号	名称/规格	数　量	备　注
1	导正棒	3根	JF1500.85.158
2	开口扳手（46）	2把	
3	电动扳手	1套	
4	液压扳手	1套	
5	套筒（46）	2个	

四、发电机的吊装

1. 准备

（1）吊具的安装。

1）首先安装发电机翻身吊具用于发电机翻转，注意：翻身吊具与横梁成90°，如图5-2-17所示，所用零部件、工具见表5-2-23。

图 5-2-17 发电机吊具安装（一）　　图 5-2-18 安装发电机吊具所用工具（二）

2）安装发电机吊装工装，如图5-2-18所示，所用工具见表5-2-24。在发电机两侧吊耳处挂钢丝绳，单台吊车时使用扁担梁专用吊具。

表 5 - 2 - 23 安装发电机吊具所用工具 （一）

序 号	名称/规格	数 量	备 注
1	发电机	1台	
2	发电机翻身吊具	1套	JF1500.83.046
3	活扳手 （450×55）	1把	
4	U 形卸口 （25t）	1把	

表 5 - 2 - 24 安装发电机吊具所用工具 （二）

序 号	名称/规格	数 量	备 注
1	发电机吊具	1套	JF1500.83.021A
2	活扳手 （450×55）	1把	

3）在主吊具上安装手拉葫芦，另一端用吊带挂住动轴，并将此吊带用细钢丝绳绑到动轴法兰孔处（防止吊带滑落），注意防腐漆的防护。

（2）发电机翻身，如图 5 - 2 - 19 所示，所用工具见表 5 - 2 - 25。

1）用吊车将发电机吊到足够翻身的高度，在辅助吊车、手拉葫芦的配合下，将发电机翻转成图 5 - 2 - 19 所示状态。

（a）步骤1

（b）步骤2

图 5 - 2 - 19 发电机翻身

表 5 - 2 - 25 发电机翻身所用工具 （一）

序 号	名称/规格	数 量	备 注
1	手拉葫芦 （10t）	1只	

2）在翻身吊具上安装手拉葫芦，另一端通过钢丝绳挂主吊车吊钩上，如图 5 - 2 - 20 所示，所用工具见表 5 - 2 - 26。

(a) 步骤 1　　　　　　　　　　　　　　(b) 步骤 2

图 5-2-20　安装手拉葫芦

表 5-2-26　　　　　　　　　　　　发电机翻身所用工具（二）

序　号	名称/规格	数　量	备　注
1	手拉葫芦（10t）	1 只	
2	钢丝绳（φ20，2m）	1 根	

3）使用手拉葫芦调节发电机定轴法兰面与垂直方向的倾斜角为 3°（在定轴法兰上端挂一铅锤，法兰下端距离垂线 70mm），如图 5-2-21 所示，所用工具见表 5-2-27。

图 5-2-21　调节发电机定轴法兰面　　图 5-2-22　在定轴法兰螺孔上装导正棒

（3）其他准备。

1）在定轴法兰螺孔上等分安装三根导正棒，位置是：2 点、6 点（滑动门上部）、10点，如图 5-2-22 所示，所用工具见表 5-2-28。

表 5-2-27　　　　　　　　　　　发电机翻身所用工具（三）

序　号	名称/规格	数　量	备　注
1	铅锤	1个	
2	细绳（$\phi2$）	2m	
3	卷尺（5m）	1把	

表 5-2-28　　　　　　　　　在定轴法兰螺孔上装导正棒所用工具

序　号	名称/规格	数　量	备　注
1	导正棒	3根	JF1500.85.156

2）松开发电机拉门滑道的紧固螺栓，打开拉门，如图 5-2-23 所示，所用工具见表 5-2-29（注意：机组运行前须将螺栓紧固，关好拉门）。

3）用丙酮把发电机定轴法兰面、动轴法兰面清洗干净，注意法兰面不能有油，所用工具见表 5-2-30。

4）在发电机两侧吊装钢丝绳上各固定一根导向绳（导向、拆卸钢丝绳用），注意不要将导向绳固定在发电机吊耳上，所用工具见表 5-2-30。

2. 吊装

（1）吊起发电机，将发电机定轴法兰与机舱底座法兰面调整对齐，指挥吊车把发电机逐渐靠近机舱如图 5-2-24 所示。

图 5-2-23　打开拉门

表 5-2-29　　　　　　　　　　清洗法兰、固定导向绳所用工具

序　号	名称/规格	数　量	备　注
1	活扳手（300×34）	1把	

表 5-2-30　　　　　　　　　　清洗法兰、固定导向绳所用工具

序　号	名称/规格	数　量	备　注
1	丙酮	1瓶	
2	大布	0.5m	
3	导向绳（$\phi20$，200m）	2根	

（2）利用导正棒对准机舱底座法兰，用手动葫芦把发电机拉近，如图 5-2-25 所示，所用零部件、工具见表 5-2-31。装紧固件，双头螺栓长的一端不涂 MoS_2（将旋入定轴法兰），短的一端涂抹 MoS_2。

（a）步骤 1

（b）步骤 2

图 5-2-24 发电机吊装

图 5-2-25 拉近发电机

图 5-2-26 上紧螺栓

表 5-2-31　　　　　　　　发电机吊装所用零部件工具（一）

序　号	名称/规格	数　量	备　注
1	双头螺栓 M36×300	48 个	
2	螺母 M36	48 个	
3	垫圈 ϕ36	48 个	
4	MoS_2	适量	
5	毛刷	2 把	

（3）按对角方向用电动扳手紧固螺母，用液压力矩扳手分 3 次力矩（1400N・m、2100N・m、2800N・m）上紧螺栓，如图 5-2-26 所示，所用工具见表 5-2-32。

表 5-2-32　　　　　　　　安 装 所 用 工 具

序　号	名称/规格	数　量	备　注
1	活扳手（450×55）	2 把	
2	电动扳手	1 套	
3	液压扳手	1 套	
4	套筒（55）	1 个	

（4）安装完成后拆下发电机吊具，拆下发电机翻身吊具后，用堵头密封螺孔，工作人员通过天窗出入机舱。注意：离开机舱必须带全身安全带并将安全绳固定在机舱内可靠的位置，所用工具见表5-2-33。

表5-2-33　　　　　　　　　　拆下发电机吊具所用工具

序　号	名称/规格	数　量	备　注
1	活扳手（450×55）	1把	

（5）用两台吊车吊装发电机，如图5-2-27所示。

（a）步骤1　　　　　　　　　　　　（b）步骤2

图5-2-27　发电机吊装

五、叶轮的吊装

（一）吊装流程

叶轮的吊装流程如图5-2-28所示。

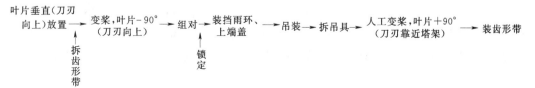

图5-2-28　叶轮的吊装流程

（二）准备

1. 清洁叶片

清洁叶片所用工具见表5-2-34。

表5-2-34　　　　　　　　　　清洁叶片所用工具

序　号	名称/规格	数　量	备　注
1	拖把	2把	
2	洗洁精	适量	
3	水桶	1个	

2. 摆放

在距叶根27m的叶片后缘处放置叶片护具、安装吊带（安装依据制造厂在叶片上粘贴的说明），在叶根支架、叶尖部位安装导向绳，注意叶片后缘的防护，所用工具见表5-2-35。

表5-2-35　　　　　　　　　摆放叶片所用工具

序　号	名称/规格	数　量	备　注
1	棉被	1床	
2	后缘护具	1件	JF1500.85.201
3	吊带（10t，12m）	1根	

根据现场位置将三只叶片（"刀刃"向上）围绕轮毂并对准轮毂安装孔成120°摆放，如图5-2-29所示，吊运过程注意不要让叶尖触地。

图5-2-29　叶片摆放

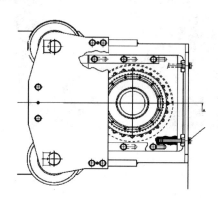

图5-2-30　拆齿形带图示

（三）叶轮安装

1. 变桨（叶片-90°，刀刃向上）

（1）拆齿形带。旋松变桨减速器调节滑板固定螺栓18-M16×90，旋松调节螺栓6-M16×120，拆下变桨齿形带一端的压板螺栓8-M10×60（共3处），拆下齿形带，将齿形带用绳子绑扎固定好，避免在叶轮吊装过程中和吊装完成后损伤齿形带，将齿形带压板重新固定好，如图5-2-30所示，所用工具见表5-2-36。

表5-2-36　　　　　　　　　拆齿形带所用工具

序　号	名称/规格	数　量	备　注
1	活动扳手（300×34）	1把	
2	开口扳手（24）	2把	
3	开口扳手（17）	2把	

（2）打开变桨锁，所用工具见表5-2-37。

表5-2-37　　　　　　　　　打开变桨锁所用工具

序　号	名称/规格	数　量	备　注
1	开口扳手（24）	2把	

（3）把吊带安装在变桨盘孔与辅助吊车吊钩上，通过辅助吊车拉吊带，旋转变桨盘到－90°位置。安装变桨锁定，锁住变桨盘。所用工具见表5-2-38。

表5-2-38　　　　　　　　安装变桨锁定所用工具

序　号	名称/规格	数　量	备　注
1	吊带（10t，12m）	1根	
2	开口扳手（24）	2把	

2. 叶片组对

（1）将双头螺栓旋入叶片法兰内，螺栓露出长度230mm，如图5-2-31所示，旋入叶片法兰部分螺纹不涂MoS_2，所用零部件、工具见表5-2-39。

（2）将需用的螺栓、垫圈、螺母、MoS_2放在轮毂内备用，所用零部件、工具见表5-2-40。

（3）用吊带兜住叶片，用吊车吊起叶片，拆除叶片法兰处工装。

（4）对正标记位置，进行组对。在双头螺栓螺纹部分涂MoS_2，变桨盘区域安装垫圈和螺母，变桨轴承处直接装螺母，不用垫圈。

图5-2-31　叶片组对

表5-2-39　　　　　　　　叶片组对所用零部件、工具（一）

序　号	名称/规格	数　量	备　注
1	双头螺栓 M30×550	3×52个	
2	开口（46）	2把	
3	管子钳（350）	1把	

表5-2-40　　　　　　　　叶片组对所用零部件、工具（二）

序　号	名称/规格	数　量	备　注
1	双头螺栓 M30×550	3×2个	
2	螺母 M30	3×54个	
3	垫圈 $\phi30$	3×32个	
4	MoS_2	适量	
5	毛刷	2把	

（5）用液压扳手（加长套筒），分三次力矩（820N·m、1230N·m、1640N·m）上紧螺栓，所用工具见表5-2-41。

（6）叶片组对完成。

（7）如叶轮组对完成后不立即吊装，需在现场放置，则须对叶片进行支撑，所用工具见表5-2-42。

表 5 - 2 - 41　　　　　　　　　　叶片组对所用工具（三）

序　号	名称/规格	数　量	备　注
1	活扳手（450×55）	2 把	
2	电动扳手	1 套	
3	液压扳手	1 套	
4	套筒（46）	1 个	

表 5 - 2 - 42　　　　　　　　　　支撑叶片所用工具

序　号	名称/规格	数　量	备　注
1	垂直支撑	3 套	
2	枕木	适量	

（8）按上述步骤组对第二片、第三片叶片。

（四）挡雨环的安装

（1）画线。清洁叶片根部，移动挡雨环使其紧贴毛刷，在沿着挡雨环边缘在叶片上画线，如图 5 - 2 - 32 所示，所用工具见表 5 - 2 - 43。

图 5 - 2 - 32　挡雨环安装位置　　　　　　图 5 - 2 - 33　挡雨环打胶

表 5 - 2 - 43　　　　　　　　　　画线用零部件、工具

序　号	名称/规格	数　量	备　注
1	挡雨环	3 套	
2	铅笔（2B）	1 支	

（2）打胶。在叶片上距所画线 25mm，打胶（10×0.2mm）一周，如图 5 - 2 - 33 所示，所用工具见表 5 - 2 - 44。

表 5 - 2 - 44　　　　　　　　　　打胶用零部件、工具

序　号	名称/规格	数　量	备　注
1	Plexus 结构胶 MA310	3 组	
2	胶枪	1 把	

（3）扳开开挡雨环，将其移至打胶上方，紧贴毛刷，向下压紧，用绳捆扎，让胶充分

固化，如图5-2-34、图5-2-35所示，所用工具见表5-2-45。

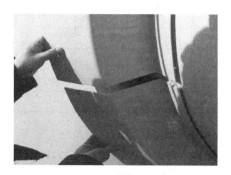

图5-2-34　挡雨环压紧

图5-2-35　挡雨环捆绑固定

表5-2-45　　　　　　　　　固定挡雨环用工具

序　　号	名称/规格	数　　量	备　　注
1	导向绳（φ20，30m）	3根	
2	平口螺丝刀（6×100）	1把	
3	活动扳手（200×24）	1把	

（4）安装挡雨环开口处连接板，如图5-2-36所示。边缘需倒角、打磨（防止吊装时磨损吊带），所有标准件上打胶，在挡雨环与叶片处（画线部位）打胶，所用零部件、工具见表5-2-46。

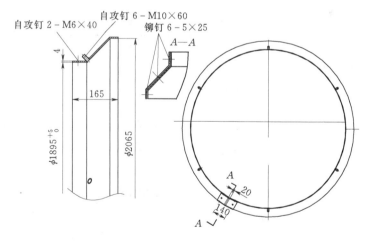

图5-2-36　挡雨环安装示意图（单位：mm）

表5-2-46　　　　　　　　　安装用零部件、工具

序　　号	名称/规格	数　　量	备　　注
1	内六角自攻螺钉M6×40	6个	
2	内六角自攻螺钉M10×60	18个	
3	铆钉5×25	18个	

续表

序　号	名称/规格	数　量	备　注
4	内六角扳手（4、6）	各1把	
5	聚氨酯密封胶 AM－120C	3瓶	
6	胶枪	1把	
7	磨光机	1个	

（五）导流罩上段盖安装

根据出厂对接标识，将上端盖吊至导流罩分体总成上，内部用螺栓连接，外部结合处用密封胶处理，如图5-2-37、图5-2-38所示，所用零部件、工具见表5-2-47。

图 5-2-37　导流罩吊装　　　　　图 5-2-38　导流罩和叶轮组对

表 5-2-47　　　　　　　　　　　安装所用零部件、工具

序　号	名称/规格	数　量	备　注
1	上段盖	1个	
2	螺栓 M10×40	36个	
3	螺母 M10	36个	
4	垫圈 φ10	72个	
5	胶	3组	
6	胶枪	1把	
7	梯子（4m）	1副	
8	开口扳手（17）	2把	
9	活动扳手（200×24）	2把	

（六）吊装

（1）在第3个叶片上安装叶片防具，护具如图5-2-39、图5-2-40所示，通过 U 形卸口、钢丝绳挂在辅助吊车吊钩上，所用工具见表5-2-48。

（2）在前2个叶片上安装吊带。在叶尖处通过帆布袋各固定一根导向绳，如图5-2-41所示，所用工具见表5-2-49。

图 5-2-39 U形卸口

图 5-2-40 装叶片防具

表 5-2-48　　　　　　　　　安 装 所 用 工 具

序　号	名称/规格	数　量	备　注
1	叶片防具	1套	JF1500.85.008/008A
2	活动扳手（300×34）	2把	
3	钢丝绳（φ20，4m）	2根	
4	U形卸扣（9.5t）	4只	

（3）起吊前须将发电机转速检测盘放在轮毂内并绑扎牢固，所用工具见表5-2-50。

（4）车同时起吊，主吊车慢慢向上，辅助吊车配合将叶轮由水平状态慢慢倾斜，并保证叶尖不能接触到地面。待垂直向下的叶尖完全离开地面后，辅助吊车脱钩，拆除叶片护具，由主吊车将叶轮起吊至轮毂高度。主吊车为一个的吊装如图 5-2-42（a）所示，主吊车为二个的吊装如图 5-2-42（b）所示。

（5）机舱中的安装人员通过对讲机与吊车保持联系，指挥吊车缓缓平移，轮毂法兰接近发电机动轴法兰时停止。

图 5-2-41 叶片吊装护具帆布袋

表 5-2-49　　　　　　　　　安 装 所 用 工 具

序　号	名称/规格	数　量	备　注
1	帆布袋	2件	
2	导向绳（φ20，200m）	2根	
3	扁平吊带（25t，15m）	2根	

表 5-2-50　　　　　　　　　安 装 所 用 工 具

序　号	名称/规格	数　量	备　注
1	转速检测盘	1台	

(a)

(b)

图 5 - 2 - 42 叶轮吊装

（6）使用 5t 以上手拉葫芦从人孔处把叶轮拉向发电机动轴法兰，拉动牵引绳配合吊车使轮毂变桨系统法兰面处于平行位置，旋下锁定销，把手轮顺时针旋转，一定要全部松开转子锁定装置，使用撬杠缓缓转动发电机以调整动轴法兰孔位置，螺栓涂 MoS_2 并旋入。注意保证 3 片叶片顺桨状态，所用零部件、工具见表 5 - 2 - 51。

表 5 - 2 - 51　　　　　　　　　　安装所用零部件、工具

序　号	名称/规格	数　量	备　注
1	手拉葫芦（5t）	2 只	
2	撬杠	2 根	
3	螺栓 M36×220	48 个	
4	垫圈 ϕ36	48	
5	MoS_2	适量	
6	毛刷	2 把	

（7）用电动扳手紧固后，用液压力矩扳手分三次力矩（1400N・m、2100N・m、2800N・m）上紧螺栓，所用工具见表 5 - 2 - 52。

表 5 - 2 - 52　　　　　　　安 装 所 用 工 具

序　号	名称/规格	数　量	备　注
1	电动扳手	1 套	
2	液压扳手	1 套	
3	套筒（55）	1 个	

（8）拆下吊带和导向绳。

（七）将叶片变桨为＋90°位置

将手拉葫芦一边挂在变桨盘孔上，另一边挂在变桨支架上，如图 5 - 2 - 43 所示。用吊葫芦拉变桨盘使变桨轴承旋转，旋转变桨盘到＋90°位置。安装变桨锁定，锁住变桨盘。

所用工具见表 5-2-53。

（八）装齿形带，测频率

（1）将齿形带穿过变桨驱动齿轮和两个张紧轮，松开变桨驱动支架上固定调节滑板的螺栓 18-M16×90，把调节滑板放到最低位置。

（2）将齿形带拉紧，将齿形带的另一端固定在变桨盘的另一端，用螺栓 24-M10×60 将外压板固定在内压板上，用锁紧螺母 M10 紧固。

（3）调节调节滑板上的 6-M16×120（自带）的调节螺栓，将齿形带拉紧。

图 5-2-43 叶片变桨示意图

表 5-2-53 安 装 所 用 工 具

序　号	名称/规格	数　量	备　注
1	手拉葫芦（1.6t）	2只	
2	吊带（3t，2m）	2根	

（4）用张力测量仪 WF-MT2 测量齿形带的振动频率。将 WF-MT2 传感器放置在张紧轮与变桨小齿轮之间的齿型带上面，用小木槌敲击齿形带，查看 WF-MT2 显示的振动值，如果小于 85Hz，调节调节滑板上面 2 个 M16×120 的螺栓，拉紧齿形带，然后再次测量齿形带的振动频率到 85~95Hz 之间；如果高于 95Hz，调节调节滑板上面 2 个 M16×120 的螺栓，放松齿形带，然后再次测量齿形带的振动频率到 85~95Hz 之间。

（5）紧固调节调节滑板上的 M16×120（自带）的调节螺栓。

（6）紧固变桨驱动支架上固定调节滑板的螺栓 18-M16×90，对称分 2 次紧固（120N·m、243N·m），所用工具见表 5-2-54。

表 5-2-54 安 装 所 用 工 具

序　号	名称/规格	数　量	备　注
1	活动扳手（300×34）	2把	
2	开口扳手（24）	2把	
3	力矩扳手（340N·m）	1把	

六、其他零部件安装

（一）电缆安装

（1）185 电缆（动力电缆、接地电缆）接线端子压接。所用零部件、工具见表 5-2-55。

1）按接线端子进线孔的长度，在电缆端头剥出相应长度的线芯。

2）端子进口部分应倒角，若无倒角，需用圆锉或刮刀修锉，使其形成一倒角。

3）涂导电膏，将线芯放至端子后，用压线钳（185 对 150）压接两道。

4）用绝缘胶带、色带处理端子处。

表 5-2-55　　　　　　　　　　压接所用零部件、工具

序　号	名称/规格	数　量	备　注
1	1×185 电缆（85m）	12 根	
2	1×185 电缆（1.1m）	9 根	
3	185 接线端子	18+24=42 个	
4	导电膏	适量	
5	PVC 绝缘带（红绿黄）	各 1m	
6	绝缘绕包带	7m	
7	J-10 自粘带（0.8×25×5）	1 盘	
8	热缩套（φ40）	3.2m	
9	热风枪	1 把	
10	半圆锉（250）	1 把	
11	电工刀	1 把	
12	压线钳（150、185 头）	1 把	

（2）电缆安装。所用零部件、工具见表 5-2-56。将 12 根 1×185 电缆分成两组一组 6 根，摆放在底座两侧的电缆托架上，分别接至发电机的两个出线柜内，并固定牢固。

表 5-2-56　　　　　　　　　　安装所用零部件、工具

序　号	名称/规格	数　量	备　注
1	接线端子（70，φ13）	20 个	
2	电工刀	1 把	
3	压线钳（70 头）	1 把	
4	J-10 自粘带（0.8×25×5）	2m	
5	DP 总线	1 卷	
6	通信网线	1 卷	
7	电缆夹板	18 套	
8	导电膏	适量	
9	绑扎带	适量	
10	热缩套（φ40）	3.2m	
11	热风枪	1 把	
12	半圆锉（250）	1 把	

（3）接发电机引出线，如图 5-2-44 所示。

（4）将 1 根 DP 总线，1 根通信网线，4 根控制电缆，固定后从底座电缆孔处由塔架上段引至塔架下电控柜内，注意电缆要从固定在塔架的电缆箍中穿过，用电缆夹板固定，如图 5-2-45～图 5-2-47 所示。

图 5-2-44　发电机引出线

图 5-2-45　电缆接线端的固定

图 5-2-46　电缆夹板的安装

图 5-2-47　电缆板扎带及护套安装

（5）在托架处将电缆作一个约 $2 \times 1.5 = 3$（m）的弯曲，用电缆夹板固定，如图 5-2-48、图 5-2-49 所示。

图 5-2-48　电缆托架

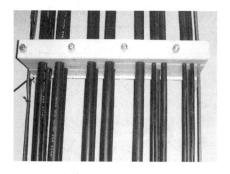

图 5-2-49　电缆夹板的固定

（6）连接塔架上段与中段、中段与下段、下段与基础环的接地线，如图 5-2-50 所示，所用零部件、工具见表 5-2-57。

图 5-2-50　塔筒间的接地线

表 5-2-57　　　连接所用零部件、工具

序号	名称/规格	数量	备注
1	1×185 电缆（1.1m）	9 根	
2	185 接线端子	18 个	
3	螺栓 M10×40	18 个	
4	螺母 M10	18 个	
5	垫圈 ϕ10	36 个	
6	开口扳手（17）	1 把	
7	活动扳手（200×24）	1 把	

（7）变压器电缆从基础环出线孔穿出，接入控制柜内，如图 5-2-51 所示。

图 5-2-51　变压器电缆引出

图 5-2-52　塔架灯

（二）装塔架灯

塔架灯如图 5-2-52 所示，所用零部件、工具见表 5-2-58。

表 5-2-58　　　　　　　　安装所用零部件、工具

序　　号	名称/规格	数　　量	备　　注
1	防爆灯	3 个	
2	螺栓 M8×35	6 个	
3	螺母 M8	6 个	
4	垫圈 8	12 个	
5	绑扎带（150）	适量	
6	J-10 自粘带（0.8×25×5）	2m	
7	开口扳手（13）	1 把	
8	活动扳手（200×24）	1 把	

（三）安装发电机转速检测盘

发电机转速检测盘如图 5-2-53 所示，所用零部件、工具见表 5-2-59。

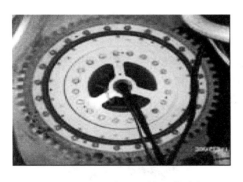

图 5-2-53 发电机转速检测盘

表 5-2-59 安装所用零部件、工具

序号	名称/规格	数量	备　注
1	转速检测盘	1个	JF1500.20.156
2	螺栓 M6×35	12个	
3	垫圈 φ6	12个	
4	活动扳手（200×24）	1把	

（四）安装滑环支架、转速传感器、滑环

滑环支架、转速传感器、滑环结构如图 5-2-54、图 5-2-55 所示，所用零部件、工具见表 5-2-60。

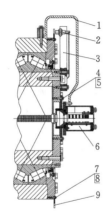

图 5-2-54 滑环支架、转速传感器、
滑环结构示意图
1—滑环支架；2—转速传感器；3—转速传感器支架；
4—螺栓 M8×50；5—垫圈 φ8；6—滑环；7—
螺栓 M6×35；8—垫圈 φ6；9—转速检测盘

图 5-2-55 转速传感器

表 5-2-60 安装所用零部件、工具

序　号	名称/规格	数　量	备　注
1	滑环支架	1个	JF1500.20.021
2	转速传感器	1个	
3	转速传感器支架	1个	JF1500.20.027
4	滑环	1个	
5	螺栓 M8×50	6个	
6	垫圈 φ8	6个	
7	螺栓 M12×70	2个	
8	垫圈 φ6	2个	
9	活动扳手（200×24）	1把	

（五）连接转子刹车到液压站管路

液压站及管路如图5-2-56、图5-2-57所示，连接所用零部件、工具见表5-2-61。

图5-2-56 液压站

图5-2-57 液压站管路

表5-2-61　　　　　　连接所用零部件、工具

序　号	名称/规格	数　量	备　注
1	开口扳手（22）	2把	
2	HYDAC液压管（6m）	1根	2SN10-11221-10109-11221-10-6000

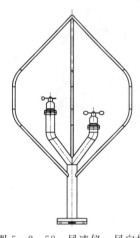

图5-2-58 风速仪、风向标
结构示意图

（六）风速仪、风向标的安装

风速仪、风向标结构如图5-2-58所示，所用零部件、工具见表5-2-62。

（七）机舱塔架孔处毛刷的安装

安装机舱塔架孔处毛刷，并对结合缝隙打胶，所用零部件、工具见表5-2-63。

（八）塔底散热风扇的安装

塔底散热风扇的安装如图5-2-59所示，所用零部件、工具见表5-2-64。

（九）螺栓紧固力矩

1. 塔架、机舱、发电机、轮毂间的紧固力矩

塔架、机舱、发电机、轮毂间的紧固力矩根据机组的型号确定。

表5-2-62　　　　　　安装所用零部件、工具

序　号	名称/规格	数　量	备　注
1	风速标	1套	
2	风向仪	1套	
3	护座	2件	
4	螺栓M8×20	4个	
5	活动扳手（200×24）	1把	

表 5-2-63　　　　　　　　　　安装所用零部件、工具

序　号	名称/规格	数　量	备　注
1	毛刷	4 片	
2	螺栓 M8×40	40 个	
3	螺母 M8	40 个	
4	垫圈 φ8	80 个	
5	活动扳手（200×24）	2 把	
6	聚氨酯密封胶 AM-120C	2 瓶	
7	胶枪	1 把	

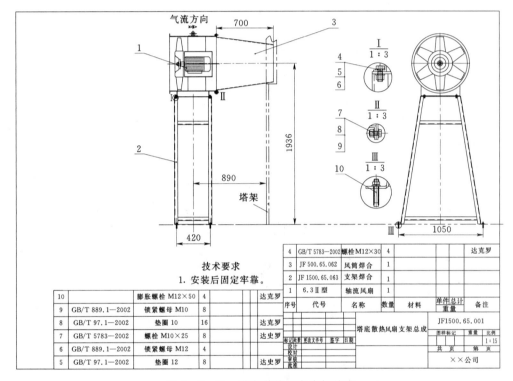

技术要求

1. 安装后固定牢靠。

10		膨胀螺栓 M12×50	4		达克罗
GB/T 889.1—2002	锁紧螺母 M10	8		
8	GB/T 97.1—2002	垫圈 10	16		达克罗
7	GB/T 5783—2002	螺栓 M10×25	8		达史罗
6	GB/T 889.1—2002	锁紧螺母 M12	4		
5	GB/T 97.1—2002	垫圈 12	8		达史罗

4	GB/T 5783—2002	螺栓 M12×30	4		达克罗
3	JF 500.65.062	风筒焊合	1		
2	JF 1500.65.063	支架焊合	1		
1	6.3 II 型	轴流风扇	1		
序号	代号	名称	数量	材料	单件总计 重量	备注

图 5-2-59　塔底散热风扇支架总成

表 5-2-64　　　　　　　　　　安装所用零部件、工具

序　号	名称/规格	数　量	备　注
1	轴流风扇	1 台	
2	支架	1 个	
3	风筒	1 个	
4	螺栓 M12×30	4 个	
5	螺母 M12	4 个	
6	垫圈 12	8 个	
7	螺栓 M10×25	8 个	
8	螺母 M10	8 个	
9	垫圈 10	16 个	
10	膨胀螺栓 M12×50	4 个	

2. 轮毂、叶片间的紧固力矩

轮毂、叶片间的紧固力矩如图 5-2-60 所示。

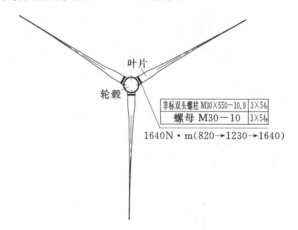

| 非标双头螺柱 M30×550—10.9 | 3×54 |
| 螺母 M30—10 | 3×54 |

1640N·m(820→1230→1640)

图 5-2-60　轮毂、叶片间的紧固力矩

3. 塔架的紧固力矩

塔架的紧固力矩如图 5-2-61 所示。

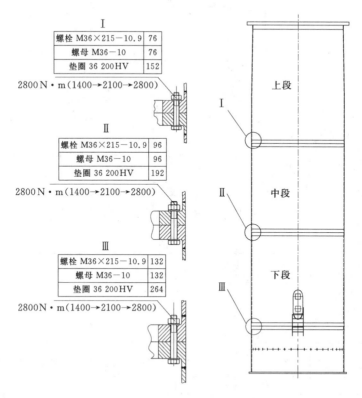

Ⅰ

螺栓 M36×215—10.9	76
螺母 M36—10	76
垫圈 36 200HV	152

2800N·m(1400→2100→2800)

Ⅱ

螺栓 M36×215—10.9	96
螺母 M36—10	96
垫圈 36 200HV	192

2800N·m(1400→2100→2800)

Ⅲ

螺栓 M36×215—10.9	132
螺母 M36—10	132
垫圈 36 200HV	264

2800N·m(1400→2100→2800)

图 5-2-61　塔架的紧固力矩
(注：对螺栓的配合面螺纹上涂抹二硫化钼润滑剂。)

（十）安装零部件清单

安装零部件清单见表5-2-65。

表 5-2-65　　　　　　　　安装零部件清单

总成	名称	数量	规格	说明	力矩/(N·m)
塔架 65m 三段	下段焊合	1套			
	中段焊合	1套			
	上段焊合	1套			
	入口梯子	1套			
	电缆夹板总成	18套		电缆夹板、标准件（制造厂配）	
	下平台总成	1套		盖板、横撑、标准件（制造厂配）	
	电控柜支架	1套		上部、下部	
	六角螺栓	76个	GB/T 5782—2000　M36×215-10.9	上段←→中段	2800
	六角螺母	76个	GB/T 6170—2000　M36-10		
	垫圈	152个	GB/T 97.1—85　36，200HV		
	六角螺栓	96个	GB/T 5782—2000　M36×215-10.9	中段←→下段	2800
	六角螺母	228个	GB/T 6170—2000　M36-10	中段←→下段(96)，下段←→底座(132)	
	垫圈	456个	GB/T 97.1—85　36，200HV		
	六角螺栓	132	GB/T 5782—2000　M36×215-10.9	下段←→底座	2800
	六角螺栓	2个	GB/T 5783—2000　M16×25-8.8	入口梯子上用	
	六角锁紧螺母	2个	GB/T 889.1—2000 M16		
	垫圈	4个	GB/T 97.1—85　16		
	六角螺栓	8个	GB/T 5782—2000　M16×70-8.8	电控柜支架（上部←→下部）	
	六角螺母	8个	GB/T 6170—2000　M16-8		
	垫圈	16个	GB/T 97.1—85　16		
	六角螺栓	4个	GB/T 5783—2000　M20×140-8.8	电控柜支架调整螺栓	
	六角螺母	8个	GB/T 6170—2000　M20-8		
	防爆灯	3个	200W	塔内灯连接	
	六角螺栓	6个	GB/T 5783—2000　M8×35-8.8		
	六角螺母	6个	GB/T 6170—2000　M8-8		
	垫圈	12个	GB/T 97.1—2002 8		

总成	名称	数量	规 格	说 明	力矩/(N·m)
	机舱	1 个	JF1500.51.001		
	左机舱底组件	1 套	JF1500.51.014		
	右机舱底组件	1 套	JF1500.51.015		
	底窗盖(吊物孔门)	1 个	JF1500.51.101	含标准件(制造厂配)	
	测风系统支架	1 套	JF1500.56.001		
	六角螺栓	4 个	GB/T 5783—2000 M10×45-8.8	测风支架←→机舱罩	
	垫圈	4 个	GB/T 97.1—2002 10		
	六角螺栓	42 个	GB/T 5783—2000 M10×50-8.8, 不锈钢 A4-70		
	六角锁紧螺母	42 个	GB/T 889.1—2000 M10-8, 不锈钢 A4-70 Ⅰ型		
机舱	垫圈	84 个	GB/T 96—2002 10, 不锈钢 A140	舱体←→舱底	
	六角螺栓	15 个	GB/T 5783—2000 M10×40-8.8, 不锈钢 A4-70		
	六角锁紧螺母	15 个	GB/T 889.1—2000 M10-8, 不锈钢 A4-70 Ⅰ型		
	垫圈	30 个	GB/T 96—2002 10, 不锈钢 A140		
	六角螺栓	40 个	GB/T 5783—2000 M8×40-8.8, 不锈钢		
	六角锁紧螺母	40 个	GB/T 889.1—2000 M8-8, 不锈钢	毛刷, 机舱罩←→塔架	
	垫圈	80 个	GB/T 97.1—2002 8, 不锈钢		
	六角螺栓	76 个	GB/T 5782—2000 M30×290-10.9	偏航刹车系统←→塔架	1640
	垫圈	76 个	GB/T 97.1—2002 30, 300HV		
	HYDAC 液压管	1 条	2SN10-11221-10109-11221-10-6000	转子刹车←→液压站, 长 6m	
	发电机总成	1 套			
	滑环支架总成	1 套	JF1500.20.021		
	滑环	1 个	15 通道, BGB	零部件及安装标准件为出厂随机件	
发电机	转速传感器支架	1 套	JF1500.20.027		
	转速检测盘	1 个	JF1500.20.156		
	双头螺栓	48 个	JF1500.20.153, M36×300-10.9		2800
	六角螺母	48 个	GB/T 6170—2000 M36-10	发电机定轴←→底座	
	垫圈	48 个	GB/T 97.1—200236 300HV		
	叶轮总成	1 个	JF1500.10.001		
	导流罩前端盖	3 个	JF1500.10.120		
叶轮	叶片	3 个	JF1500.10.015		
	叶片密封总成	3 个	JF1500.10.016	挡雨环、连接板	
	双头螺栓	162 个	JF1500.10.042 M30×550-10.9	轮毂←→叶片	1640

续表

总成	名称	数量	规格	说明	力矩/(N·m)
叶轮	六角螺母	162个	GB/T 6170—2000　M30-10	轮毂←→叶片	
	垫圈	96个	GB/T 97.1—200230　300HV		
	六角螺栓	48个	GB/T 5782—2000　M36×220-10.9	轮毂←→动轴	2800
	垫圈	48个	GB/T 97.1—200236　300HV		
	六角螺栓	36个	GB/T 5783—2000　M10×40-8.8	导流罩前端盖←→分块总成（上部←→下部）	
	锁紧螺母	36个	GB/T 889.1—2000　M10-8		
	垫圈	72个	GB/T 97.1—200210		
	六角螺栓	1个	GB/T 5783—2000　M16×50-8.8	导流罩前端盖顶部吊装孔处	
	锁紧螺母	1个	GB/T 889.1—2000　M16-8		
	垫圈	1个	GB/T 95—200216		
	抽芯铆钉	18个	GB/T 12618—20045×20	叶轮密封总成	
	内六角自攻螺钉	6个	GB/T 6564—1986　M6×40		
	内六角自攻螺钉	18个	GB/T 6564—1986　M10×60		
塔底散热风扇	六角螺栓	4个	GB/T 5783—2000　M12×30-8.8	塔底散热风扇支架总成	
	锁紧螺母	4个	GB/T 889.1—2000　M12-8		
	垫圈	8个	GB/T 97.1—200212		
	六角螺栓	8个	GB/T 5783—2000　M10×25-8.8		
	锁紧螺母	8个	GB/T 889.1—2000　M10-8		
	垫圈	16个	GB/T 97.1—200210		
	膨胀螺栓	4个	M12×50-8.8		
电气部分	电控柜	1套		开关柜、变流柜、计算机、电容柜	
	电控柜散热系统	1套			
	电气元器件	1套		含电抗器、变压器等，组装在电控柜支架上	
	风速仪	1只			
	风向标	1只			
	风速仪、风向标护座	2个	JF1500.56.106		
	六角螺栓	4个	GB/T 5783—2000　M8×20-8.8	装在风速仪、风向标护座上	
	传感器	1台	PT100　8m	检测环境温度（塔基入口温度）	
	转速传感器	1台		检测转子速度（滑环处）	

续表

总成	名称	数量	规　格	说　　明	力矩/(N·m)
电气部分	电力电缆	12根	ZR－YCW　1×185mm²85m	发电机	
	网线	1根	以太网线（屏蔽）　110m		
	DP电缆	1根	6XV1830－0EH10　85m		
	控制电缆	1根	KXF 5×6mm²，85m	400VAC动力线	
	控制电缆	1根	KXFP 3×1.5mm²，80m	230VAC塔架照明	
	控制电缆	1根	KXF 4×4mm²，10m	塔底散热风扇电源线	
	控制电缆	1根	KXF 5×4mm²，10m	SEC11－400V CE（备用）	
	控制电缆	2根	KXFP 2×1mm²，10m	塔底散热风扇状态反馈、速度设定信号线	
	控制电缆	2根	KXF 5×4mm²，4m	滑环-1号变桨柜动力电源线	
	控制电缆	2根	KXFP 3×1.5mm²，4m	滑环-1号变桨柜安全链信号线	
	控制电缆	2根	6XV1830－0EH10，4m	滑环-1号变桨柜DP线	
	控制电缆	1根	KXF 4×4mm²，20m	安装时叶轮变桨用	
	接地线	1根	1×16mm²，20m		
	接地线	9根	ZR－YCW　1×185mm²，1.1m	塔筒法兰间	
	铜编织带	1条	6m	电控柜←→变频器接地	
	接线端子	42	185，φ13		
	接线端子	20	70，φ13	发电机引出线	

（十一）安装工具清单

安装工具清单见表5-2-66。

表5-2-66　　　　　　　安装工具及耗费品清单

项目	序号	名　　称	规格型号	数量	备　注
工具	1	铁铲		2把	安装单位备
	2	撬杠		2个	
	3	铁榔头		1个	
	4	梯子	4m	2副	
	5	A型伸缩梯子		1副	
	6	发电机	220V	2台	
	7	多用插线板		2个	
	8	电缆	长度大于100m	1条	
	9	工作灯		2个	

续表

项目	序号	名　　称	规格型号	数量	备　　注
工具	10	对讲机		2 对	各单位自备
	11	安全带		5 副	
	12	安全帽		8 顶	
	13	拖把		2 把	
	14	水桶	铁	1 个	
	15	工具包		4 个	
	16	方木	50×50，长 2m	1 根	
	17	手电筒		1 个	
	18	铅锤		1 个	
	19	接触器（二相）		4 只	叶轮组对用
	20	导线	1×1，1.5m	4 根	
	21	丝锥扳手	280、580	各 1 把	
	22	钢锯架		1 把	
	23	手动拉铆枪	双手式 A 型	1 把	
	24	胶枪		2 把	
	25	胶枪	打"Plexus 结构胶"用	1 把	
	26	套筒	10～24mm	1 套	推荐世达 09005
	27	套筒	46、50（外径 φ74）	各 1 套	注意四方的配套性
	28	内六方扳手	4～10	1 套	
	29	活动扳手	200×24、300×34、450×55	各 2 把	
	30	开口扳手	17、19、24、30	各 1 把	
	31	开口扳手	46	2 把	
	32	开口扳手	6～36（两用）	1 套	世达 09027
	33	套筒	10～24（带棘轮扳手）	1 套	世达 09005
	34	力矩扳手	340N·m	1 把	
	35	十字螺丝刀	150	1 把	
	36	平口螺丝刀	6×100、3×75（端子起）	各 1 把	世达 63402、63412
	37	尖嘴钳	150	1 把	世达 70101
	38	斜嘴钳	150	1 把	世达 70202
	39	钢丝钳	200	1 把	世达 72203
	40	管子钳	350	1 把	
	41	185 电缆断线钳	XLJ－6	1 把	
	42	液压压线钳	YYQ－240	1 把	
	43	网线钳		1 把	
	44	美工刀		2 把	刀片 5 片

项目	序号	名 称	规格型号	数量	备 注
工具	45	剪刀		1把	
	46	刮刀	200	1把	
	47	三角锉	200（中齿）	1把	
	48	平锉	300（中齿）	1把	
	49	圆锉	200（中齿）	1把	
	50	半圆锉	250（中齿）	1把	
	51	手电钻	500W，1.5～13mm，1/2-20UNF	1把	
	52	热风枪	PHG500-2	1把	
	53	磨光机		1个	
	54	力矩拉伸器		1套	
	55	液压扳手		1套	
	56	钢卷尺	5m	1把	
	57	钢板尺	1.5m	1把	
	58	游标卡尺	0～300	1把	
	59	万用表		1个	
	60	相序表		1块	690V
	61	摇表	1000V	1个	
	62	钳形表	电流：>1600A； 电压：交流>1200V，直流>1500V	1块	
	63	压力表		1个	带油管，偏航压力
消耗品	1	螺纹锁固密封剂	1277（50mL）	2瓶	可赛新
	2	聚氨酯密封剂（玻璃胶）	1924（310mL）	4瓶	可赛新，塔架法兰处
	3	聚氨酯汽车机械密封胶	AM-120C（300mL）	10瓶	山泉，玻璃钢件密封
	4	Plexus 结构胶	MA310（400mL）	3组	
	5	二硫化钼	5kg	1桶	
	6	液压油	Shell TeLlus T32（常温） Total Equivis XV32（低温）	8升	液压站用
	7	自喷漆	白色（380ml）	2瓶	
	8	油漆	红色	100g	
	9	稀释剂		1瓶	
	10	洗洁精	2kg	1瓶	
	11	丙酮	乙醇95％（500mL）	4瓶	
	12	毛刷		6把	
	13	线手套		30双	
	14	大布	2.5m	6块	

项目	序号	名　称	规格型号	数量	备　注
	15	细绳	$\phi2$	5m	挂铅锤
	16	记号笔		1只	
	17	铅笔	2B	1只	挡雨环划线
	18	石笔		2只	
	19	砂轮片		2片	内孔$\phi16$、外圆$\phi100$
	20	千叶片（弹力弹性磨盘）	MAX12000RPM，粒度80	2片	内孔$\phi16$、外圆$\phi100$
	21	砂纸（刚玉半树脂砂布）	粗 $2\frac{1}{2}$（46）、中、细 $1\frac{1}{2}$（80）	各2张	
	22	铁丝	$\phi4$	5kg	
	23	钢锯条	$300\times10.7\times1.0$	10支	
	24	手用丝锥	M10、M30、M36	各2个	
	25	钻头	$\phi5$、$\phi12$、$\phi14$	各2个	
耗费品	26	单面纸胶带		20卷	
	27	透明宽胶带		1卷	
	28	绝缘黑胶布	$15m\times20mm$	2卷	
	29	J-10自粘带	$0.8\times25\times5$	6卷	
	30	黄、绿、红相序带		各1卷	
	31	绝缘绕包带		7m	
	32	热缩套管	$\phi40$	10m	185电缆（外径$\phi32.3\sim$ $\phi35$）用
	33	热缩套管	$\phi20$	5m	
	34	导电膏		1只	
	35	扎带（大号）	G530HDB	2包	
	36	扎带（中号）	G300IB	3包	
	37	扎带（小号）	G150IB（150×3.6）	3包	
	38	电池	与手电筒配套	6节	
吊装工具	1	塔筒吊架	JF1500.85.002D	1套	65m，三段 塔筒吊装吊具 JF 1500.85.001D-1
	2	塔筒下段上法兰吊耳	JF1500.85.011D	2个	
	3	塔筒中段上法兰吊耳	JF1500.85.003D	2个	
	4	塔筒上段上法兰吊耳	JF1500.85.004D	2个	
	5	挡板	JF1500.85.101C	2个	
	6	塔架下段下法兰吊耳	JF1500.85.005D-1	1个	
	7	塔架中段下法兰吊耳	JF1500.85.006D-1	1个	
	8	塔架上段下法兰吊耳	JF1500.85.007D-1	1个	
	9	螺栓	GB/T 5783—2000　M12×30	4个	
	10	垫圈	GB/T 97.1—2000　12	4个	

项目	序号	名　　称	规格型号	数量	备　　注
吊装工具	11	六角螺栓	GB/T 5782—2000　M30×240	4 个	65m，三段塔筒吊装吊具 JF 1500.85.001D－1
	12	螺母	GB/T 6170—2000　M30	4 个	
	13	垫圈	GB/T 97.1—2000　30	8 个	
	14	六角螺栓	GB/T 5782—2000　M36×160	8 个	
	15	螺母	GB/T 6170—2000　M36	8 个	
	16	垫圈	GB/T 97.1—2000　36	16 个	
	17	塔筒吊装钢丝绳	JF 1500.85.012　φ48×4000	2 个	
	18	35 吨 BW 型卸扣	S－BW35－2	2 个	
	19	机舱运输支架	含垫块、连接标准件	1 套	机舱运输支架 JF 1500.82.001
	20	六角螺栓	GB/T 5783—2000　M30×140	8 个	
	21	垫圈	GB/T 97.1—2000　30	8 个	
	22	吊耳焊合	JF1500.82.001	1 套	机舱吊装吊具总成 JF 1500.82.004
	23	六角螺栓	GB/T 5782—2000　M36×200	3 个	
	24	垫圈	GB/T 97.1—2000　36	6 个	
	25	特制 M42 吊环螺钉	JF 1500.82.144	2 个	
	26	螺母	GB/T 6170—2000　M42	2 个	
	27	U 形卸口	S－BW9.5－1 1/8	3 个	
	28	吊带	R02－10，10t，1.54m	1 条	
	29	吊带	R02－10，10t，2.91m	2 条	
	30	支架	含连杆、连接标准件	1 套	机舱现场组装总成 JF 1500.82.009A
	31	六角螺栓	GB/T 5782—2000　M30×140	4 个	
	32	垫圈	GB/T 97.1—2000　30	4 个	
	33	机舱吊装导正棒	JF 1500.85.158　（M30，430）	3 个	
	34	护具焊合	JF 1500.85.080	2 套	发电机钢丝绳护具 JF 1500.85.015
	35	六角螺栓	GB/T 5783—2000　M8×30	8 个	
	36	螺母	GB/T61 70—2000　M8	8 个	
	37	垫圈	GB/T 97.1—2000　8	16 个	
	38	吊具横梁	JF1500.83.022	1 套	发电机吊具 JF 1500.85.000
	39	翻身吊具	JF1500.83.046	1 套	
	40	发电机吊具钢丝绳	JF1500.83.023A（φ40，4m）	2 根	
	41	发电机吊具短钢丝绳	JF1500.83.023a（φ48，2.5m）	2 根	
	42	钢丝绳	10t，8m（环绕动轴）	1 根	
	43	钢丝绳	10t，1m（主吊钩←→手拉葫芦）	4 根	
	44	钢丝绳	10t，2m（辅吊钩←→翻身吊耳）	1 根	
	45	U 形卸口	S－BW35－2	2 套	
	46	U 形卸口	S－BW9.5－1	1 套	

项目	序号	名　　称	规格型号	数量	备　　注
吊装工具	47	发电机吊装导正棒	JF1500.85.156　（M36，400）	3根	
	48	变桨运输支架焊合	JF1500.81.002	1套	变桨运输支架 JF 1500.81.001
	49	六角螺栓	GB/T 5782—2000　M36×140	8个	
	50	垫圈	GB/T 97.1—2000　36	8个	
	51	轮毂吊具	JF 1500.81.012	3套	轮毂吊具总成 JF 1500.81.020
	52	六角螺栓	GB/T 5782—2000　M20×140	9个	
	53	螺母	GB/T 6170—2000　M20	9个	
	54	垫圈	GB/T 97.1—2000　20	18个	
	55	圆环吊带	R01-06，3m	3根	
	56	U形卸口	S-BW9.5-1	3套	
	57	34m（保定）叶片吊具及护具	JF1500.85.008	3套	
	58	37m（LM）叶片吊具及护具	JF1500.85.008A	3套	
	59	叶片前支撑	JF1500.85.010	3套	
	60	叶轮组对支架	JF1500.85.050 高1300mm	1个	
	61	叶轮吊装导正棒	JF1500.85.157（M36，350）	3根	
	62	叶片后缘V形护具	JF1500.85.020	2套	
	63	帆布袋	JF1500.85.026	3个	
	64	水平支撑（叶片水平放置用）	—	—	借用
	65	垂直支撑（刀刃向上放置用）	—	—	借用叶片摆放支撑
	66	U形卸扣	10t	4个	
	67	U形卸扣	25t	4个	
	68	吊带	3t，2m	2根	
	69	扁平吊带	5t，6m	2根	
	70	吊带	10t，12m	3根	
	71	扁平吊带	25t，15m	2根	
	72	导向绳	φ20×10m、尼龙	3根	
	73	导向绳	φ20×30m、尼龙	3根	
	74	导向绳	φ20×100m、尼龙	3根	
	75	导向绳	φ20×200m、尼龙	2根	
	76	钢丝绳手扳葫芦	1.6t	2个	
	77	手拉葫芦	5t	2个	
	78	手拉葫芦	10t	2个	

任 务 回 顾 与 思 考

1. 试述叶轮组对的工艺过程。
2. 试述发电机的吊装过程及使用的工器具。
3. 试述塔架的吊装工艺过程及注意事项。
4. 风机电缆的安装技术要求有哪些?

任务三　海上风力发电机组的安装

学习目标:

1. 熟悉海上风电机组安装的安全规程。
2. 熟悉海上风电机组安装的准备工作及安装方法。
3. 能够正确选用安装设备完成海上风机部件的正确安装。

随着我国风电产业的快速发展,陆上风电场大规模的建设,技术的不断成熟,在我国属于新兴产业的海上风电也在快速发展。海上风电机组的安装在国内处于发展阶段,没有丰富的经验可以参考,如何高效率、高安全地将风电机组安装到位,是海上风电安装工程的核心内容。

海上风电的建设是一个复杂的系统工程。包括风机基础的安装、风电机组的预装与海上安装、安装船舶的使用与物流调配、电缆与海上变电站的布置与建设等。其中基础和风机的安装由于在海上进行,对技术要求高,同时受到气候、天气、波浪、水流等因素的制约。这些因素是海上风电场安装规划中最难以掌控的因素,也是限制海上风电发展的重要因素。海上施工设计和作业的任何失误都有可能造成工期延误。而对于大部分海上风电场来说,安装只能在一定的季节范围内进行,工期延误对整个工程的影响是决定性的。因此,选择合适的安装方法对海上风电场的建设至关重要。

一、简介

海上风能资源作为一种新形式的风能,具有湍流强度小、主导风向稳定、节约土地资源、风能平稳、无噪声及景观污染等优势。近年来,海上风电在欧洲有了长足的发展,但还有相当多的问题需要解决,如设计建设需要考虑风浪流冰以及盐雾腐蚀对风电机组的安装和维护带来的挑战。

根据图5-3-1所示陆上和海上风电场建设成本对比情况,海上风电场建设中风电机组成本所占比例减小,基础、风电机组安装和电力传输等有关海上作业的成本所占比例增加。因此,改良海上基础施工和风电机组安装方法,可以降低总成本。同时,大量分析证明,风电机组单击容量越大,风电场单位建设成本越低。目前世界海上风电场的建设日趋大型化和离岸化(表5-3-1),如两台5MW的大型风电机组已经在英国Beat rice示范风电场投入使用。

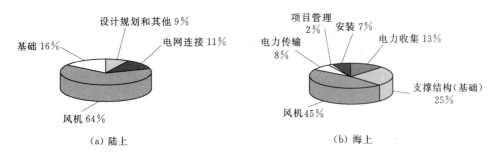

图 5-3-1　陆上和海上风电场建设成本对比

表 5-3-1　　　　　　　　　　风电机组大型化的趋势

位置	国家	建设年份	水深/m	离岸距离/km	风机功率/kW	轮毂高度/m	叶片直径/m
Vindeby	丹麦	1991	2~5	1.5~3	450	37.5	35
Bockstigen	瑞典	1997	6	4	550	40	37
Middelgrunden	丹麦	2000	5~10	2	2000	60	76
Horns Rev	丹麦	2001	6~14	14~20	2000	70	80
Kenith Flats	英国	2005	5	10	3000	70	90
Egmond ann Zee	荷兰	2006	15~20	10~18	3000	70	90
Beatrice	英国	2007	45	23	5000	88	126

二、风力发电机组安装的方法

海上风电机组安装的具体方法很多，其目标都是一致的，即以适当地投入尽量减少海上作业时间从而节约总成本，同时避免工期延误。归纳起来可以将安装方法分为以下 3 种：

（1）传统吊装法。工程分为 3 部分：①风电机组基础的安装；②风电机组塔架的安装；③风电机组上层设施的安装，包括机舱和叶片。

（2）风电机组整体安装法。设想将风电机组的基础和风电机组作为一个整体，利用基础的浮力由驳船牵引到风电场址，最后通过加载压载直接安装在海底。

（3）改良方法，即基础与风电机组体安装法。提出将包括风电机组塔架和整个上层设施的风电机组作为一体预先在岸上安装调试好，然后整体运送到场址进行安装。

以上这些方法各有优劣，目前运用最广泛的仍然是传统吊装法。但随着风电机组的大型化，满足大型风电机组吊装要求的起重机面临数量不足、成本过高的问题，因而各种非吊装方法也在研究和实践当中。

（一）传统吊装法

经过几十年的发展，传统的吊装安装法是海上风电安装方法中最成熟和应用最广泛的。在传统吊装法中，基础和风电机组的安装是在不同阶段来完成的。首先根据基础的种类，选择合适的起重船或自升平台将基础安装到位，之后在基础上安装船舶登靠设施、J形管、悬梯、平台等辅助设施。再使用起重船或自升平台将风电机组机架和上层设施运输到现场（图 5-3-2），实施吊装。在海上吊装的可以是完全分开的各个部件，也可以是在一定程度上在岸上进行过预组装的半成品部件。例如，比较常用的运输方式，即先在岸上将机舱内的部件安装好，并将2片叶片预装在机舱的轮毂上，在通过驳船运输到现场进行塔架和机舱的吊装后，再将最后1片叶片安装到位。吊装通常需要10～15h的时间，完成后需要通过直升机或小艇将工作人员运送到风电机组进行风机上的调试。由于传统吊装法的风电机组调试过程需在海上完成，故风电机组出现故障会导致初期成本大量增加。

（二）风力发电机组整体安装法

由于减少海上作业时间是降低安装成本的最有效途径之一，各国都在研究改良安装风电机组的方法。其中将风电机组塔架和上层设施作为一个风电机组整体来安装是一种很有前途的理念。目前世界单机容量最大的英国Beatrice海上风电场，采用的就是将风电机组整体吊装在基座上的安装方法（图5-3-3）。本方法将风电机组竖直吊装在安装船上并固定在预先准备好的支架上，运输过程中风电机组保持竖直状态，到达场址之后再用大型吊机将风电机组吊装在基座上。整体安装的难点主要在于如何保证体积和重量都非常巨大的风电机组的安全。还有一种思路是不使用起重吊机，不采用吊装方式，而是将驳船定位于基座旁，直接通过升降装置把风电机组整体从上方逐步降下并固定在基座上，这种方法取消了对大型吊机的依赖，对于大型风电机组的安装很有吸引力。由于改良方法中风电机组整体均在岸上组装，条件在岸上进行预试车，因此可以降低海上试车的故障率。

图5-3-2　自升平台和拖船在某风电场　　图5-3-3　某海上风电场风电机组整体安装

（三）基础与风力发电机组一体安装法

本方法理论上是在海上作业程序最少的风电机组安装方法。近年来欧洲对此方法有着大量的研究，但到目前为止还没有过实践经验。此方法中风机基础、塔架、上层建筑等均在岸上完成组装成为一体，并需采用重力式基础与预先平整海床。岸上组装、预调试完成之后采用驳船将风电机组整体拖驳到场址，通过向基础中注入压载使风车整体置于海床，完成安装。整个过程中风电机组完全或部分依靠由重力式基础提供的浮力漂浮在海面上。

三、基础的选择与安装

风机基础的选择主要取决于水深和海底地质条件两项因素，也和风电机组安装方法有一定的关系。除基础与风电机组一体安装法之外，基础的安装是风电机组安装过程中单独的一个环节，并且对风电机组塔架的安装起着影响。各国对风电场基础的分类不尽相同。目前讨论较广泛的有五大类，分别是重力基础、单基桩基础、导管架和三支柱基础、吸入沉箱基础和浮式基础，其中前两种在实际中有广泛的应用。

（一）重力基础

通常来讲，重力基础（gravity base）适合水深比较浅的位置，但在过浅的位置会受到波浪的影响。由于重力基础制造过程在岸上，且不需要打桩，因而成本较低。在置放重力基础前需要对海底进行预先的平整处理，凿开海床表层换以一层沙砾层。之后使用驳船运送或漂浮拖驳至场址，基础就位之后再用混凝土将其周边固定。重力基础分为混凝土重力基础和钢制重力基础，前者制造工艺简单，完全依靠自身的重力置于海底，适合于各种类型的海。世界最早的风电场采用的便是混凝土基础，但由于其巨大的质量（最大可达1800t）使得运输非常困难。后者同样依靠自身重力固定风机，但其钢结构质量依据不同海况只有 80～110t，便于安装和运输。安装就位之后需要向钢制基础中浇筑具有密度较大的橄榄石压载，从而使得基础重力达到要求。但钢制基础不适合腐蚀性强的海域。

（二）单基桩

单桩基础详见学习情境三之任务三中相关内容。

（三）导管架和三脚架基础

导管架和三脚架基础详见学习情境三之任务三中相关内容。

海上风电场的导管架基础如图 5-3-4 所示。

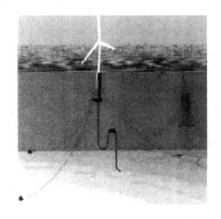

图 5-3-4　海上风电场的导管架基础　　　　图 5-3-5　浮式基础

（四）吸入式沉箱

吸入式沉箱作为基础也受到了广泛的关注。其原理是沉箱安装在海床就位之后将其内部的水分抽掉，周围的水压力将沉箱压入海床。尽管在实际中沉箱式基础尚未成功应用，但其安装尤其是拆卸具有明显的便利性。在拆卸时只需平衡沉箱内外压力即可将沉箱轻松吊起。

（五）浮式基础

浮式基础（floating）不固定在海床上，而是直接漂浮在海中，通过缆绳固定在一定的位置（图 5-3-5）。它适合在海底基础难以作业的深海应用，但目前对其研究尚处于初步阶段，且尚无法做到与陆地电网相连。

四、海上风电机组安装船舶

在海上无论是风电机组还是基础的安装都需要有相应能力的运输工具将其运送到风电场址，并配备适合各种安装方法的起重设备和定位设备。海上风电机组安装基本都是由自升式起重平台和浮式起重船两类船舶完成的，船舶可以具备自航能力也可以是非自航。单独或联合采用何种方式安装取决于水深、起重能力和船舶的可用性。其中联合安装比较典型的方式是由平甲板驳船装载风机部件或者单基桩拖到现场，再由自升式平台或起重船从平板驳船上吊起部件完成安装或打桩。早期的安装船都是借用或由其他海洋工程船舶改造的，但随着风电机组的大型化，小型船舶无法满足起重高度和起重能力的要求。近年来，欧洲多家海洋工程公司相继建造和改造了多条专门用于海上风电机组安装的工程船舶。安装船舶的大型化也是一个趋势，专门的风车安装船一次最多可以装载 10 台风电机组。以下按照船型和适用的工作海域将海上风车安装船舶作分类比较。

（一）起重船

起重船通常具备自航能力，船上配备起重机，可以运输和安装风车和基础。起重船除在过浅区域需考虑吃水外其余区域不受水深限制，且多为自航，在不同风电机组位置间的

图 5-3-6 海上起重船

转移速度快，操纵性好，使用费率很低，船源充足，不存在船期安排问题。但起重船极其依赖天气和波浪条件，对控制工期非常不利，现已较少使用。但在深海（大于 35m）条件下由于无法使用自升式平台/船舶进行安装，故仍须使用起重船。与近海小型起重船相比，双体船船型具有稳性好、运载量大、承受风浪能力强的优点，目前也开始应用在海上风电机组安装中，如图 5-3-6 中运载整体风电机组的就是 Beatrice 风电场使用的 Rambiz 号双体驳船。在荷兰 Egmond aan Zee 风电场的建设中，主要由应用于海上桥梁架设的双体起重船 Svanen 完成了单基桩的打桩工作。该船尺度为 102.75m×71.8m×6m，起重高度高于甲板 76m，起重能力 8700t。

（二）自升式起重平台

自升式平台配备了起重吊机和 4～8 个桩腿，在到达现场之后桩腿插入海底支撑并固定驳船，通过液压升降装置可以调整驳船完全或部分露出水面，形成不受波浪影响的稳定平台。在平台上起重吊机完成对风电机组的吊装。驳船的面积决定一次性可以运输的设备的数量，自升平台没有自航设备，甲板宽大而开阔，易于装载风机。对于单桩式基础的安装，只需在平台上配备打桩机即可。由于不具备自航能力，自升平台需由拖船拖行，导致其在现场不同风电机组点之间转场时间较长，操纵不便，且需要平静海况。自升式起重平台是目前海上风电安装的主力。

A2SEA 公司的 Sea Jack 号（图 5 - 3 - 7）则是一艘专门为海上风机安装而建造的自升式起重平台。船舶尺度为 91.2m×33m×7m，有 4 个桩腿分别位于四角，全回转起重机位于中央靠近右舷处，工作水深 3.8～25m，最大的起重能力在 18m 半径时为 1300t，在 32m 半径时为 500t。

图 5 - 3 - 7　自升式起重平台

（三）自航自升式风电机组安装船

随着风电机组的不断大型化以及离岸化，起重能力和起重高度的限制以及海况的复杂化使得传统的起重安装船舶无法满足需求。在这种情况下，出现了兼具自升式平台和浮式船舶的优点，专门为风电机组安装而设计与建造的自航自升式安装船。与之前的安装船舶相比，自航自升式安装船具备了一定的航速和操纵性，可以一次性运载更多的风机，减少了对本地港口的依赖。船舶配备专门用于风电机组安装的大型吊车和打桩设备，具有可以提供稳定工作平台的自升装置，可以在相对恶劣的天气海况下工作，且安装速度较快。英国 MPI 公司的 May Flower Resolution 号（图 5 - 3 - 8）是世界上第一艘专门为海上风力发电机的安装而建造的特种船舶。船舶尺度 130.5m×38m×8m，可以一次性运载 10 台 3.5MW 的风电机组，允许的风电机组塔架最大高度和叶片最大直径均为 100m，航速 10.5km，配备艉侧推动力定位装置，有 6 个桩腿，可在 3～35m 水深作业，作业时船体提升高于水面一定高度，其最高起吊高度为 85m，最大起重能力在 25.5m 半径时为 300t，在 78m 半径时为 50t。在英国 North Hoyle，Kenith Flats 等诸多风电场 May Flower Resolution 号均实施了安装作业。

图 5 - 3 - 8　自航自升式风电机组安装船

图 5 - 3 - 9　桩腿固定型风电机组安装船

（四）桩腿固定型风力发电机组安装船

桩腿固定型风车安装船是自航自升式风车安装船与起重船之间的一种折中方案。其通常由常规船舶改建而成，尺度小于专门建造的安装船，桩腿为改建中安装。在作业工程中船体依然依靠自身浮力漂浮在水中，桩腿只起到稳定船体的作用。目前 A2SEA 公司运营的 Sea Energy，Sea Power 号均是由集装箱货船为风车安装专门改建。图 5-3-9 为 Sea Energy 号，船舶尺度为 91.76m×21.6m×4.25m（吃水），航速 8.5km/h，最大作业水深 27m，最大起重高度 83m，起重能力为 22m 半径时 100t。

（五）离岸动力定位及半潜式安装船

离岸动力定位及半潜式安装船目前主要用于海上石油开发。动力定位安装船可以在除浅水区域外的任何水深条件下作业，安装效率高，但易受天气因素制约。半潜式安装船在理论上是性能最优的，但其建造和使用成本过高，尚未在风机安装中采用。

各种安装船可用性对比见表 5-3-2。

表 5-3-2　　　　　　　　　各种安装船可用性对比

船舶类型	适用海域	安装效率	使用成本	今后发展趋势
一般小型起重船	靠近海岸的遮蔽水域	低。极受天气和波浪条件影响导致误工	低。市场上数量庞大，随时可以使用	趋于淘汰
离岸大型双体起重船	深海区域	较快。受天气影响较大	高。可用于桥梁安装等其他海洋工程	深海安装的最佳解决方案
自升式起重平台	遮蔽水域或浅海区域	一般。受天气影响，且安装速率慢	较低。市场上可供数量有限。可以在风电场规划期内完成建造	在遮蔽水域及近岸海域为首选，但无法满足大型风电机组所需的起重能力
自航自升式风车安装船	浅海及近海	快。受天气和波浪影响小。可以一次性运载多台风电机组	中偏高。设计建造周期较长，2～3 年	随着风机大中型化，为近海大型风电机组安装的首选
桩腿固定型风车安装船	浅海及近海	较快。性能比专用安装船略差	中。可以改装的候选船舶较多	近海中小型风电机组安装首选
离岸动力定位及半潜式安装船	深海区域	快。受天气因素影响小	最高。主要用于油气开发	暂时较难在海上风电安装中发挥作用

五、起重和打桩设备

海上风电机组的起重设备主要是起重机，起重能力和起重高度决定可以吊装风电机组的量级。通常布置在船中，也可以布置在船艉或船舶侧舷。另外新安装方法的提出，也需要相应的各种新型起重设备，例如，升降机等。海上风电机组的打桩设备主要有蒸汽打桩锤和液压打桩锤两类，根据需要安装在安装船。

六、我国海上风电场安装的现状与建议

我国东南沿海地区海上风能资源丰富，相对于已经大量建设的陆上风电场，海上风电场毗邻经济发达地区的优势明显，但还处于起步阶段。目前在东海大桥区域正着手兴建我国第一个海上风电场，中海油集团也已在山东威海海域设立了测风塔，收集数据为建设风电场作准备。同发展相对成熟的欧洲海上风电场相比，我国海上风电场安装施工的经验很少。根据我国沿海地区的实际情况，海上风电场的安装应注意以下几点：

（1）我国东南沿海地区每年都会遭受季节性台风的影响，杭州湾地区还要经历天文大潮，施工安排应充分考虑其影响，预留无法作业的天数，合理安排工期。

（2）海上风电场发展初期选址多位于浅海，适合选用自升式或带有桩腿的安装船舶以提供稳定的工作平台。

（3）考虑到当前欧洲海上风电安装市场的需求量以及我国海上风电市场的潜力，有必要建造一艘专门用于安装海上风电机组的自航自升式船舶。

（4）安装船的设计需要充分考虑风电机组发展大型化的趋势，船舶尺度和起重设备应满足运送安装 5～6MW 量级风电机组的要求。

（5）推荐采用风电机组整体安装方法，即将在岸上组装好的风电机组塔架和上层设施作为一个整体通过安装船在海上安装在风电机组基础上。

（6）针对我国沿海常年受季风的影响，可以采用非吊装方式，通过垂直升降的方式将风电机组整体固定在基础上，以提高安装速度，降低吊装方法带来的不确定性。

任 务 回 顾 与 思 考

1. 试述海上风电机组的安装方法。

2. 海上风电机组的安装设备有哪些？

3. 影响海上风电机组安装的因素有哪些？

学习情境六 风电场的工程施工

任务一 平坦风电场工程施工

学习目标：

    1. 熟悉风电场施工准备工作、施工管理质量体系。

    2. 掌握风电场施工计划的制订和施工质量管理及施工组织设计的编制。

    3. 能够完成风电场施工方案。

    风电场工程施工包括土建、道路、场地、风力发电机基础、风电机组塔架、场内配送电、送出工程、场内运输、机组吊装和调试试运行等。风电场工程施工专业门类多，与火力发电厂相比，风电场工程施工显得复杂一些，协调工作量大，必须加强风电场工程施工管理，熟练掌握施工技术，符合国家相关标准，确保工程质量。

    为了总结当前我国在风电建设中的经验，特选择甘肃大唐玉门低窝铺风电场二期49.5MW工程机组工程为案例，把风电场工程施工管理、施工技术管理，风电机组吊装、土建施工、电气设备安装等的过程，理论与实践相结合加以论述，以推动风电事业的快速发展。

一、甘肃大唐玉门地卧铺风电场二期 49.5MW 工程为例

    1. 概述

    甘肃大唐玉门低窝铺风电场二期49.5MW工程（以下简称大唐玉门低窝铺风电场二期工程）位于甘肃省酒泉地区玉门镇西南约8km处的戈壁滩上，东经 $97°00'50''\sim97°03'00''$，北纬 $40°10'30''\sim40°13'40''$ 之间。场址东侧紧邻已建成的甘肃大唐玉门风电场一期工程，东侧距312国道和兰新铁路约8km，南侧距四昌路约2km。场址区场地开阔，地势平坦，海拔高度在 $1550\sim1600$m 之间，施工交通条件方便。

    甘肃大唐玉门风电有限公司［大唐甘肃发电有限公司出资60%、韩电甘肃国际有限公司（外资企业）出资40%］投资开发建设的大唐玉门风电场一期工程安装了58台Vestas公司生产的单机容量850kW的V52风力发电机组，总装机容量49.3MW，配套建设1座110kV升压变电所，2006年年底已建成发电。大唐玉门风电场二期工程设计安装33台1500kW的风力发电机组，总装机规模49.5MW，扩建一期110kV，升压变电所，工程总投资46377.45万元，建设期1年。

    2. 风能资源

    该风电场位于甘肃河西走廊西段，河西走廊南边为延绵数百千米的祁连山脉，北边为以马鬃山为代表的北山山系。中部为平坦的沙漠戈壁，形成两山夹一谷的地形，成为东两

风的通道，风能资源十分丰富。根据距风电场约 8km 的玉门镇气象站 1971—2000 年气象资料统计，年平均气温 7.1℃，年平均气压 847.2hPa，一年平均水汽压 4.9hPa，年平均相对湿度 42％，年平均降水量 66.7mm。

3. 工程规模

该风电场所处的嘉酒地区，电力供需矛盾突出，煤炭和水力资源等能源相对匮乏，但风能资源十分丰富。该风电场建成投运后，与地方已建电站联网运行，富余的电力可送至甘肃电网，可有效缓解地方电网的供需矛盾，优化系统电源结构，减轻环保压力，促进地区经济可持续发展。本期工程装机容量 49.5MW，安装 33 台单机容量为 1500kW 的风力发电机组，并扩建一期 110kV 升压变电所。年上网电量为 10661.3 万 kW·h，年利用小时数为 2154h，容量系数 0.25。

4. 工程场址

风电场场址属于河西走廊西段的祁连山脉北麓山前倾斜平原的戈壁滩地，地貌上表现为戈壁平原，以山前冲洪积为主。地势开阔，地形起伏不大，局部地段自南向北发育有浅而长的小沟槽。地面高程自南向北渐降，坡度约为 1％，海拔一般为 1550～1600m。

5. 工程地质

工程区地层主要为第四系上更新统冲积及洪积物组成。场址区表层为第四系全新统粉砂土（①层）及砾砂土层（②层），位于多年冻土带内，结构松散，力学性质低，不宜作为持力层；上更新统的微胶结圆砾层（第③层），局部夹有多层中细砂透镜体，力学性质较好，该层埋深大于 2.5m 时，可作为基础持力层；弱胶结的圆砾层（第④层），力学性质较高，是较好的基础持力层。

工程场址区地震动峰值加速度为 0.15g，地震动反应谱特征周期为 0.40s，对应地震基本烈度为Ⅶ度，属构造基本稳定区。场址区为中等复杂场地，地基等级为中等复杂地基，场地环境类别为Ⅲ类。该地区多年季节性标准冻土深度为地面以下 1.5～2.21m。场地地下水埋藏深度在 20m 以上，丰水年会发生间歇性洪水。

场址区盐渍土主要分布于场址区局部地表部分，未发生大面积的盐渍化，不会对建筑物基础构成较大影响。场地岩土对混凝土具有硫酸盐弱—强腐蚀性，氯化物弱—中等腐蚀性，对钢筋混凝土结构中的钢筋具有中等腐蚀性。

6. 输配电布置

风电场二期工程装机规模 49.5MW，风电机组所发电量经由 10kV 集电线路（10kV 架空线路）接至一期工程已建的 110kV 升压变电所内，升压至 110kV 后，通过已有的 1 回 110kV 出线送入阳关变。110kV 线路导线型号为 LGJ - 240，输电距离约 12km。本期工程需在变电所内扩建 1 回主变进线，新安装 1 台容量为 50MVA 的主变压器。接入系统方案最终以接入系统设计审查意见为准。

风力发电机-变压器组接线方式采用一机一变单元接线方式。风电机组机端电压 690V，经低压电缆接至箱式变电站。箱式变电站高压侧采用 10kV 电压等级，本工程风电场风电机组进行了分组，每组对应 1 回 10kV 集电线路，共 7 回集电线路。

110kV 升压变电所 110kV 侧增加 110kV 主变压器 1 台、110kV 进线间隔 1 个。变电所 110kV 侧接线方式最终为单母线接线方式，共有 110kV 进线 2 回，110kV 出线Ⅰ回。

本期工程风电场新增 7 回风机进线，均接入变电所 10kV 侧 Ⅱ 段母线上，1 回出线，变电所 10kV 侧最终接线方式采用单母线分段接线方式。

风电场监控系统分为在现地单机控制、保护、测量和信号及在中控室对风力发电机组进行的集中监控；也可在远离风电场的后方办公室对风力发电机组进行遥测和遥信。

已建的风电场一期工程及配套的 110 kV 变电所是按无人值班、少人值守的原则设计的，按运行人员定期或不定期巡视的方式运行。一期工程安装了一套综合自动化系统，具有保护、控制、通信、测量等功能，可实现风电场及 110kV 变电所的全功能自动化管理，实现风电场与地调端的遥测、遥信功能及风力发电公司的监测功能。

二期工程拟接入已建成的风电场一期工程 110kV 升压变电所，监控系统在已经建成的一期工程的监控系统中进行软件升级，硬件仍采用已经建成的一期工程的监控系统设备。保护及测控装置组屏安装，安装地点利用一期工程二次室的预留位置。

7. 场区总平面布置

甘肃大唐玉门地卧铺风电场二期 49.5MW 风力发电场布置了 33 台风力发电机和 1 回 10kV 集电线路（10kV 架空线路，接至一期工程已建的 110kV 升压变电所内）。每台风机旁边设一台箱式变压器，各风机之间的交通采用简易公路。

二、施工准备工作

(一) 风电场工程施工的施工范围

以甘肃大唐玉门地卧铺风电场二期 49.5MW 工程范围内的建筑工程、机电设备及安装工程为例，施工范围建筑工程主要包括发电设备基础、变配电基础、房屋建筑、道路、围墙、大门、施工电源、施工水源、场地平整、风电场内临时道路铺设及恢复、检修道路以及环境保护工程等；机电设备及安装工程主要包括发电系统安装工程、升压变电所系统安装工程、通信和控制系统安装、采暖、通风、照明、消防、全所接地系统安装等。电气设备试验、设备卸车及保管（含大件运输在风场内道路的铺垫等工作）。除高低压电缆、控制及集电架空线外的其他材料的采购以及负责设备厂供或油漆的涂刷等工作。

(二) 施工准备工作的重要性

现代企业管理的理论认为，企业管理的重点是生产经营，而生产经营的核心是决策。施工项目的施工准备工作，是生产管理的重要组成部分，是对拟建工程目标、资源供应和施工方案的选择及其空间布置和时间排列等诸方面进行的施工决策。

由此可见，施工准备工作的基本任务是为拟建工程的施工建立必要的技术和物资条件，统筹安排施工力量和施工现场。施工准备工作也是施工企业搞好目标管理，推行技术经济责任制的重要依据。施工准备工作还是土建施工和设备安装顺利进行的根本保证。因此，认真地做好施工准备工作，对于发挥企业优势、合理供应资源、加快施工速度、提高工程质量、增加企业经济效益、赢得企业社会荣誉、实现企业管理现代化等具有重要的意义。

实践证明，必须重视施工准备工作，积极为拟建工程创造一切施工条件，才能保障项目的施工顺利进行；否则，就会给项目施工带来麻烦和损失，其后果不堪设想。

（三）施工准备工作的内容

1. 施工前的考察

施工前应到有关风电场、风电机组制造单位，进行考察和技术交流。考察设备的具体情况、吊装机械的具体配置和布置。认真和设备厂家人员、施工单位人员进行交流，学习他们的经验，充实技术储备。

2. 自然条件调查分析、熟悉施工环境

建设地区自然条件调查分析的主要内容包括风能资源情况，地质构造、土壤性质和类别、地基承载力，地震级别和烈度，地下水位高低变化情况，气温、雨雪、雷电情况，土的冻结深度和冬雨季的期限等情况。

熟悉施工环境的意义在于：风力发电项目施工点比较分散，每台风机的施工时间比较短，大型机械的转移十分频繁，合理地安排每台风机的施工顺序和机械转移路线直接影响施工工期。在施工前，对每个风机的位置、风机之间的道路情况应做到了如指掌，根据所选用的机械的性能，选择最短的转移路线和最佳路况，以减少机械转移时间和增大转移时机械安全系数。

3. 对施工图和设备资料进行审查、学习

熟悉、审查施工图纸和风电机组设备资料，领会设计图，熟悉设备的安装技术要求。在工程正式开工前，进行施工图和风机技术说明书等情况资料的会审和学习，发现问题及时与业主、设计单位、制造厂家及同监理单位联系解决。

4. 编制施工组织设计，制定施工方案

施工单位在工程中标后编制的施工组织设计，是施工准备工作的重要组成部分，是指导施工现场全部生产过程活动的技术文件和指导施工的主要依据。应根据 DL/T 5384—2007《风力发电工程施工组织设计规范》的要求进行编制。

根据风电设备厂家提供的具体设备资料，选择施工所需要的施工机械。在能保证安全的情况下，选用合格的吊装机械能避免"大马拉小车"的现象，提高施工利润空间；根据厂家提供的吊装指南中的施工工序，合理地进行人员、工器具的组织和准备工作。对于专用的吊（工）具由谁提供，具体提供什么样的工具，业主所提供的专用工器具能否满足施工的要求，所需工具是业主提供还是自行购买等，要在施工提前确定，以免影响施工。

5. 对人员进行培训

进入风电场项目工地的项目经理、特种工作业人员、金属实验员、土建实验员、无损检测人员、热处理工、焊工、计量员、安全员、预算员、质检员、施工员必须经过系统的专业培训和考试，得到相应的政府部门或组织的认可，取得证书，并保证证书有效。

因风电项目施工是一种新型的工作模式，风电机组是高科技、新技术产品，施工工艺和工序与火电等施工不同。特别要对施工人员在施工前根基施工方案和吊装指南进行技术培训，让每个参与施工的施工人员了解施工工序、要求和施工注意事项。

6. 物资准备

材料、构（配）件制品等是保证施工顺利进行的物质基础，物资的准备工作应按施工预算和施工进度的安排，必须在工程开工前完成，根据各种物资需要量计划，分别落实货源，安排运输和储备，使其满足连续施工的要求。

7. 施工机具的准备

根据采用的施工方案，安排的施工进度，确定施工机械的类型、数量和进场时间，确定施工机具的供应办法和进场后的存放地点和方式，编制建筑安装机具的需要量计划，为组织运输，确定堆场面积提供依据。

三、施工组织机构设置和人力资源计划

（一）现场施工组织机构

1. 建立施工项目的组织机构

施工组织机构的建立，应根据施工项目规模，结构特点和复杂程度，确定项目施工的领导机构人选和名额；坚持合理分工与密切协作相结合；把有施工经验、有创新精神、有工作效率的人选入领导机构；认真执行"因事设职、因职选人"的原则。

在项目经理的领导下，风电项目部应设置三部一室，即工程管理部、经营管理部、安全监察部和综合办公室，各部室的人员应由业务熟练的专业人员组成。

工程管理部含计划、文件信息、质量检查、质量保证、档案管理等工程技术方面的管理。

经营管理部含财务、人力资源及物资管理等。

综合办公室含现场保卫、消防、后勤保障、医务等。

各施工队伍由建筑工程处、电仪工程处、机械公司三大专业施工队伍组成，工种要合理搭配，技术人员和普通工人的比例要满足合理的劳动组织，要符合施工组织方案的要求，坚持合理精干的原则。三大施工队伍（工程处）是风电工程施工专业对口的需要和体现。建筑工程由建筑工程处承担；电气设备安装试验是电仪工程处的职责范围，风电机组的吊装由机械公司全面负责，现场组织机构如图6-1-1所示。

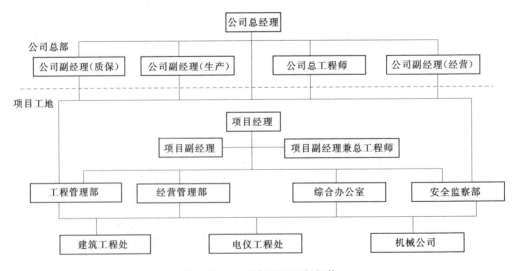

图6-1-1　现场施工组织机构

2. 集结施工力量，组织劳动力进场

项目部领导机构确定之后，按照开工日期和劳动力需求量计划，组织劳动力进场。同时要进行安全、防火和文明施工等方面的教育，并安排好职工的生活。

（二）人力计划

人力计划见表6-1-1。

表6-1-1   人 力 计 划 表   单位：人

日 期	2008 年						2009 年					
	7 月	8 月	9 月	10 月	11 月	12 月	1 月	2 月	3 月	4 月	5 月	6 月
工程技术人员	18	18	18	18	18	18	18	18	18	18	18	18
建筑专业工人	50	100	150	170	170	170	130	70	40	40	20	20
安装专业工人	20	50	70	140	140	140	110	80	80	60	40	40
合计	88	168	238	328	328	328	258	168	138	118	78	78

四、施工计划管理及进度计划编制

施工计划管理是把施工生产和企业的各项经营管理全面组织起来，以施工生产为中心，制定各项专业计划，综合平衡，相互协调，组成一个完整的综合体，要求企业的全体职工按计划进行施工生产和经营活动。根据施工计划统筹安排劳力、资金、材料、设备、机械，将计划层层落实。施工计划管理是一项全面的综合性管理工作。

（一）施工计划管理

当前各施工企业在工程管理中均应用了目前国际上最先进的工程项目管理软件——P3工程项目管理软件，来实现对工程进度的"静态控制、动态管理"。用P3对工程进行综合的规划和设计，建立起一套完整的管理办法，可以更好地配合业主，对工程的进度和成本进行有效的控制。下面以莱州风电工程项目部的施工计划管理的做法为例做概要介绍。

1. 进度计划控制管理规则

业主和监理公司制订的工程进度控制管理规则，即为本项目工作的规则。施工单位严格遵照执行，参照施工单位在以往工程的管理经验，将在本工程现场实行多级计划层次化管理的模式。下级计划是在上级计划的逐步深化而来的。不同级计划间的对应是通过逻辑关系定义配合作业来实现的。该作业的进度完成情况由深化后作业工序自动汇总而来，资源、费用可通过工程汇总功能汇总到另一工程后写入上级计划。整个工程进度共计划分为四级。

2. 进度计划编制依据及各方职责

一级计划和二级计划是施工单位的总体建设计划，它是业主工程管理部门用于控制工程进度，协调设计、设备制造、土建、安装和调试等各承包商之间工作接口进度的主要依据。其中：

一级进度计划——业主控制性计划（里程碑进度计划）。此计划由业主根据工程总体安排确定。

二级进度计划——业主与监理控制性计划。此计划由业主与监理根据里程碑计划以及项目投资与单位工程的轻重缓急编制完成。此计划作为业主（设计、制造、业主供货、施工单位间）协调控制的依据。可根据情况编制至单位工程或扩大单位工程。

三级进度计划——施工单位编制的专业详细施工总进度计划。此计划由施工单位编制，反映施工单位对承建的工程内容的总体安排以及施工单位为满足施工进度要求而需要业主、监理以及其他施工单位提供的条件。此计划经监理和业主批准就是专业的总体目标进度计划。可根据情况编制至分项工程或分部工程，但必须小于或等于分部工程。

四级进度计划——施工单位执行性进度计划。此计划由施工单位在三级计划的基础上根据开工时间的前后，每季、月、周逐渐细化而来，是对三级计划的进一步分解，并作为施工单位内部施工的依据四级计划应编制至分项工程或分段工程以下，甚至到每一道作业工序。四级计划的作业项目应是三级计划作业项目的分解气应建立相互的分解关系，以便汇总进度到三级计划。

3. 进度计划管理程序

一级计划和二级计划由业主、监理进行管理协调。三级计划应由施工单位根据一级计划和二级计划编制完成，并报监理审批。四级进度计划的审批工作权限在施工单位，但编制好的计划必须报监理。

在进度计划动态跟踪管理过程中，发现实际进度与目标项目有偏差时，是否要求施工单位修改计划以跟上原目标要求由监理决定。对于进度计划的重大修改须由监理提出，业主批准后方可执行。修改后的进度计划替代原计划建立新的目标项目。

4. 目标计划及进度报告上报

为加快工程信息交流速度，进度计划及进度报告报表通过网路直接报知业主及监理，或根据业主及监理要求通过其他方式上报。

5. 目标计划的更新

一级计划（里程碑计划）一般不能变动。二级计划、三级计划在工程施工中如无重大工程事件，一般也不能变动。一级计划和二级计划作为项目总体目标计划，三级计划作为各专业控制性目标计划，如遇到工程变更或其他特殊情况，经施工单位提出经业主与监理批准可以对其中不能满足原计划要求的作业进行调整。

6. 现行进度的更新

施工过程中将对现行进度计划每月更新 1 次（每月 26 日）。更新内容为四级计划构成的现行计划和由汇总得到的三级计划的现行计划，其中包括进度信息和费用信息，并编制出进度报告，更新完计划后将在 27 日 14：00 之前以电子邮件或磁盘的形式上报业主和监理。关键作业进度更新在服务器上每周四进行跟踪更新，保持最新进度；不做专门周报表上报。

7. 网络进度计划编制原则

项目工程三级以下进度计划由施工单位编制，施工单位将根据合同要求的施工进度目标编制详细的施工进度计划：详细施工进度计划应根据工艺关系、组织关系、逻辑关系、作业间交叉关系、起止时间、劳动力计划、材料计划、机械使用计划及其他保证性计划等因素综合确定。

8. 工程开工

工程施工中，项目开工 7 日前施工单位向业主和监理提交开工申请报告和施工方法，并按照业主下达的开工令所指定的日期开工。

9. 数据输入、输出、图表和报表的规划和设计

根据工程管理和数据分析汇总的要求，施工单位规定了一些常用的图表和报表的格式，保证各部门的数据输入和输出格式的统一。每月跟踪形象进度，并对工程量、总产值、耗用的人工、材料和机械台班等的数量进行统计与分析，编制统计报表，每月 25 日上报备查。各部门按照规定权限每周将完成的工作量输入到计划中去，项目工程部通过曲线、表格、和直方图等多种形式，对设备、设计、工程量、工程进度进行统计和分析，直观地反映出工程的总体走势，然后做出比较齐全的综合进度分析报告，与计划和投入相比较，以便掌握工程进度和劳动效率情况，及时调整计划和资源配备。同时以 E‐mail 方式或 OA 办公自动化系统及时发送到公司，并通过 Web 页网上发布的方式将 P3 中的进度、资源费用数据、各种报表和图表资料在网上发布，项目管理人员可以利用网络及时了解工程的情况，并对工程进行管理和控制。

10. 施工进度控制总结

在工程施工过程中，施工进度计划完成后施工单位将及时进行施工进度控制总结并上报业主。施工进度控制总结将包括合同工期目标及计划工期目标完成情况、施工进度控制经验、施工进度控制中存在的问题及分析、科学的施工进度计划方法的应用情况、施工进度控制的改进意见等。

（二）工程施工进度计划

1. 施工综合进度是协调全部施工活动的纲领

施工综合进度是对施工管理、施工技术、人力、物力、时间和空间等各种主客观因素进行分析、计算、比较，以及有序地综合归纳后的成果。

2. 施工进度计划是施工现场各项施工活动时间上的体现

编制施工总进度计划就是根据施工部署中的施工方案和工程项目的开展程序，对全工地的所有工程项目做出时间上的安排。其作用在于确定各个项目及其他主要工种工程、准备工作和全工地性工程的施工期限及其开工、竣工的日期，从而确定施工现场上劳动力、材料、成品、半成品、施工机械的需要数量和调配情况，以及现场临时设施的数量、水电供应数量和能源、交通的需要数量等。因此，正确地编制施工总进度计划是保证各项目以及整个建设工程工期按期交付使用，充分发挥投资效益，降低工程成本的重要条件。

（三）进度控制

1. 贯彻、执行总进度计划

中标后施工单位的工程总进度计划是在确定了施工方案和施工组织设计后，将招标文件要求的工期、阶段目标进一步分解和细化编制而成。它提交给监理用来响应和保证业主的进度要求。工程年度、季度、月度和周进度计划则是告诉监理和业主如何具体组织和安

排生产，并实现进度计划目标的。这样一个程序可以在工程总进度计划一开始就可以得到正确的贯彻。

上述过程仅仅是进度控制的开始，还不是进度控制的全部，作为完整的进度控制还需要将进度实际执行情况反馈，然后对原有进度计划进行调整，做出下一步计划，这样周而复始，才可能对进度进行及时、有效的控制。

2. 控制手段

工程进度控制的具体手段是：建立严格的进度计划会商和审批制度；对进度计划执行进行考核，并实行奖惩；定期更新进度计划，及时调整偏差；通过进度计划滚动（本工程年度，季度、月度及周的进度计划编制）编制过程的远粗、近细，实现对工程进度计划动态控制；对工程总进度计划中的关键项目进行重点跟踪控制，达到确保工程建设工期的目的；业主根据整个工程实际进度，统一安排而提出的指导性或目标性的年度、季度总进度计划，用于协调整个工程进度。

（四）资源配置计划

1. 主要施工机械进场及图纸资料需求计划

（1）工程主要施工机械。拟投入的主要施工机械装备，见表 6-1-2。

表 6-1-2　　　　　　　　　　拟投入的主要施工机械装备表

机械名称	设备名称	型号规格	数量/台	产地	制造年份/(年-月)	额定功率/kW	生产能力	备注
起重机械	履带吊	LR1400	1	德国	2003-12	320	400t	
	汽车吊	QY50A	2	中国徐州市	2003-05	213	50t	
	汽车吊	QY25	1	中国徐州市	2004-07	196	25t	
	塔吊	2t	1		2006-09			
运输机械	载重车	CDG9640D	1	中国河北省	2000-04	99	50t	
	载重车	10t	2	中国济南市	2001-10	73	10t	
土石方机械	推土机	TY-220	1	中国济宁市	1998-11	161	1.8m³	
	挖掘机	R942	2	中国上海市	1992-08	125	1.0 m³	
	翻斗车	32t	4	俄罗斯	1993-06	123	32t	
	打夯机	HW-60	6	中国河北省	1994-07	2.2	6kg·m	
混凝土机械	混凝土泵车	SY5380THB-37	1	中国湖南省	2005-04	265	90 m³/h	
钢筋机械	对焊机	UN100	2	中国上海市	2004-03	100	ϕ25	
	调直机	U4-14	2	中国杭州市	1988-07	7	ϕ4~14	
	弯箍机	S6-12	2		1993-06	3	ϕ6~12	
	钢筋切断机	GD40-1	2	中国太原市	1994-06	4	ϕ6~40	
	钢筋弯曲机	GW40-1	2	中国太原市	1994-07	4	ϕ6~24	

（2）工程主要施工机械进出场计划。工程主要施工机械进出场计划见表 6-1-3。

（3）图纸资料需求计划。图纸资料需求计划见表 6-1-4。

表 6 - 1 - 3　　　　　　　　　工程主要施工机械进出场计划表

机械名称	序号	机械或设备名称	型号规格	数量/台	生产能力	进场计划 /(年-月-日)
起重机械	1	履带吊	LR1400	1	400t	2008 - 09 - 07
	2	汽车吊	QY50A	2	50t	2008 - 08 - 25
	3	汽车吊	QY25	1	25t	2008 - 08 - 25
	4	塔吊	2t	1	2t	2008 - 08 - 25
运输机械	1	载重车	CDG9640D	1	50t	2008 - 09 - 07
	2	载重车	10t	2	10t	2008 - 07 - 15
土石方机械	1	推土机	TY - 220	1	1.8m³	2008 - 07 - 12
	2	挖掘机	R942	2	1.0m³	2008 - 07 - 12
	3	翻斗车	32t	4	32t	2008 - 07 - 12
	4	打夯机	HW - 60	6	6kg·m	2008 - 07 - 20
混凝土机械	1	混凝土泵车	SY5380THB - 37	1	90m³/h	2008 - 08 - 15
钢筋机械	1	对焊机	UN100	2	φ25	2008 - 07 - 18
	2	调直机	U4 - 14	2	φ4~14	2008 - 07 - 18
	3	弯箍机	S6 - 12	2	φ6~12	2008 - 07 - 18
	4	钢筋切断机	GD40 - 1	2	φ6~40	2008 - 07 - 18
	5	钢筋弯曲机	GW40 - 1	2	φ6~24	2008 - 07 - 18

表 6 - 1 - 4　　　　　　　　　图纸资料需求计划表

项目	序号	图纸名称	交付日期/(年-月-日)	备注
建筑专业	1	总平面布置图	2008 - 07 - 25	
	2	进场道路、围墙布置	2008 - 07 - 25	
	3	风机基础及箱变基础施工图	2008 - 08 - 05	
	4	主控楼基础施工图	2008 - 07 - 25	
	5	主控楼主体施工图	2008 - 07 - 30	
	6	主控楼装饰（采暖、通风、照明、消防）施工图	2008 - 09 - 20	
	7	电缆沟道	2008 - 09 - 10	
	8	主变及构架基础施工图	2008 - 08 - 20	
	9	水泵房、油池及其他	2008 - 08 - 20	
电气安装专业	1	升压站全所接地系统	2008 - 07 - 25	
	2	风机基础接地	2008 - 08 - 10	
	3	电气总图说明书及卷册目录	2008 - 08 - 30	
	4	110kV屋外配电装置	2008 - 08 - 30	
	5	35kV配电装置	2008 - 08 - 30	
	6	屋外主变压器安装	2008 - 08 - 30	
	7	箱式变压站安装	2008 - 08 - 30	

续表

项目	序号	图 纸 名 称	交付日期/(年-月-日)	备 注
电气安装专业	8	集点电架空线部分	2008 – 08 – 30	
	9	380V 所用配电装置安装接线及消弧线圈安装	2008 – 08 – 30	
	10	中控室二次中控室总的部分	2008 – 08 – 30	
	11	主变压器保护及二次线安装	2008 – 08 – 30	
	12	110kV 母线设备二次线	2008 – 08 – 30	
	13	110kV 线路二次线	2008 – 08 – 30	
	14	35kV 线路及母线设备二次线	2008 – 08 – 30	
	15	所用电源及电动机二次线	2008 – 09 – 20	
	16	220kV 直流系统及 UPS 安装	2008 – 09 – 20	
	17	电缆敷设	2008 – 09 – 30	
	18	照明部分	2008 – 08 – 30	
	19	订货任务书	2008 – 08 – 20	
	20	电缆桥架及支架	2008 – 09 – 15	
	21	主要设备技术协议	2008 – 09 – 15	
	22	设备及材料清册	2008 – 09 – 20	

2. 主要设备交付计划

(五) 工程管理信息系统应用规则

1. 工程管理信息系统的网络建设

风电工程施工项目管理信息系统的网络建设,将根据业主的统一规划和工程需要,做到科学合理、一次到位,并留有网络接口。通过该接口方便业主、监理、设计单位的计算机网络接入,设置专业人员负责数据采集和系统维护,保证网络平台兼容,保证信息传递畅通。按业主的要求将每天的工程相关基础数据与业主通过计算机网络交换数据,达到业主要求的数据共享,以实现工程的动态管理。

2. 计算机配备到每个管理技术人员

(1) 计算机网络采用 ADSI (1M) 拨号上网,星形结构,10M 交换到桌面。

(2) 操作系统采用 Windows 7,微机配备到每个管理技术人员。

(3) 服务器采用网通公司提供服务器和山东电力办公自动化 (OA) 2.0;运行 Web 综合查询。

(4) 交换机采用 D/LINK 交换机;UPS 使用 APC 在线式 UPS。

(5) 网络防病毒软件采用诺顿+8.0。

(6) 网络备份使用全天候自动备份机制,保证数据安全。

(7) 对业主和监理公司预留网络接口,网络连接根据现场布置采用双绞线,预留

10M 网络接口，通过该接口与业主、监理、设计单位的计算机网络连接。

（8）配备必要的数码摄录设备，在项目部会议室配备投影设备，方便工程资料的汇报和客流。

五、施工总平面布置与施工力能供应

1. 施工条件

（1）自然条件。大唐玉门低窝铺风电场二期工程位于甘肃省酒泉地区玉门镇南约 8km 处，风电场场地南部为祁连山脉，北部以马鬃山为代表的北山山系，冲部为平坦的沙漠戈壁，形成两山夹一谷的有利地形，成为东西风的通道，风能资源比较丰富。场地为河西走廊山前倾斜平原，俗称"戈壁滩"，地形开阔，地势较为平坦，海拔高度一般为 1550～1600m。

风电场场址属温带干旱半干旱，大陆性气候特征。工程所在区多年平均气温为 7.1℃，极端最高气温 36℃，极端最低气温－35.1℃，多年平均雷暴日数为 7.7d，多年平均雾日数为 2.7d，多年平均沙尘暴数为 8.2d，多年平均冰雹日数为 0.6d，气象站多年平均风速 3.8m/s，测风塔 65m 高度代表年平均风速 7.24m/s，通常情况下风速年内分布冬春大、夏季小。

（2）交通运输条件。场地东侧为兰新铁路和 312 国道，南侧有四（404 厂）昌（马）公路，交通较为便利。

（3）施工条件及建筑材料、施工供水、供电。大唐玉门低窝铺风电场二期工程位于甘肃省酒泉地区玉门镇南约 8km 处，地形开阔，地势较为平坦，施工时只需部分挖填平整，即可形成良好的施工场地。平坦开阔的施工场地，有利于吊装风机与吊车回转移动、风机叶片组装、集装箱临时堆放，施工条件较为优越。

主要建筑物材料来源充足，水泥可从约 110～130km 外的酒泉水泥厂和嘉峪关水泥厂购进，通过国道 312 线运至施工现场。砂石料可在离风场 10km 内的星马河河滩获取。

大唐玉门风电场一期工程已建成发电，生产生活设施较完善。二期工程紧邻风电场一期工程，施工用水及施工用电均从一期风电场集控中心的水源和电源接入。

施工修配和加工系统可主要考虑在当地解决，酒泉钢铁厂离风电场 130km，402 基地离风电场约 10km，两单位均为国有大中型企业，可提供加工、修配及租用吊车等问题。施工区可设必要的修配系统。生活用品可从玉门镇采购。

考虑风力发电机安装技术要求较高，需选用有实力的施工队伍，并且还应具有一定的风电机组安装经验和设备起吊的能力。

（4）施工特点。大唐玉门低窝铺风电场二期工程计划安装 33 台 1500 kW 风电机组，总装机容量 49.5MW。施工特点为单机工程分散。基础施工需分散进行。

2. 施工总布置

（1）施工总布置原则。场址区域地势开阔平坦，风电机组和箱式变电站总体布置分散，施工布置条件较好。根据工程地形及施工的特点，初步考虑按集中与分散相结合的原则进行施工，在较平坦的地方布置材料加工厂、设备及材料仓库、职工宿舍、混凝土拌和

站和砂石料堆放场地等工程临时施工设施。

(2) 施工工厂、仓库布置。

1) 混凝土土系统。本工程风机基础主要混凝土浇筑量约 10956m³，混凝土为二级配，单个机位混凝土浇筑量为 332m³。混凝土系统的生产能力受控于风电机组基础混凝土浇筑仓面面积，并考虑凝固时间的影响，为避免预留施工缝，保证在 12h 内完成基础混凝土的浇筑，混凝土浇筑强度将达到 28.0m³/h，根据风电机组布置及条件，本工程混凝土系统布置在 110kV 变电所一侧。系统内设 Hzs60 型搅拌站，设备铭牌生产能力为 60m³/h，并配一只 100t 散装水泥罐或 100t 水泥的堆放仓库，能满足混凝土浇筑高峰期 5d 用量。风机基础混凝土运输需采用混凝土罐车运输方式。

2) 砂石料系统。本工程风电机组主要基础混凝土共需成品砂石骨料约 1.89 万 t，其中粗骨料约 1.4 万 t，细骨料（砂）约 0.49 万 t。由于场地周边几千米范围内没有质量较高的天然中粗石子可以满足施工要求，故本工程不设砂石料加工系统，仅设砂石料堆放场，位置紧靠混凝土系统布置。砂石料按混凝土高峰期 5d 砂石骨料用量堆存，经计算，拌和站及砂石料堆场占地面积约 500m²，堆高 4～5m。砂石料堆场采用 100mm 厚 C10 混凝土地坪，下设 100mm 厚碎石垫层，砂石料场设 0.5% 排水坡度，坡向排水沟。

3) 机械修配及综合加工厂。本工程距嘉峪关市约 110km，部分辅助企业可充分利用当地的资源。现场设置机械修配厂及综合加工系统（包括钢筋加工厂、木材加工厂）。为了便于管理，综合加工厂集中布置在 110kV 升压变电所附近，总占地 500m²。

机械修配场主要承担施工机械的小修及简单零件和金属构建的加工任务，大中修理工作委托嘉峪关市相关企业承担。

4) 仓库布置。本工程所需的仓库集中布置在 110kV 变电所附近，主要设有水泥库、木材库、钢筋库、综合仓库、机械停放场及设备堆场。水泥库、木材库及钢筋库分别设在混凝土系统及相应的加工工厂内。综合仓库包括临时的生产、生活用品仓库等，占地面积 500m² 机械停放场考虑 10 台机械的停放，占地面积 1000m²。

(3) 施工用电负荷、电源、电压及输变电方案。根据风电场施工较分散的特点，混凝土浇筑需采用罐车运输方式。本工程施工用电可利用已经引入风电场的电源点通过动力控制箱、照明箱和绝缘软线送到施工现场的用电设备上。另外，每个工作面备用一台柴油发电机作为施工备用电源。经初步计算，本工程高峰期施工用电负荷约 200kW。

(4) 施工用水量、供水方案。风电场施工用水由建筑施工用水和施工机械用水等部分组成。本工程场址东侧紧邻风场一期工程，从集控中心附近水井直接引至风场内修建的蓄水池满足工程施工用水要求。经计算，本工程高峰日用水量约 90m³/d，其中建筑施工机械用水量 5m³/d，建筑施工用水量约 70m³/d，施工期场内环境保护用水量 8.0m³/d，浇洒道路用水量 7.0m³/d。为保证施工期间的用水量，可考虑在施正现场和拌和站附近设置临时蓄水池。

(5) 材料供应。本工程所需的主要材料为砂石料、水泥、钢材、木材、油料和火工材料等，材料的主要来源为：

1) 砂石料。砂石料可从 10km 内的昌马河河滩获取。

2）水泥。可从约 110～130km 外的酒泉水泥厂和嘉峪关水泥厂或就近在玉门镇水泥厂采购。

3）钢材。钢材可从嘉峪关市或酒泉市购买。

4）木材。从玉门镇木材供应单位采购。

5）油料。从玉门镇石油公司采购。

（6）场地平整土石工程量。本期风电场场址区域地势开阔平坦，场地不需要做大量平整，仅对风电机组基础附近做小范围的场地平整，即可为设备的吊装提供合适的工作场地。

3. 施工交通运输

（1）对外交通。本风场一期工程已建成发电，对外永久交通已经形成。风力发电设备及其他建筑材可用汽车直接运到工地。

本风场二期工程风力发电设备，最重部件为主机机头，其中推荐方案 1500kW 风机其单个机头重约 55.6t，最长部件为叶片，单片长约 38m。对外交通条件应满足风电机组38m 长叶片的通行要求。推荐方案 1500kW 风机为华锐科技有限公司制造，其组装厂设在大连市，因此考虑风力发电机组从大连市发货；风机叶片由保定生产厂提供，可公路运输至施工现场，5 万 kVA 主变压器，由招标确定的生产厂家经公路（铁路）运输施工现场。

初拟叶片运输路线为保定→石家庄→太原→吕梁→靖边→吴忠→兰州→沿 312 国道（经武威、张掖、山丹、嘉峪关、玉门）→本期风电场。

（2）对内交通。风电场内地势平坦，为节约投资和减少土壤扰动，风场内尽可能利用已有的砂石路或现有的自然道路。根据风电场总体布置，以建成的集控中心为起点，结合对外交通，修建通向各个机位的施工道路，施工道路紧靠各个风电机旁，以满足设备一次运输到位和基础施工需要。风电场内共修建宽 10.0m 的砂石路面施工道路 13.88km。场内道路布置见施工总平面布置图见 DYK2-R-02。

风电场内运输应按指定线路将大件设备如机头（发电机）、叶片、塔架、箱式变压器等均按指定地点一次卸到落地货位，尽量减少二次转运。

4. 工程征用地

（1）程用地政策。风电场占用土地包括永久性占地和临时性占地。

（2）工程永久占地。本期工程永久性占地包括风电机组及箱变基础、直埋电缆沟及架空线杆位占地，每个个风力发电机组基础（包括箱变基础）占地面积按 20m×20m 计算，共占地 13200m²；直埋电缆沟占地 2225m²（按 2m 宽征地）；架空线杆位占地 1536m²（每个杆按 2m×2m 征地）。本期工程推荐方案永久占地面积约 16961m²（25.4 亩）。

（3）工程临时占地。本期工程临时性占地包括临时施工道路、施工中临时堆放建筑材料占地、施工人员临时居住占地、设备临时储存所占地、风力发电机组吊装时的临时占地和其他施工中需临时占地等。经计算本工程推荐方案临时性占地约 194500m²（291.8亩）。本期工程占地面积参见表 6-1-5。

主体工程施工鉴于风机基础、风机安装及变电所施工的技术要求较高，建议业主采用工程招标的方式，选择有工程施工经验和资质的施工企业承建本工程。

表 6-1-5　　　　　　　　　　　征 用 地 面 积 表

项　　目		面　　积
永久性占地	（1）风机及箱变基础	13200
	（2）电缆沟	2225
	（3）架空线	1536
	永久性占地合计	16961
临时性占地项目	（1）吊装场地	52800
	（2）临建工程设施	2900
	（3）临时场内道路	138800
	临时占地合计	194500

5. 主体工程施工

（1）风电机组基础施工。

1）基础开挖。应根据开挖图进行施工放线，采用小型挖掘机，并辅以人工修正边坡的方式进行开挖。开挖完工后，应将基坑清理干净，准备基坑验收。验收后应视不同情况采取不同措施对基坑进行处理。

2）混凝土浇筑。风机基础钢筋混凝土强度等级为 C40。基坑开挖验收后，首先对底面夯实、找平，再浇厚度 100mm 的 C20 混凝土垫层。其后进行基础混凝土施工，施工需架设模板、绑扎钢筋并浇筑混凝土，施工应严格按设计图纸控制基础和钢筋的布置。混凝土必须一次浇筑完成，不允许有施工接缝。混凝土施工中应用测量仪器经常测量，以确保基础埋筒的上法兰平整度为 ±2mm 的精度要求。施工结束后混凝土表面必须立即遮盖养护，防止表面出现裂缝。基础混凝土凝在达到 7d 强度后方可回填土石料，回填时要求其干密度大于 1.8t/m³。要求回填至风机基础顶面下 100～300mm 时向四周摊平。

施工过程中，降雨时不宜浇筑混凝土，若遇在浇筑过程中下雨应立刻采取一定的保护措施，尽量避免冬季施工，若需在冬季施工应严格按照冬季施工方法进行，应考虑使用热水拌和、掺用混凝土防冻剂和对混凝土进行保温等措施。混凝土浇筑后应进行洒水保温养护 14d。土方回填应在混凝土浇筑 7d 后进行。在基础混凝土强度达到 90％ 以上可安装机组塔架。

（2）风电机组安装。本工程推荐方案选择的风电机组单机容量为 1500kW。下面就风电机组的，安装方法做以下叙述，此方法特点是准备工作时间短、吊装快、运用灵活。本期工程需要 350t 和 80t 两台吊车共同完成风力发电机吊装，安装时应在厂家专门技术人员的指导下进行。

1）施工准备。进场公路路面宽度应不小于 9.0m。安装应配备大、小两台吊车联合作业，为了保证吊车吊臂在起吊过程中不碰到塔架，应保证起重机有大于 40m×50m 的工作空间，在进场公路旁应有存放零配件或小型吊车的足够场地。

2）风电机组塔架安装。本期风力发电机为圆筒塔架，由三部分组成，每两部分之间用法兰盘连接。这些圆筒塔架是分段运输的，须在现场将筒内的配件安装好后，再进行吊装。在现场保存时应注意放置于硬木上并防止其滚动，存放场地应尽可能平整无斜坡。必须在现场检查塔架，及其配件在运输中损坏与否，为防止锈蚀，任何外表的损伤都应立即修补，所有污物也需清洗干净。安装前应检查基座，基座的平整度需用水准仪校测，塔架的允许误差应符合厂家要求。

在塔架安装前还应清除基础环法兰上的尘土及浇筑混凝土的剩余物，尤其是法兰处，不允许有任何锈蚀存在，若需要，可用砂纸打磨抛光。

3）风电机组机舱安装。风力发电机组采用分部件吊装的形式，在安装时，应选择在良好的天气，下雨或风速超过 12m/s 时不允许安装风力发电机。根据履带吊的起吊能力，机舱可用履带吊直接吊至塔架顶部并予以固定，履带吊支撑部位需铺垫路基箱，增加接地面积以分散起重荷载，以防止地面下陷。

4）风电机组叶片安装。转子叶片由载重汽车运输到安装现场。为了防止叶片与地面的接触，应使用运输支架将其固定。安装前，必须对叶片进行全面的检查，以查明其在运输过程中有否损坏。禁止不经全面检查就直接安装叶片。

在地面上按施工安装技术要求将转子叶片安装在轮毂上，等待叶片的吊装工作。

轮毂与叶片在地面组装，叶片需采用支架支撑呈水平状态。组装完毕后，采用专用夹具夹紧轮毂，同时用绳索系在其中的两片叶片上，剩余的一片叶片尖端架在可移动式专用小车上。在转子叶片安装前，应用清洗设备对叶片法兰和轮毂法兰进行清洗。当履带吊将轮毂缓慢吊起时，由人工在地面拉住绳索以控制叶片的摆动，直到提升至安装高度，由安装工人站于机舱内进行空中组装连接。

风速是影响风电机组安装的主要因素，当风速超过一定值时不允许安装电机组，现场施工管理人员应能够判断在何种风速下才可以安装风电机组。

吊装叶片和轮毂时，用大吊车提升轮毂和时片，用小吊车随吊一片叶片。为了避免叶片在提升过程中摆动，用圆环绳索分别套在 3 片叶片上，每片叶片用 3～6 名装配人员在地面上拉住。在提升过程中，禁止叶片与吊车、塔架、机舱发生碰撞，应确保绳索不相互缠绕。通过两台吊车的共同作用慢慢将转子叶片竖立。随后与吊装圆筒塔架相似，将带叶片的轮毂起吊并安装到机舱的法兰上。

安装结束后可将叶片的安装附件移走，并清理安装现场。

（3）箱式变电站基础工程。箱式变电站的基础采用混凝土形式基础。首先用小型挖掘机进行基础开挖，并辅以人工修正基坑边坡，基础开挖完工后，应将基坑清理干净，进行验收。基坑验收完毕后，根据地质情况对基础做出处理。浇筑基础混凝土时，先浇筑 100mm 厚度的 C15 混凝土垫垫，待混凝土凝固后，再进行绑扎钢筋、架设模板，浇筑 C25 基础混凝土，混凝土经过 7～14d 的养护期，达到相应的强度后即可进行设备安装。

（4）箱式变电站安装。本工程初拟选择美式箱式变电站，容量为 1600kVA。

1）安装前的准备。电缆应在美式箱变就位前敷设好，并且经过检验是无电的。

开箱验收检查产品是否有损伤、变形和断裂。按装箱清单检查附件和专用工具是否齐全，在确认无误后方可按安装要求进行安装。

2）箱式变电站的安装。靠近箱体顶部有用于装卸的吊钩，起吊钢缆拉伸时与垂直线间的角度不能超过 30°，如有必要，应用横杆支撑钢缆，以免造成箱变结构或起吊钩的变形。箱变大部分重量集中在装有铁芯、绕组和绝缘油的主箱体中的变压器，高低压终端箱内大部分是空的，重量相对较轻，使用吊钩或起重机不当可造成箱式变压器或其附件的损坏，或造成人员伤害。

在安装完毕后，接上试验电缆插头，按国家有关试验规程进行试验。

由于美式箱式变压器的具体型号和厂商需在施工阶段招标后才能最终确定，其安装方法在施工阶段要按照厂商的要求和说明进行修正。

（5）升压变电所及主要建筑物的施工要求和方法。

1）电气设备的施工技术要求。应按国家有关标准执行，其标准包括：《电气装置安装工程盘、柜及二次回路结线施及验收规范》（GB 50171—92）；《电气装置安装工程电力变压器、油浸电抗器、互感器施工及验收规范》（CBJ 148—90）；《电气装置安装工程电缆线路施工及验收规范》（GB 50188—97）；《电气装置安装工程电气照明装置施工及验收规范》（GB 50168—97）；《电气装置安装工程接地装置施工及验收规范》（GB 50168—97）。

2）电气设备安装总量。

a. 中压送变电设备及安装：①1600kV·A 箱式变压器，33 台；②10kV 电缆，埋设 35.06km；③1kV 电缆，埋设 3.96km。

b. 高压送变电设备及安装：①50MVA 两卷有载调压变压器，1 台；②高压开关柜，13 面；③110kV SF_6 断路器，2 组；④110kV 隔离开关，1 组；⑤110kV 电流互感器，2 组；⑥电容器及配套设备，1 套；⑦接地工程，1 项。

c. 低压送变电设备及安装：接地工程，1 项。

d. 中央监控系统设备及安装：主变保护柜，1 台。

e. 通信设备及安装：光缆，埋设 32.2km。

3）主要建筑物的施工。大唐玉门低窝铺风电场二期升压变电所及中一期工程共用，仅对变电所部分进扩建。110kV 升压变电所混凝土由现场混凝土搅拌站加工，建筑施工采用常规方法。基槽土方采用机械挖土（包括基础之间的地下电缆沟）。预留的 30m 厚原土人工清槽，经验槽合格后，进行基础混凝土浇筑及地下电缆沟墙的砌筑、封盖及土方回填。施工时要做好各种管沟及预埋管道的施工及管线敷设安装，尤其是变电所的地下高低低压电缆、管沟的隐蔽工程，以满足各种管线的排布及通行。在混凝土浇筑过程中应对模板、支架混凝土、预埋件及预留孔洞进行测量，发现有变形、移位时应及时进行处理，以保证质量。浇筑完毕后的 12h 内应对混凝土加以养护，在其强度未达到 $1.2N/mm^2$ 以前不得在其上踩踏或拆装模板与支架。

变电所架构采用吊车吊装就位，柱脚与基础连接采用杯口插入式。构架就位后，采用缆风绳保证构架稳定性，然后浇筑细石混凝土固定。待混凝土养护期满后，才能拆除临时固定措施。

构架基础、主变基础埋深约 2.2m，为混凝土独立基础。集控中心内电缆沟拟采用混凝土电缆沟，预制钢筋混凝土盖板，沟内考虑排水。

（6）主要施工机械。本期工程装机容量 49.5MW，风机机组为 33 台，施工期为 12 月，根据风场施工分散的特点，施工采用集中与分散相结合原则。即集中在 110kV 升压变电所旁边安装混凝土搅拌站、钢筋制作场；对于较远的基坑可根据情况，利用罐车运输方式结合混凝土泵对远距离机位进行现场浇筑。其施工主要机械见表 6-1-6。

表 6-1-6 施 工 主 要 机 械

序号	设备名称	规格型号	单位	数量
1	履带式起重机	350t	台	1
2	汽车式起重机	80t	台	1
3	混凝土搅拌站	HZS60	套	1
4	混凝土搅拌运输车	$6m^3/h$	台	4
5	混凝土输送泵	$30m^3/h$	台	2
6	平板拖车组	40t	辆	1
7	平板拖车组	60t	辆	1
8	混凝土搅拌机	400L	台	4
9	灰浆搅拌机	JI-200	台	4
10	拉水车	8000L	辆	1
11	内燃压路机	15t	辆	1
12	钢筋调直机	$\phi14$ 内	台	2
13	钢筋切断机	$\phi14$ 内	台	2
14	钢筋弯曲机	$\phi14$ 内	台	2
15	柴油发电机	120kW	台	2
16	反铲挖掘机	$1m^2$	台	2
17	钎入式振捣器	CZ-25/35	台	5
18	直流电焊机		台	2
19	交流电焊机		台	4

6. 施工总进度

（1）设计原则。根据风电场建设特点和经济条件编制施工组织设计，对风电场主要工程的施工做出原则性的安排，为工程的施工招标提供依据；为工程施工方案指定基本方向。

1）先进行生活设施建设，后进行生产设施建设。首先要解决施工人员的办公、吃、往问题，这就需要先建设办公、生活设施，以满足工程管理需要。

2）110kV 升压变电所扩建工程和电缆敷设工程应先期开工建设该工程装机规模 49.5MW，装机台数 33 台，施工工期为 12 个月。风电机组逐台安装调试后即投入运行，以便尽早取得投资效益。根据风力发电机的这种特点，配套工程的施工应有合理顺序以满足每安装一台风力发电机就能上网发电。特此应将 110kV 升压变电所扩建工程和电缆敷设安排早于风电机组安装调试工作开始前施工。

3）其他工程项目的施工。在保证上述 1）和 2）项的施工组织原则下，其他工程如仓库、临时辅助建筑、风电机组地基处理、混凝土基础等项目的施工可以同步进行，平行建设。其分部分项可以流水作业，以加快进度，保证工期。

4）风电机组进场与吊装时间的确定。风电机组的制作供货周期大约需半年以上的时间，根据合理建设程序，应分期分批供货。吊装设备的准备工作应在首批设备到货前完成。塔架制作加工大约需半年时同，可以陆续供货。

（2）分项施工进度安排。地区的气候条件，土建工程每年 3—10 月可以施工。另外，7—9 月风速小，对吊装工作较为有利。

1）风电机机组安装用吊车安装，根据其施工方法，风电机组按每 1.5～2d 安装一台（包括安装设备组装、拆卸、移位等）计算。

2）风电机组安装从具备向外输电条件起开始安装。

从建设期的第 1 个月初开始，第 3 个月中旬结束，施工准备期主要完成水、电、场地平整及临时房屋等设施的修建，准备工程完成后，进行有关各项分项工程施工。110kV升压变电所扩建工程从第 7 个月开始施工，第 8 个月底结束。

风电机组的基础和箱式变电站基础施工：建设期第 6 个月上旬开始安排基坑开挖，第 7 个月中旬结束；通信电缆的敷设及架空线架设从建设期第 7 个月开始施工，第 8 个月底结束。

风电机组的安装从建设期第 7 个月下旬安排，第 9 个月月底结束，第一台风电机组第 10 个月底发电，第 12 个月全部机组并网发电。施工进度已考虑冬季施工等自然条件的影响。

（3）施工控制进度。本期工程施工进度控制点为塔架加工和风机安装工程。塔架从第 6 个月到第 7 个月陆续提供。其中，塔架基础段必须在第 6 个月上旬陆续提供，以不影响现场施工为准。风电机组的安装，从第 7 个月中旬开始，第 9 个月月底安装结束。第 9 个月至第 12 个月进行机组和监控系统调试，第 12 个月全部机组并网发电。至此风电场全部竣工。

六、现场文明施工管理

（一）文明施工的目的意义和管理目标

1. 目的意义

文明施工主要是指工程建设实施阶段中，有序、规范、标准、整洁、科学的工程建设施工生产活动。它是改善人的劳动条件，适应新的环境，提高施工效益，消除环境污染，提高人的文明程度和自身素质，确保安全生产、工程质量的有效途径。它是施工企业落实两个文明建设的最佳结合点。

在电力建设中，文明施工是加强管理、提高效益、保证安全、改变风貌的手段，是强化工程项目管理的重要内容，是电力建设创建国际一流的先决条件。通过工作的实践可以使人们充分认识到文明施工在工程项目管理中的重要作用。文明施工不仅改变施工现场面貌，使工地施工道路干净整洁，现场材料、设备堆放整齐，机械停放有序，而且能够改变人的精神面貌。

文明施工，一是工人劳动强度减轻，企业职工可以始终保持良好的精神状态；二是文明施工不仅可以促质量、保安全，而且能够促进经济效益；文明施工注重标准规范，工作严谨，减少工、料、机无效投入的浪费；文明施工讲究工艺，节省原材料的消耗；三是文明施工不仅可以提高工程项目管理水平，促进企业施工生产水平发展，增强企业竞争能力，尽快实现企业管理的现代化，而且能够推动企业精神文明建设，塑造和开拓企业神、企业文化，提高企业整体素质，培养文明的职工队伍。

文明施工是反映企业精神面貌、工艺技术、整体素质和管理水平的一面镜子，已成为电力施工企业有效的无形资产。

2. 文明施工管理目标

引入企业文化管理理念，贯彻原电力工业部《电力建设文明施工规定及考核办法》，努力创建全国风电建设安全文明施工样板工程。

（二）文明施工具体要求和做法

（1）施工现场的主要入口处设立工程概况牌、管理人员名单及监督电话牌、消防保卫牌、安全生产牌、文明施工牌和施工现场平面图等"五牌一图"。

（2）施工区与办公区、生活区分开布置。丰富职工的业余生活，加强对施工人员的思想教育和培训，不断提高施工人员的文明施工素质。

（3）施工人员统一着装和佩戴胸牌。统一规划布置宣传牌、安全标志及机械、施工设备、材料、工器具、临时设施等的标识，使之醒目、协调。

（4）办公用房、班组的工具间及施工器材堆放间，统一规划放置，做到式样、色彩、标识方面统一。

（5）施工现场实行区域隔离模块式管理。对现场办公区和工具间区域、加工制作区、材料设备库区、主控楼、独立的构筑物等区域按坚固、稳定、整洁、美观的原则进行隔离。材料、设备根据不同的保管要求按类别存放，实行定位定号的计算机管理。

（6）进入作业现场的材料（包括周转性材料）、设备、机械、施工器材及临时设施与作业需求和文明施工管理相匹配，控制进入的顺序、时间、数量，并在施工完毕后及时撤出。

（7）必须保持现场消防通道、安全通道的畅通，不得任意侵占。

（8）加强班组文明施工教育和管理力度，坚持"日清理、周清扫"制度、坚持"工完料净场地清"、发扬"下班不空手带着废料走"的优良传统和作风。

（9）主要施工区域的临时电源全部使用标准电源盘，并设专人管理。

（10）氧气、乙炔执行分区域统一集中供气，并严格执行氧气、乙炔瓶的管理规定。

（11）各临边处、临空面，制作标准的防护栏杆，涂红白相间的油漆，安装时做到横平竖直，整齐美观。

（12）各类孔洞按实际规格安装标准盖板，并画图、编号、标识，不得随意拆除损坏。

（13）现场主要或集中施工场所，设置广场式照明灯塔，确保照明充足。

（14）电焊把线集中铺设，并排列整齐，安装电焊把线插座，杜绝焊把线乱拉乱拽。

（15）随工程进度及时完善防护设施，建筑施工用密眼安全网全封闭，安装施工要随层张挂滑线安全网，各层平台梯子、步道和栏杆做到同步吊装。

（16）脚手架要按标准规范搭设，安装用小型脚手架并一律使用碗扣式脚手架，执行设计、搭设、验收、使用挂牌制度。

（17）各种卷扬机必须统一搭设标准防护棚，在明显位置张贴操作规程。

（18）各种电气设施和机具必须有良好的接地或接零措施。

（19）全场临时电源严格按建设部的规定执行三相五线制。

（20）现场材料保管应依据材料性能，采取必要的防雨、防潮、防晒、防冻、放火、防爆、防破坏措施，贵重危险物品及时入库，建立严格的领退料手续。

（21）力能管线和文明施工标准化设施在布置时注意与永久性管线错开，达到安全、方便使用，以利检查、维修和现场的清洁。

（22）在生活区、办公区及其道路二侧进行绿化，美化现场的环境。尽量为建设项目的绿化与工程建设的同步创造条件。

（23）建筑交付安装时以及安装交付调试时，制定建筑及安装应具备的条件的规定，确保建筑为安装、安装为调试创造良好的文明施工条件。

（24）制定成品保护、防"二次污染"的规定，规范文明施工作业行为。对已施工完毕的成品，采取综合性保护措施，包括监管措施及保持外观的整洁美观。

（25）积极争取建设、设计、监理、设备制造单位的支持，做到图纸、资料、设备、材料、建设资金的按时提供，做好相关方和现场各施工单位间的协调，为文明施工创造良好的外部条件。

（三）管理组织及职责

（1）公司的行政正职对公司的文明施工负全责，项目经理对项目部的文明施工负全责，主管生产（施工）的领导必须抓文明施工。

（2）文明施工管理具体由公司工程管理部负责组织实施，各专业工程处分管生产的负责人为本单位分管文明施工的责任人。

（3）工程管理部职责。全面负责公司的文明施工工作，负责文明施工文件的学习贯彻，组织实施《文明施工管理实施细则》，制定文明施工工作规划、计划，对文明施工工作进行布置、落实、检查、评比、总结和奖惩等。

（4）专业工程处职责。负责贯彻执行文明施工工作的制度和办法，按照《文明施工管理实施细则》做好本单位的文明施工工作，参与文明施工大检查，对检查出的本单位不符合文明施工的项目，立即做出整改。

（四）成品保护措施

项目施工完成后严禁在设备及构筑物上留有遗留物，并告诫施工人员爱惜自己和别人的劳动成果，防止和杜绝设备及构筑物的三次污染。不准随意在设备、结构、墙板、楼板上开孔或焊接临时结构，必要时要取得工程管理部的认可，并填写书面申请单且经工程管理部批准后实施。

七、工程材料设备与施工机械的管理

（一）材料设备管理机构及职责

1. 机构设置及人员

在经营管理部下，设物机办公室，具体负责工程材料、设备及施工机械的管理工作。物机办公室设主管2人，其中1人负责材料设备，1人负责施工机械。并设设备计划组、材料计划组、运输管理组。

（1）设备计划组负责业主所提供设备、材料的管理工作及公司负责采购的装置性材料的采购供应工作；设备库、装材库负责设备、装置性材料验收、保管、发放工作。

（2）材料计划组负责材料采购供应工作，钢材库、五金库、建材库、化工库负责材料的验收、保管、发放工作。

（3）运输管理组负责本工程设备、材料的运输、装卸、搬运和开箱作业工作。

2. 管理模式

设备、材料应用计算机管理，材料仓储管理系统包括：采购管理、合同管理、集成管理、基础数据、库存管理，物料需求计划、系统管理、物耗管理。实现材料票据、财务稽核，成本核算电子计算机自动生成，提高管理效率，保证工作需要。Just Win 建文项目施工管理软件网络版，将设备清册、设备合同和设备装箱单及时进行数据录入，到货的设备经检验采用定置管理，分区划片，按系统分类设位并标识。设备定位并输入计算机，保证随时账物相符，便于检索查询，解决设备定位和可追溯性管理。完成设备到货、检验、入库、保管、出库、合同、报表、查询等各项功能，达到信息共享，可为业主同步提供设备到货、发放、库存等各项信息的数据资料，为业主提供优质服务。

3. 工程设备、材料管理目标

按照《物资技术保管规程》及业主的要求以及施工单位《物资管理程序》对工程设备、材料进行管理。保证业主提供的设备、材料得到有效的质量控制，保证公司采购的设备、材料符合设计标准，杜绝假冒伪劣产品的流入，满足工程要求，确保工程质量。

（二）承包方采购材料、设备的管理。

1. 计划的编制与管理

（1）设备、材料的需用计划是设备、材料使用单位根据工程设计资料、作业指导书编制而成的，是设备、材料采购的依据；是确保采购合格设备材料、满足设计要求的基础。作为设备、材料采购的主管部门，必须严把计划的审批关。根据计划审批程序，工程性设备、材料由项目部经营部审签，措施性设备、材料由项目部工程管理部审批。项目部物资机械办公室是最后把关的部门，在审批设备、材料计划时，要保证设备、材料需用计划表中的内容，准确无误才能签收（包括机组编号、单位工程编码、物资名称、规格型号、材质、数量、质量要求、需用日期、编制日期）。特别是单位工程编码，材料计划员必须对照工程及设备、材料编码进行核对，正确的单位工程编码有利于进行单位工程成本核算。同时对设备、材料的质量要求也应审核清楚，必要时还应与业主监理工程师、设备材料使用部门进行信息沟通，确定质量要求的符合性，保证采购的设备、材料满足工程需要，达到设计要求。

（2）设备、材料需用计划审批后，将继续采用计算机进行汇总。具体操作是：通过计算机计划管理程序将需用计划加以整理、汇总，以单位工程为基准，按照工程需用日期对照库存量，对采购物资进行统筹管理，这样做有利于：

1）通过计算机管理能随时查阅工程所需设备、材料的名称、规格、数量，汇总后的计划能形成批量，便于统一采购，并可在保证质量的前提下降低设备、材料采购成本。

2）计算机汇总后的物资需用计划，便于查阅设备、材料的需用日期，适时进行采购，缩短物资的储存周期，减少储存过程中的损耗。

3）可避免库存积压，做到工完料清。

（3）各分管计划员。以质量保证管理体系、环境管理体系、职业安全健康管理体系为工作基准，保证设备、材料管理的各个环节都遵循三个体系的要求。计划员每天抽出 1～2h 的时间到施工现场进行实地考察，一是可以了解单位工程的实际进度，为安排设备、材料采购作准备；二是能与施工技术人员进行信息交流，提高自己的业务水平；三是自己能在施工现场了解到所采购设备、材料的质量、性能是否能真正达到设计业主及监理的要求。

2. 采购

（1）供货厂商的选择与评审。

1）能否采购到符合设计要求的物资，满足工程的需要，达到业主的满意，选择合格的供货厂商是关键。物资管理每一环节都遵守质量保证体系、环境保证体系及职业安全健康保证体系的相关条款。根据合同规定的供货范围选择符合设计及业主要求的供货厂商。在物资采购之前必须向供货厂商索取以下资料（但不仅限于此）营业执照、资质证书、供货方的能力及业绩、质量保证体系评价。对供应钢材水泥等主要物资的分承包方，必须进行实地考察，了解它们的生产状况、生产能力、售后服务并写出书面报告，确定能否满足本工程的需要，综合分析后确定合格的供货厂商。对那些已通过 ISO 9000 质量体系认证及业绩好的产品应优先使用。

2）对确定的合格供货厂商从质保、环保和职业安全健康方面对其进行动态管理。建立不合格品通知单制度，仓库验收人员在验收物资时发现不合格品必须填写物资不合格品通知单，并由供货厂商签字确认，且将不合格的通知记录存档，作为年终评价的依据。以此来决定是否能成为下一年度的合格物资分供方，对一年内出现 3 次不合格品的供货厂商，将取消供货资格。在环保和职业安全健康方面，与合格供货厂商签订环保及安全健康协议要求他们严格遵守协议中的诸条款，并进行定期检查。检查记录同样记录存档作为年度评价的依据，对那些不遵守协议的供货厂商将取消其供货资格。

（2）采购进货。

1）合格供货方的选择与评审是采购合格物资的基础，采购的操作过程是核心，所有的一切都是为了保证采购到合格的物资，达到设计标准，满足业主要求。为了保证质量，对采购的所有物资都要货比三家，不光是比价，还要比质，以质定价。所采购的物资都必须是满足设计、业主及监理的要求，而不是价格最低的。

2）对于主要材料、特种材料的采购，应根据招标文件的要求，提前将有关采购资料（包括 2～3 家厂商资料）报业主及监理工程师审定认可。

3）对所采购的物资进行货比三家或业主审定认可后，确定供货厂家。根据物资的数量，需用日期，质量要求编制物资采购单。采购单一式三份，存根一份，供货商一份，仓库一份作为接收物资的依据。

4）为了保证采购物资的质量，并价格适中，树立采购方良好形象，应与合格供货厂商签订物资采购廉政协议书、环境保护职业安全健康协议书，建立监督检查制度。要求合格供货厂商和物资公司经办人员都必须严格遵守协议书中的条款，在检查过程中发现问题将按条款的要求严肃处理。

3. 验收与保管保养

（1）设备、材料的验收。

1）材料到达现场后，各分管仓库管理人员依据采购单或合同，仔细检验所到货物的名称、规格、型号、数量是否与合同、采购单中规定的相符，并填写到货记录（到货记录中应注明外观质量验收情况）同时验证是否带有与实物相符的合格证、质量证明书，化工产品还应有安全使用说明单。发现不合格的材料立即填写不合格品通知单，经供方确认后，进行退货处理。验收合格后的材料按其性能做好标识。对于需要做复检的原材料，根据规程要严格按比例复检，复检合格后方可发放。

2）招标文件中业主方有特殊规定的，要按照业主方的要求进行验收。

3）仓库保管员建立原材料的质量证明单、复检合格证明单档案。实现产品质量的可追溯性的要求，确保符合工程设计规定的要求。

（2）设备、材料的保管保养。

1）设备、材料堆放场地应当地基坚实，排水良好，配备防火设施。

2）设备、材料保管保养按照国家。《物资技术保管规程》和《电力基本建设火电设备维护保养保管规程》进行；特殊设备材料按照供货厂家规定的要求保管保养。

3）主要材料保管要求。

a.钢材：①小型有色金属应存放在库房内，分类摆放在货架上并标识清楚；②小型优质碳素结构钢和合金钢应放在库房内或棚库内以型号规格的不同分别摆放在货架上；③露天存放的钢材一定要下垫条石或枕木，摆放整齐，周围无杂物，雨水能及时流出；④经常清扫库房内金属材料表面的灰尘及污物。

b.焊材：应放在干燥通风的库房内，库内配备除湿机及温湿度表，对焊条库的温度及干湿度，每日进行两查并做好记录，发现不符合及时处理。

c.化工产品：①化学品要存放于阴凉、干燥、通风条件良好的库房内，且采取防静电措施；各种化学品按照分区、分类、分段、专仓专储的原则进行保管，标识明确、防止挥发和泄漏；危险化学品储存的现场应有安全技术说明书（MSDS表）；②危险化学品库房内应使用防爆型照明灯具，严禁使用明火，库房附近应配备灭火器、消防桶、抹布、或棉纱、塑料桶等防火、防漏器材；③桶装化工产品应经常检查有无渗漏、破裂等情况，如果发现及时处理，并根据MSDS表的要求对渗漏物品进行处理；④仓库应对油品、化学品进行日常检查，发现不符合及时纠正并记录，核对实物与"物资有效期限记录表"过期失效的物资要填写不合格品通知单，并挂不合格品标识牌；⑤仓库管理员应按批准的计划量和先进先出的原则发放化工产品。

4.发放

建立项目部材料管理网络（包括各专业工程处材料员）。领用单位填写领料单，材料员核对物资需用计划无误后签字，由仓库管理人员依据物资需用计划领料单发料。材料合格证、质量证明单、复检报告统一编号扫描上网不再下发，领用单位在质量记录上只需填写编号即可。领用单位按单位工程领用料，物资公司发料后输入计算机管理。

（三）业主提供材料、设备的管理

1.计划管理

（1）工程进点后组织各设备计划员及其设备管理员认真学习投标文件，了解工程及业主的管理要求，明确工程的形象进度，工作超前考虑，使设备的供应有效地服务工程。

（2）熟悉业主颁布的管理程序，结合本公司质保管理程序、环保管理程序、职业安全健康管理程序及相关作业管理文件，确保材料、设备管理程序化、规范化，以便受到业主的有效控制，确保业主的要求得到满足。

（3）根据业主转来的订货清单及技术协议分专业填写设备合同登记表、存档归类进行管理。

（4）根据合同清单，对照实际材料、设备总清册，如发现有漏订的材料、设备及时向业主有关部门报告。

（5）根据合同清单中所列交货期，及时提交本公司工程管理部，组织各专业技术人员进行讨论，存在异议及时向业主有关部门报告。

（6）将合同清单传给项目部经营部、工程管理部、公司总部。设备计划员需仔细阅读设备合同的《技术协议》，有特殊服务的要进行汇总，附带详细的服务内容，书面报工程管理部、经营部。

2. 仓库管理

提供材料、设备的接货、卸车、搬运、开箱验收（业主组织）、保管保养、发放。

3. 工程设备、材料的装卸与搬运

设备、材料的装卸、搬运是物资供应的主要环节，装卸搬运人员要与计划采购、仓库管理人员密切配合，掌握货源情况；根据物资到货的信息资料，协调卸货场地、机械及工具准备。

（四）施工机械的管理

1. 管理目的

最大限度地满足项目各专业机械化施工的需求，提供精良的施工机械设备，为工程建设提供强有力的保障，优质、高效地完成施工任务。

2. 管理主要目标

（1）施工机械完好率要保持在95％以上，主要施工机械必须确保施工需要。

（2）提高机械设备的效率和效益，施工机械每百元净值完成的施工产值达到全国电建施工企业先进水平。

（3）杜绝重大机械设备事故。

3. 管理模式

施工机械采取集中管理与分散管理相结合、租赁管理与自用自管相结合，管理、使用、保养、维修、租赁、核算一体化管理模式，以适应项目法施工。

（1）施工现场主要的大型机械采取集中管理、自管自用的方法，由机械公司负责提供。机械公司管辖所有的起重机械、水平运输机械、柴油发电机等大中型机械；装载机、挖掘机等。

（2）中、小型机械自管自用与租赁使用相结合。各专业工程处及工程管理部所需的专用机械设备及试验设备，由公司配置，各自负责管、用、养、修。机械设备实行公司、专业施工处（公司）、施工班组三级管理。

4. 管理重点

（1）大型设备、关键设备的运输、吊装方案中所使用的施工机械安全、可靠。措施严谨、周密，具有可操作性，确保万无一失。

（2）关键施工工艺所采用的施工机械、仪器仪表、检测设备的可靠性、适用性、先进性。

（3）大型起重机械的拆卸、运输、安装、调试、操作、使用、维护等的全过程监督管理。

（4）厂内厂外机动车辆的安全管理。

5. 管理制度

（1）原电力工业部颁发的 4 个规定：《起重机械安全监察规定》《施工机械设备事故调查处理规定》《大型起重机械的选型、安装和拆卸管理规定》《施工机械设备管理规定》。

（2）公司 G—2006 版《管理体系程序》MSP 00 12"机械设备控制程序"，公司 E—2006 版《管理体系作业程序》MSOP 0031—0036 中机械设备管理相关程序及公司《机械设备管理办法汇编》（2002 年版）。

任务回顾与思考

1. 风电场施工准备工作的内容有哪些？

2. 试述风电场文明施工要求。

3. 工程材料设备与施工机械的管理内容有哪些？

4. 风电场现场施工注意事项有哪些？

任务二　海上风电场工程施工

学习目标：

1. 熟悉海上风电场施工准备工作、施工管理质量体系。

2. 掌握海上风电场施工计划的制订和施工质量管理及施工组织设计的编制。

3. 熟悉海上风电场施工过程及技术要求。

与陆上风电场建设相比，海上风能具有风速高、风速稳定、不占用土地等优点，已成为目前风能发展的趋势和重点，而在海上建立风电场除了其明显的优势外也带来一些不可避免的问题。海上工程施工方面存在的难题主要是基础建设施工问题，其基础工程的建设成本远远高于陆地风机。因此，降低海上风电场建设的成本是海上风电发展的关键所在。海上过程施工考虑的因素复杂，技术要求更高，因此应做好工程设计、施工准备，注重施工质量，严把技术。

海上风电场基础除应满足自身结构的强度、刚度及稳定性外，还要进行动力模态及疲劳分析，以满足基础结构在海洋环境中安全可靠的要求。根据海上风电机组的布局特点和海上施工的具体条件，海上风机基础与陆地风机基础相比有以下特点：

（1）荷载。有强风、海浪、冰载和腐蚀的作用。

（2）地质条件。覆盖层多为淤泥质土、沙土或无覆盖层的裸岩，差异性大，施工条件差。

（3）运输条件。只能水运，在滩涂或潮间带运输必须采用特制设备。

（4）安装方式。受海浪、强风影响，结构的运输与安装需投入大型水上设备，设备调遣使用费高。

就受力而言，海上风电场的基础与桥梁基础大同小异，因而可以借鉴桥梁基础的形式，同时海上石油平台的设计施工理念也值得借鉴。

一、概念

海上风电有四种基本的固定支撑结构：单桩基础（MP）、三脚架基础、导管架基础（jacket）和重力基础结构（GBS）。为了适用于水更深的场址，采用漂浮式支撑结构替代固定支撑结构，以下简要介绍浮动支撑结构的若干概念。

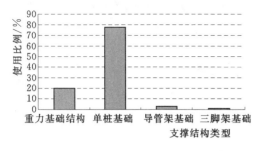

图 6-2-1 欧洲支撑结构类型分布图

（一）基础设计类型及其适用范围概况

超过75%的欧洲海上风电场的基础使用的是单桩支撑结构。从图6-2-1可以看出，欧洲就有近1200个单桩结构。

表6-2-1中可看出，当风电机组容量2~3.6MW，水深超过40m时，海上风电场不使用单桩结构，只有一个风电场在水深35m时使用（greater gabbard）。此外，当容量大于3.6MW时也不使用单桩结构。按照北海气候及土壤条件，水深30m且风电机组容量3~4MW应该是单桩结构的物理限制条件。当超过这个条件，单桩基础变得要么太厚，提举运输困难，要么桩太大，目前尚没有与之匹配的机械锤。同样的情况未必适用于中国的海上风电场。如果中国的气候更温和，水深为35m甚至40m都可以安装单桩式结构。一个单机容量为3.6MW的欧洲风电项目正在规划中，水深超过39m，计划采用单桩结构基础，但还需理论上的可行性技术论证。

表6-2-1　欧洲不同容量范围和水深范围内支撑结构类型分布

项 目		基础类型	欧洲风电场的数目				
风电机组容量	2~3.6MW	单桩	7	13	6	1	0
		重力基础	8	3	0	0	0
	>3.6MW	单桩	0	0	0	0	0
		重力基础	1	0	1	0	0
		导管架基础	0	0	1	0	1
水深		m	0	10	20	30	40

（二）不同基础类型的技术性描述

在介绍不同类型的基础之前先介绍：制造工艺、机械性能和安装等几个指标。

1. 单桩/过渡段

（1）制造工艺。简洁、快速。简单的圆周/纵向自动焊接。在总成本中结构劳动力成本所占比例较低。焊接处通常为 10～15 个。材料成本所占比重较高。

（2）机械性能。在传递扭转力矩过程中不能很好地发挥悬臂的材料特性。疲劳敏感源于材料的固有频率接近允许的设计范围。

（3）安装。相对成本较低。可在漂浮状态下利用船实现海上-陆上运输，每次可运送 4～5 个。然而，由于自重较大，负责安装任务的安装船只及起重机的成本较高，抵消了单桩基础在结构上的优越性。通常单桩基础重量在 300～800t 之间。如此大的重量需要显著增大吊车的规模，随之成本上升。

2. 三脚架基础

（1）制造工艺。支架周围焊接复杂。在较深的水中，支架形成主干，类似于单桩的悬臂梁。劳动力和材料的成本都较高（图 6-2-2）。

图 6-2-2　三脚架基础

（2）机械性能。根据水深不同而有所差异。水位越深，三脚架结构越像一个单桩，却没有单桩应有的结构简单、便于安装的优势。由于其固有频率接近叶片旋转频率范围，三脚架结构属疲劳敏感型，由于强大的水动力波载荷击打该结构，使其类似于单桩结构。

（3）安装。受尺寸和重量的限制，驳船的每次运载量很小。三个桩应被安置在河床甚至是水下。此基础较重，结构优势不明显，因而较少应用，且目前只在德国安装。

3. 导管架基础

（1）制造工艺。劳动力成本较高（以欧洲为例）。因为导管架基础使用的是标准管状结构，材料成本相对较低。导管架基础如图 6-2-3 所示。

（2）机械性能。连接风电机组塔筒圆壳套管与导管上部的连接件具有复杂的结构，在

图 6-2-3 导管架基础

设计时稍不注意即产生问题。相反，由于巨大悬臂传递扭转力矩，而且桩承受推拉力矩而非弯曲力矩使得载荷在海底的转移效果较好。在近海石油及天然气开发中使用的导管架结构特性为易于疲劳。由于结构基础尺寸小，所承载的水阻力较弱，则水力负荷相应较小，但因为在现有导管的平面内缺乏交叉刚度，使得该结构对转矩较为敏感。同塔筒刚度相比，基础的整体刚度较高，所以在基础上不存在频率共振问题。因为其具有四脚结构，最坏的情况下只保证三脚稳定，所以预安装的桩与导管臂之间的细节可能引起结构方面的问题。

（3）安装。桩要使用有大船板的特制安装船只进行预安装。导管的尺寸固定，而加上桩整体的重量在 500～600t 不等。重量限制了一次运输的数量，常常需要驳船运输，例如，一艘驳船将导管运送到安装船（海上某一固定的位置）。由于在漂浮的船上操作，起重臂的负荷在不断变化，故对重物的吊装有较高的限制，严重降低了该结构的可用性。另外，要在水平公差允许的范围内寻找顶部法兰的水平界面，需要严格预先安装桩体和导管界面，这又是一大挑战。

4．重力基础结构

（1）制造工艺。人工成本相对较高，材料成本较低，但所需材料数量较多。在海浪较平缓、水位较浅的地区，重力基础结构较受欢迎。大多数重力基础结构用驳船运送到海上具体位置后安装，每艘船可装 4～5 个。

（2）机械性能。适用于岩石层海床或土壤上层较坚硬的土质情况，否则，基础表面需要转移的倾覆力矩不能超过土壤的稳定性能，必须符合土壤滑移标准。抗疲劳特性良好，适用于有季节性浮冰的寒冷地区。

Lillgrund 瑞典重力结构基础如图 6-2-4 所示。

（3）安装。疏浚海床使其土质坚硬，平缓海床表面通常需要提前预备。当一切就绪后，从驳船上直接吊起。若水较深，在围堰建立好的基础上，浮动安装是最具成本效益的方法但其尚未完成；在中心轴和舱室里回

图 6-2-4 Lillgrund 瑞典重力
结构基础——起重量 1400t

填密度非常大的压舱物。安装过程需要在天气状况好的季节，因为在整个接触过程中存在动力放大作用，也因为基础的重量过大，用驳船运输重力基础，再加上起重机需要漂浮作业，从而引起起重机的钩负载双重的动力放大。由于其长期较低的维护成本，重力基础结

构具有优越性。

5．漂浮式基础

目前，漂浮式基础没有太多的应用，只应用于两个示范性的项目中：

（1）Hywind 风机，采用低频 Spar 技术，与钟摆相似，在大于 80m 水深处适用。

（2）在葡萄牙沿海的较浅地区试行三支柱半潜式项目（Vestas 风机，EDP 出资，葡萄牙项目）。系统具有动态压舱，可减少波浪和风力影响，但设计昂贵。

6．各种情况下的主要问题

（1）位移大，导致阵列电缆连接疲劳。

（2）机舱加速度容易带来问题，如果加速度过大需要订制专门的风机。

（3）基础和海底电缆非常昂贵。

二、国际标准

（一）设计标准

用于海上风电场风机和 OHVS 支持结构设计的最常见通用规范：①海上风力机认证的德国船级社 GL 指南，2005；②挪威船级社，DNV - OS - J2101，2011 年 9 月。

两个规范都提供了关于设计、选址、负荷、阻力系数、材料及更多有关钢结构设计、重力基础和螺旋连接等方面的通用指南。和德国船级社（GL）相比，挪威船级社（DNV）相对保守，固守其研究成果及计算公式这样做的好处在于从一开始整个过程就非常清晰；减少了鉴定机构和设计者之间的摩擦，不鼓励设计师单方面地优化设计和缩减成本，但曾经因此也导致了严重的后果，即挪威船级社程式化的方法导致了工程师盲目使用错误的公式。其中，挪威船级社用某公式来设计灌浆连接，最终证明此公式是错误的，导致灌浆连接处不垂直。这些公式没有经过多次检查和计算就直接拿来使用，其后果可想而知。据估计，超过 400 个单桩/过渡部件基础均按照这些公式设计，其中的一些基础已经开始滑动，且这种情况会陆续增多。对条件恶劣的北海地区来说，这将带来巨大损失。

除了上面提到的标准，还有其他大量的规范，主要有以下几种。

1．风能负荷及风机设计

（1）IEC61400 - 1，风电机组　第一部分：安全性要求。

（2）IEC61400 - 3，风机及海上风电关于负荷和阻力系数的设计要求。

2．位居次要的钢铁工程（本列表未全部列出）

（1）EN 50308，风电机组　保护性测量　设计、运行与维护的要求。

（2）EN ISO 14121 - 1，机械安全　风险评估　第一部分：评估原则。

（3）EN ISO 14122 - 1，机械安全　机械保持安全性的长久意义　第一部分：两级之间的固定方法。

（4）EN ISO 14122 - 2，机械安全　机械保持安全性的长久意义　第二部分：工作平台和行走方式。

（5）EN ISO 14122 - 3，机械安全　机械保持安全性的长久意义　第三部分：楼梯及护栏装置。

（6）EN ISO 14122 - 4 机械安全　机械保持安全性的长久意义　第四部分：固梯。

（7）EN 795 风机供应商自有说明，例如，关于平台的设计。

3. 喷涂系统

ISO 12944，及更加具体的 ISO 12944-5，喷涂及填漆-钢结构的防腐蚀保护喷涂系统第五部分：保护喷涂系统。

4. 地质技术

提到地质技术，特别要介绍 P-y 曲线，通常以 APIRP 2A-LRFD 为参考，这也是个通用标准，甚至由于基础桩的轴的直径较大，海上风电场也要注意该标准的使用。

上述标准的选择有未尽事宜，依照具体项目的不同也有所区别。

综上，选择认证机构需要格外谨慎。标准制定者要具有足够的专业技能，但同时可以看出，规范需有足够大的和富有机动性的人力资源，以确保足够的响应时间而不影响具体设计进度。供应商期望在特定的时间拿到最后的图纸，如有延迟会有罚金，继而推延整个供应链的工作。

（二）海洋保障鉴定

海洋保障鉴定师（marine warranty surveyor，MWS）有一项非常重要的却常常被人低估的工作，即保证所有吊装及海洋操作的安全性及技术可行性。如果加载单桩及过渡段、运输、吊装等操作不当，其结果是毁灭性的。如果一重物从吊车铁钩上滑脱，例如安装船只受到破坏，往往需要耗费几个月的时间寻找替代船只。这说明了设备的损失可能错失适于安装施工的季节性窗口时间，如夏季或春季。

例如，在欧洲一个海上风电场项目中，一个基础桩通过漂浮运输的方式送至指定地点，却在途中掉落。通常利用防水栓（又被称为木塞）使单桩可以浮于水面，但由于损失了其中一个木塞，导致单桩基础下沉。显然，这不仅仅是海洋保证鉴定师的责任，但因其负责签署运营方法及所用设备，如能对系统的安全性和冗余性进行仔细检查，就可避免此类问题的发生。这个案例进一步说明了海洋保证鉴定师（MWS）的重要性。

三、场址勘测和调查

基础最优化设计需要两种数据，即土壤数据和海洋气象数据。

（一）土壤数据

测深数据描述了海床地形和水深；地理数据描述了地基土壤及其成分；岩土工程数据包括了所有用于土地机械建模的土壤参数的。

对于土壤数据，场地专有数据的可靠性越强，设计就会越完美，则鉴定机构强加的限制就越低。

1. 岩土工程/地球物理

在概念设计阶段，首先用所有的岩土工程和可用的地球物理知识进行草图研究；综合二者的信息得到关于场址的海水等深地质图。依照可用数据，评估此地图的可靠性，但它应该符合首次基础选型和可行性评估标准。

首先进行钻孔作业。若地基与等深图的结果可靠性不够，需首先钻孔（3~4）。金属切割（或钻孔）可保证初步的地球物理学模型精度。当然，这种作业需要与造价不高且结构简单、可以侧扫声纳的水深测量相结合。

钻孔作业和水深测量相结合得到确保研究准确性的数据包，这些数据量对基础概念级设计也是足够的。基于概念级设计，初步选择基础的数量和质量，此方法便于财政评估，同时，概念级设计也可作为标书中转给安装或结构承包人作为初始文件。

然而，在"详细设计"阶段，这些数据量不够。这个环节需要做一个全面的岩土工程调查，其中包括每台风机点需要做圆锥贯穿试验（CPTs），贯穿深度取决于所选基础类型。若底部土层异于常规，也许要继续增加钻孔工作。CPTs只进行岩土工程参数强度和变形测试，尚未对下部土层的类型做出判断。

重要说明：CPTs是海上风电项目中第一个花费大项，欧洲大概耗费400万～500万欧元，具体数目和风机数量有关。CPTs在详细设计开始前6个月开始进行，要保证有足够的前期准备、执行力度、数据判读及认证。认证通常是一个漫长过程，这是由于对某些岩土工程参数，业界尚未达成一致意见。例如，土壤对周期负荷的反应程度，即在API标准下石油及天然气开采方法中广泛使用的 $P-y$ 曲线，当将 $P-y$ 曲线应用到风电时却由于海上风电单桩基础直径过大而产生了许多问题。

另外，目前还要做许多其他的调查，例如，未爆炸弹药；如果表层的地貌很重要，需进行第二轮地球物理调查。

2. 地貌

如通常欧洲海上风电场在结构设计过程中需考虑可能出现的沉淀物转移效应。"沙浪"是最重要的效应。由于长期循环在海床上形成浪形，沙浪每年移动数米，浪的宽度超过100m；在结构设计中，对于特定的靠近峰谷的风机机位，北海海床的差异能达到10m以上。这种海床地貌说明了当地水位深度的特殊性，必须考虑到设计中；同时，次地貌也会很大程度影响风机基础质量和固有频率范围。"沙浪"是最明显的"非均匀潮汐流体"，例如，"沙浪"存在于英国和荷兰之间的海峡中。破坏力最强的潮汐流和砂土位移方向大体与"沙浪"方向平行。

（二）海洋气象资料

海洋气象数据涵盖了风速、风向、浪高、海浪方向、周围温度、结冰信息及海运增长量等信息。但对于基础设计，最重要的是风和海浪数据。

与土壤资料不同，只需在详细设计前的6个月开始收集海洋气象资料，而且不可能获得足够多的风资源及海浪数据。为测定长期极端环境，有必要收集更长时间，即15～20年的资料。

然而，利用测风塔测量和收集1～2年风场所在区域的风和海浪数据，或利用海浪浮标专测海浪数据，用这些所得数据校准距风场某段距离的长期测量值，称为追测。追测是相当有价值的处理技术，尤其适合风电场场址距离长期测风数据点位置较远的情况。

追测模型离不开风场具体位置的测量数据。在没有具体位置测量数据的情况下，鉴定机构很有可能将传统的风和海浪数据加入设计规范中。例如，鉴定机构会令设计方使用距离海上风电场较远的测量点处的数据资料，以此作为海浪及风载荷计算的基础。这样可能导致计算出的载荷比直接用风场具体位置的数据高出10%，显著增加了基础安装成本。

四、单桩基础的设计

（一）设计方法

海上风电场风力机支持结构的设计同其他在海上作业的结构一样，基于 4 种设计极限状态，即最大极限状态（ULS）、疲劳极限状态（FLS）、故障极限状态（ALS）和正常使用极限状态（SLS）。使用下列一种设计方法：

（1）根据载荷和载荷效应的线性组合，确定部分安全系数并进行设计。

（2）联合载荷效应和直接载荷模拟过程，确定部分安全系数并进行设计。

（3）通过测试的辅助设计。

（4）基于概率原理的设计。

只有方法（1）和方法（2）可以用于基础的一系列设计。方法（1）是最常用的方法。它结合了材料的阻力系数（与材料类型有关；是否属于 ULS、FLS 等；基础类型；材料的可检验性）和作用载荷上的载荷系数（是否 ULS 或 FLS；固定载荷还是变化载荷）。

方法（2）也结合了阻力和载荷系数，但是并没有规定怎样的载荷组合方式从而得到具体的重现周期。例如，考虑用 DNV - OS - J101 进行海上风电场及风机结构设计。

表 6 - 2 - 2   **ULS 载荷组合**

风机容量极限状态	FND 型载荷组合	定义相关负载强度特点的环境载荷类型及重现周期				
		风	海浪	水流	冰	水位
ULS	1	50 年	5 年	5 年		50 年
	2	5 年	50 年	5 年		50 年
	3	5 年	5 年	50 年		50 年
	4	5 年		5 年	50 年	平均水位
	5	50 年		5 年	50 年	平均水位

表 6 - 2 - 2 用方法（1）在最大极限状态下描述了 5 种载荷情况。载荷情况 1 表示 50 年风况重复，5 年海浪重复以及 5 年水流重复。给出的环境载荷因素随着劳动力而增长，结构阻力随阻力系数降低，这些情况下的结构仍需要满足强度标准，如钢的屈服强度。

在方法（2）中同样使用了阻力系数，但组合方式与方法（1）不同。通过仿真计算得出与 50 年重现周期相关的最大似然估计，所得结果接受与方法（1）相同的强度检验。

虽然方法（1）较传统，但更简单易懂。当设计海上风电场结构基础时，需考虑几千种载荷组合运行情况，方法（2）有应用的局限性。

（二）设计极限状态

1. 最大极限状态

最大极限状态与最大载荷阻力相关，对结构的整个寿命中所有可能发生的极端负荷情况进行测试。对于 20 年寿命而言，一般设计 50 年或 100 年的重现周期。50 年重现周期对于海上风电场来说是最大值。这样，基础结构在合理的范围内且产生的故障不会引起灾难性破坏。最大极限状态在海上风电基础结构中不受控制。一般而言，其疲劳状态是受控的。

2. 疲劳极限状态

疲劳极限状态对应于循环载荷失效。即所谓的疲劳损伤在材料上产生重复压力。疲劳极限状态由振幅和频率控制，与频率呈线性关系（振幅相同时），与振幅呈三次方或四次方关系。海上风电单桩基础疲劳损伤为主。风机单桩基础的支撑结构有着与海浪频率及叶片扫过时的固有频率十分接近的固有频率，这导致结构具有很强的疲劳敏感性。

旋转叶片产生大量阻尼（此处为气动阻尼），使叶片看起来像个大风扇，气动阻尼可高达5％，与结构阻尼的1％相比是非常高的。然而，若风和海浪分布不呈直线（即"未对准"案例），气动阻尼不会对海浪产生阻尼影响。在这种情况下，当设计频率接近固有频率时，结构/土壤/辐射效应必须提供必要的阻尼，这是十分重要的。一个固有频率在0.3Hz左右的典型单桩结构，离波能量频率值不远。

阻尼是关键，对于单桩型的支撑结构，研究结构的非气动阻尼作用十分重要。只在中心有偏离的情况下考虑阻尼作用。较高的非气动阻尼将显著减少钢材量。因为规范通常只关注常规的结构阻尼因数，导致这一点长期被海上风电业忽略，造成单桩基础的过度设计。

3. 正常使用极限状态

正常使用极限状态相当于正常运行时可使用的偏差标准。长时间工作导致结构强度的增加，因而允许有适当变形。目前，在工业界存在广泛争议的是海床正常操作情况下的变形度允许范围。虽然尚没有固定的数值，但可以看出一个小的变形度将意味着数米的额外单桩长度。对于一个大型风电场，额外的钢材料可算成几百万欧元的成本。目前正在进行这方面的研究，这也是设计方和认证方争论的焦点，此问题还没有真正得到解决。

4. 其他设计考虑因素

（1）冲刷防护。选择合适的冲刷防护系统是单桩基础设计中的必要部分。

在静态冲刷保护下土壤不会产生凹陷，避免了需要提前摆放过滤器石头（石头直径60mm）。由于加入防护系统，在材料和安装上会增加成本，但因为单桩的固定位置在海床上或者相当接近海床，防护系统对此具有一定的优势。如果每个机位的单桩长度减少1～2m，对于50个机位来说，就可为项目节省1～2个单桩长度，即100万～200万英镑的投入，这还不算省去的石头成本。

动态冲刷保护不需要提前摆放过滤器，但需额外增加桩的长度。这些因素都要在早期基础设计过程中予以考虑。

（2）灌浆连接。连接片与单桩顶部的灌浆连接对于单桩基础设计是个薄弱环节。自从挪威船级社在2009年9月发行的标准DNV-OS-J101中出现了公式错误，人们为了找出原因做了很多工作，并提出解决办法以及修订设计标准。简单来看，设计缺陷在于灌浆连接的直径大于单桩顶部及连接片壳体的壁厚。灌浆接点并不一定是混合接点，如果这是主要原因，则灌浆接点及接点周围的各个零件必须有更高的强度、刚度和持久性。水泥在接点不能承受或者仅能承受张力，长时间以后水泥会产生裂缝，从而导致极小的纵向承载力。如何克服这些问题，有三种解决方案：①在单桩顶部配备带支架的过渡段，并且将垂直载荷通过轴承转移到单桩顶部；②在单桩上部配备有剪切键的过渡段，剪切键能够转移垂直载荷并且可以通过水泥灌浆来压缩；③改变过渡段的几何尺寸并使单桩的上部变为锥形连接，从而通过压缩的水泥灌浆带来垂直载荷。选择其中一种解决方案，既可以用来作为缓解办法和也可以作为一种新的结构。

如果一个单桩项目采用了不带过渡段的单桩，这意味着会直接在焊到单桩顶部的法兰上打桩。此外，海上风电场还需要安装二次结构，如船泊位、J 形管、工作平台等，笼状结构也是必需的。若无法达到安装条件，可以通过采用楔形补偿法兰环来安装单桩。

5. 小结

（1）疲劳极限来源于单桩及其过渡部件上的附属装置的焊接细节。焊件之间的摩擦带来较强的应力集中，大大减少了所需的板尺寸。

（2）使用较低品位的钢，因为其疲劳程度独立于屈服应力。

（3）单桩基础的设计过程就是桩直径优化的过程（以期达到所需刚度和最优的固有频率），同时，设计过程也是基于疲劳计算的最小化壁厚过程。

（三）结论与建议

1. 欧洲的经验教训

（1）技术项目发展是由工程师带动的。

（2）决定承包策略使其适合具体的标准（多项承包、工程总包、公司服务提供、目标控制、融资模式、项目团队资质、承包商资质、时间限制、早期产品等）。

（3）一开始就要把事情做对。

（4）鱼和熊掌不能兼得，不要期望同时用有经验的人和无经验的人而保持高质量和低成本。

（5）详细的土壤调查是工作的重中之重。

（6）无风电机组无工程。因此，要尽早地给出项目中具体的风电机组，从而进行具体的地基设计。

（7）保证项目中最昂贵部分的市场竞争力，基于信任和经验选择好的顾问。

（8）了解并接受海上风电行业还只是一个新的未经测试的行业。

（9）接受海上风电行业并不能像海上石油和天然气工业一样获得资源，我们需要更为廉价而可行的解决方案。

（10）在设计、建设以及运行风电场时，务必将安全问题放在首位。

（11）承包商的本能就是追求利益的最大化，因此不要忘记乘上相应的"系数"。

（12）不要忘记承包商总追求利益的最大化而不是工程的利益。

（13）不要相信最低的价格能够具有最好的质量，否则往往适得其反。

2. 中国海上风电

（1）造价：与欧洲相比，中国具有相对较低的劳动力成本。在其他部分中，这是中国的巨大优势。在材料价格方面，以结构钢材为例，其价格与欧洲相当，甚至更高。

（2）单桩是低劳动密集型的产品，但是却要求相对大型的钢材，类似于一个导管架。因此，单桩的制造能够利用到中国的竞争优势，但是它只是制造和施工最为简单的子结构。

（3）单桩在中国的适用性，无论在哪里都取决于土壤条件、风、海浪的条件、水深和涡轮大小。如果风和海浪情况确实比北海（作者对这里的情况比较熟悉）友好，中国将很有可能将单桩推到超过 35m 深的位置，使其出力达到 4MW，但是对于大型风机则不可能。因此，针对欧洲和中国的海浪、风和土壤条件进行详尽的比较研究将具有很大的价值。

（4）风场土壤条件是一个重要的决定因素。中国靠近主要城市的大河口具有非常厚的砂石沉淀，这意味着，淤泥沉积物延伸至海岸附近，导致土壤的顶部非常柔软，因而不适合建单桩基础。在这种情况下，单桩基础要建得更远一些才更合适。

（5）另外，制造的限制也很重要。欧洲最大的单桩直径为 6m，壁厚 120mm。如果中国能够将单桩直径制造为 6m，壁厚 150mm，就有应用的价值。

（6）设计中必须考虑台风。总的来说，导管架结构更加适合抵御恶劣的环境条件。

（7）波浪载荷对重要的风电场场址意义重大。中国跨越式发展的可能性就在于整个单桩产业，最终归结到导管架结构的批量制造。导管架结构容易扩展到适合一定尺寸范围内的风力机型号和海水深度。单桩结构只有当支撑结构疲劳不敏感时才可使用，即小范围内固有频率的改变不影响组件尺寸。导管架结构比较适合疲劳敏感的结构。

（8）总的来说，标准化是关键。但是这以环境条件变化比较平缓或者保持不变为前提。若环境条件变化比较平缓，能够简单地标出基础承受最差情况；若环境条件保持不变，能够设计出管理条件，所选场址的水位变化必须在一个较小的范围内，如果水深范围过大则超出了规定的标准。中国未必具有如此理想的区域，但中国接近理想的区域与拥有剧烈的风、波浪以及时常变化土壤特征的北海相比，更适合海上风电的标准化建设。

五、海上风电场电气基础设施

（一）特点概要

1. 参量

影响海上风电场电气系统结构设计的参量很多，最重要的有风电场和风电机组的选址、并网机会、风电机组容量（MW）、风电机组特性、所接入电网特点以及电气系统安装环境。前两项参量决定了风电场距并网点的距离，这是影响风电场并网系统设计和成本的关键因素。风电机组容量决定了场内电气系统的设计方案。

目前已经实现将风电机组并入交流电网，但若能通过直流系统将风电机组并入电网，则可优化风电场成本，因此这也将有可能成为未来的发展方向。海上风电场最好能并入电压等级在 100～380kV 之间且接纳能力较强的电网，否则就需要额外的输电线路或通过其他方法来维持电网的稳定性。

安装并网系统所使用的海底电缆需要考虑土壤的结构、形态以及电缆受损伤概率等因素的影响，目前已投入应用及其他可行的技术方案决定了并网系统的安装和维护成本。

2. 设计选项

并网系统首先面临的问题是是否选择直流输电技术。目前，如果风电场与并网点之间的距离大于 50km，则交流输电效率较高。直流输电适用于传输功率较大的场合，如将多个风电场的输出整合后，通过一回或两回电缆线路并入电网，德国一些较偏远的风电场就应用了这种输电方案。由于通往岸上的输电线路几乎没有剩余容量，因此设法减小线路损耗非常重要。目前风电场技术方案选择通常取决于初始投资、运行和维护成本以及系统损耗。

交流并网系统电压等级一般介于 $100\sim250\mathrm{kV}$ 之间。电压等级的选择取决于所接入电网的电压等级、风电场容量、输电距离和线路损耗。由于风电场场内系统电压等级较低（风电机组一次升压后电压介于 $22\sim50\mathrm{kV}$ 之间），而并网电压等级较高，因此有必要建设海上升压变电站（OHVS）。对于离岸较近的风电场，运行损耗本身比较小，如不设海上升压变电站，则初始投资也会大大减小。与此相比，通过升高输电电压等级减小线路损耗所获得的收益较小，因此出于投资与收益的考虑，可以选择不设立海上升压站。风电场设计时还需要对连接风电机组的场内系统进行优化，风电场的输出通过并网点（PCC，公共连接点）接入电网。海上升压变电站可以实现全部并网要求，但如果在岸上也安装相应的设备，如变压器和其他无功补偿装置等，则效率更高。

（二）场内系统

1. 基本情况

沿海风电场场内电气系统的网络布局和设计方案主要根据风电机组的容量、数目和位置，以及土壤等环境条件和海上升压变电站的具体情况确定。

海上风电场风电机组和升压变电站之间通过海底电缆连接，可以通过提高电压等级来减小场内电气系统的功率损耗，这在理论上是可行的，但受风电机组及其相关设备（箱式变压器、断路器等）的尺寸和成本影响，场内电压等级一般不超过 $36\mathrm{kV}$。

风电机组和海上升压变电站的海底电缆连接方式如图 $6-2-5$ 所示。

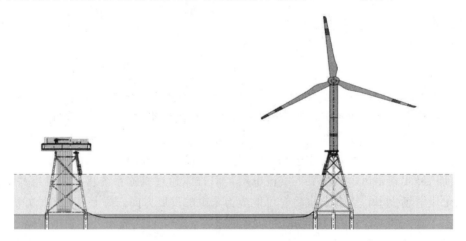

图 $6-2-5$　风电机组和海上升压变电站的海底电缆连接方式

2. 电缆设计

与输电系统一样，海上风电场场内电气系统也使用三相交流海底电缆（图 $6-2-6$）。与单相电缆相比，三相交流电缆结构复杂且灵活性较差，但电缆敷设相对容易且不易受外界环境影响而遭到破坏。海底电缆的敷设方式取决于土壤条件和外部可能受到的破坏影响。

海底电缆通常使用钢带护套以防止遭到捕鱼设备和小型船锚的破坏。用于数据通信的玻璃纤维集成于电力电缆中。一般使用防护套或者膨胀带来防止水对海底电缆的腐蚀。

3. 电网（拓扑）结构

场内电气系统可以通过改变线路长度和电能损耗来进行优化。电能损耗随电缆长度增加而增加，同理，安装和维护成本也是如此。减少风电机组组数可以减小未来成本，同时海上升压站电气系统结构得到简化，J形管（用于海底电缆与其他海上电气设备的连接）数量也有所减少。图6-2-7所示为北海某风电场内电气系统结构示意图。

从发电、设备安装和维护等角度考虑，风电场的电气系统结构布局越简单越好。如果J形管在所有风电机组基础上的位置相同，则二级钢管及其辅助设备的故障风险会有所减小。此外，由于海底电缆与风电机组的连接情况更加清晰，故海底电缆受到破坏的风险也会降低，与海底电缆的安装、检查和维护密切相关，这在风电场运行期间也是成立的。

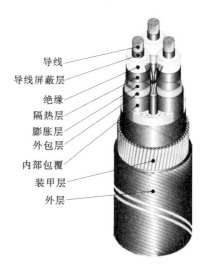

导线
导线屏蔽层
绝缘
隔热层
膨胀层
外包层
内部包覆
装甲层
外层

图6-2-6 高压三相海底电缆

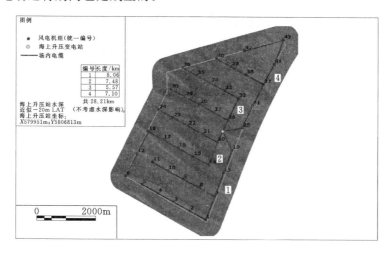

图例

● 风电机组（统一编号）
◎ 海上升压变电站
—— 场内电缆

编号	长度/km
1	8.06
2	7.48
3	5.57
4	7.10

共28.21km

海上升压站水深
近似-20m LAT （不考虑水深影响）
海上升压站坐标：
X579951m；Y5806813m

0   2000m

图6-2-7 北海某风电场场内电气系统结构

4. J形管设计中的电缆容量

电缆容量很大程度上取决于环境温度和允许的导热情况。因此电缆设计需考虑土壤的热传导性。在砂质土壤中，如荷兰北海区域，土壤的热传导性好，有利于电缆设计和控制成本。

风电机组和海上升压站的电缆都通过J形管连接，J形管对船只等造成的机械损伤和其他外部损坏起保护作用。J形管顶部为电缆悬挂设备（图6-2-8）。悬挂设备使得电缆和J形管之间的连接更加牢固，同时限制了电缆与环境之间的热交换。鉴于在电缆线路中潜在的重要作用，电缆和J形管设计应被予以特殊关注。相关设计和计算参数如空气温度、太阳光辐射、风速、电缆特性和负荷的大致情况。

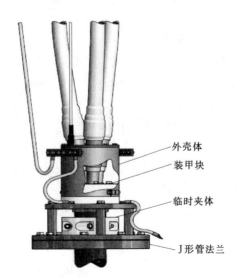

　　　　外壳体

　　　　装甲块

　　　　临时夹体

　　　　J形管法兰

图 6 - 2 - 8　海底电缆所使用 J 形管的上法兰

任 务 回 顾 与 思 考

1. 试述单桩基础的设计原则和方法。
2. 试述海上风电场风机基础的类型。
3. 试述海上风电场电气基础场内系统电气结构。
4. 试述海上风电场的现场施工特点。

学习情境七　风电场的运营管理

任务一　风电场的运行

学习目标：

1. 风电场运行工作的主要内容和主要方式。
2. 风电机组的运行的主要内容与风电机组的磨损及润滑。

随着风力发电技术的不断成熟和发展，对于风电场建设的科学运行、管理逐步成为一个新且关键的课题。风电场运营管理的主要任务就是通过科学的运营管理，来提高风力发电机组设备的可利用率及供电可靠性，从而保证电能质量，符合国家相关标准。风电场的企业性质及生产特点决定了运营管理工作必须以安全生产为基础，以科技进步为先导，以设备管理为重点，以全年提高员工素质为保障，规范企业生产，努力提高企业的社会效益和经济效益。

一、风电场运行工作的主要内容

风电场运行工作的主要内容包括两个部分，分别是风电机组的运行和场区升压变电站及相关输变电设施的运行。工作中应按照 DL/T 666—1999《风力发电场运行规程》的标准执行。

（一）风力发电机组的运行

风电机组的日常运行工作主要包括：通过中控室的监控计算机，监视风电机组的各项参数变化及运行状态，并按规定认真填写《风电场运行日志》。当发现异常变化趋势时，通过监控程序的单机监控模式对该机组的运行状态连续监视，根据实际情况采取相应的处理措施。遇到常规故障，应及时通知维护人员，根据当时的气象条件检查处理，并在《风电场运行日志》上做好相应的故障处理记录及质量记录；对于非常规故障，应及时通知相关部门，并积极配合处理解决。

风电场应当建立定期巡视制度，运行人员对监控风电场安全稳定运行负有直接责任，应按要求定期到现场通过目视观察等直观方法对风电机组的运行状况进行巡视检查。应当注意的是，所有外出工作（包括巡检、启停风电机组、故障检查处理等）出于安全考虑均需两人或两人以上同行。检查工作主要包括风电机组在运行中有无异常声响、叶片运行的状态、偏航系统动作是否正常、塔架外表有无油迹污染等。巡检过程中要根据设备近期的实际情况有针对性地重点检查故障处理后重新投运的机组，检查启停频繁的机组，检查负荷重、温度偏高的机组，检查带"病"运行的机组，检查新投入运行的机组。若发现故障隐患，则应及时报告处理，查明原因，从而避免事故发生，减少经济损失。同时在

《风电场运行日志》上做好相应巡视检查记录。

当天气情况变化异常（如风速较高，天气恶劣等）时，若机组发生非正常运行，巡视检查的内容及次数由值长根据当时的情况分析确定。当天气条件不适宜户外巡视时，则应在中央监控室加强对机组的运行状况的监控。通过温度、出力、转速等的主要参数的对比，确定应对的措施。

（二）输变电设施的运行

由于风电场对环境条件的特殊要求，一般情况下，电场周围自然环境都较为恶劣，地理位置往往比较偏僻。这就要求输变电设施在设计时应充分考虑到高温、严寒、高风速、沙尘暴、盐雾、雨雪、冰冻、雷电等恶劣气象条件对输变电设施的影响。所选设备在满足电力行业有关标准的前提下，应当针对风力发电的特点力求做到性能可靠、结构简单、维护方便、操作便捷。同时，还应当解决好消防和通信问题，以便提高风电场运行的安全性。

由于风电场的输变电设施地理位置分布相对比较分散，设备负荷变化较大，规律性不强，并且设备高负荷运行时往往气象条件比较恶劣，这就要求运行人员在日常的运行工作中应加强巡视检查的力度。在巡视时应配备相应的检测、防护和照明设备，以保证工作的正常进行。

风电场场区内的变压器及附属设施、电力电缆、架空线路、通信线路、防雷设施、升压变电站的运行工作应执行下列标准：

（1）SD 292—1988《架空配电线路及设备运行规程（试行）》。

（2）DL/T 572—2010《电力变压器运行规程》。

（3）GB/T 14285—2006《继电保护和安全自动装置技术规程》。

（4）DL/T T596—1996《电力设备预防性试验规程》。

（5）DL 408—1991《电业安全工作规程（发电厂和变电所电气部分）》。

（6）DL 409—1991《电业安全工作规程（电力线路部分）》。

（7）DL/T 5072—2015《电力设备典型消防规程（附条文说明）》。

（8）DL/T 620—1997《交流电气装置的过电压保护和绝缘配合》。

（9）DL/T 1253—2013《电力电缆线路运行规程》。

二、风电场运行工作的主要方式

随着风电场的不断完善和发展，各风电场运行方式也不尽相同。工作中采用的主要形式有风电场业主自行维护和专业运行公司承包运行维护。

（一）风电场业主自行维护

风电场业主自行维护是指业主自己拥有一支具有过硬专业知识和丰富管理经验的运行维护队伍，同时还需配备风力发电机组运行维护所必需的工具及装备。作为业主，初期一次性投资较大，而且还必须拥有一定的人员技术储备和比较完善的运行维护前期培训，准备周期较长。因此，这种维护方式对一些新建的中小容量电场来说，不论在人员配备还是在工程投资方面都不一定很合适。目前国内的几家建场历史较长，风电机组装机容量较大的电场多采用此种运行方式。

（二）专业运行公司运行维护

随着国内风电产业的不断发展，风电场的建设投资规模越来越大，一些专业投资公司也开始更多地涉足风电产业。这样就出现了风电场的业主不一定熟悉风电机组的运行维护方式，或是只愿意参与电场的运营管理，而不希望进行具体运行维护工作的情况。于是业主便将风电场的运行维护工作部分或者全部委托给专业运行公司负责。目前，这种运行方式在国内还处于起步阶段，公司的规模有待进一步发展壮大，管理模式有待进一步规范。

由于影响风电场生产指标的因素较多，作为业主应当结合电场的实际状况，合理量化运行管理的工作内容，制定出明确、客观的承包经营考核指标，用于检查考核合同的完成情况。

此外，国外的一些风电机组制造商也都设有专门的售后服务部门，为风电场业主提供相应的售后技术服务。由于地域原因，国外一些厂家在完成质保期内的服务工作后，很难保证继续提供快捷、周到的技术服务，或是服务费用较高，风电场业主不能承受。随着国内风电机组制造商的增多，服务时效和费用的问题已得到了较好的解决，并且一些国内厂家已初步具备了为业主提供长期技术服务的能力，这种运行模式在今后也会有一定的发展空间。

三、风电场机组的运行

（一）风电机组的启动与并网

1. 自动启动与并网

当风电机组加电之后，控制系统自检，然后再判断机组各部位状态是否正常（如果一切正常，机组就可以启动运行），在风电机组正常运行之前有如下的状态：

（1）启动状态。刹车打开，风电机组处于允许运行发电状态，发电机可以并网（变桨距处于最佳桨距角），自动偏航投入，冷却系统、液压系统自动运行（此时叶片处于自由旋转状态，如果风速较低不足以使风电机启动到发电，风电机组将一直保持自由空转状态），如果风速超过切入（并网发电）风速，风电机组将在风的作用下逐渐加速达到同步转速，在软并网的控制下，风电机组平稳地并入电网，运行发电；如果较长时间风电机组负功率，控制器将操作使发电机与电网解列。

（2）暂停（手动）状态。这种状态是使风电机组处于一种非自动状态的模式，主要用于对风电机组实施手动操作或进行试验，也可以手动操作机组启动（如电动方式启动），常用于维护检修时。

（3）停机状态。也称正常停机状态或手动停机状态，此时发电机已解列，偏航系统不再动作，刹车仍保持打开状态（变桨距顺桨），液压压力正常。

（4）紧急停机状态。安全链动作或人工按动紧急停机按钮，所有操作都不再起作用，直至将紧急停机按钮复位。

2. 电动启动并网

电动启动并网是指机组从电网吸收电能将异步发电机作为电动机模式启动，当达到同步转速后由电动机状态变成发电机状态。实际运行中，当发电机变极时，发电机将解列并加速（作为电动状态）达到高转速时再并网。

（二）风电机组的运行

1. 功率调节

风电机组在达到运行的条件时，并入电网运行，随着风速的增加和降低，发电功率发生变化；机组所有状态都被控制系统监视着，一旦某个状况超过计算机程序中的预先设定值，机组将停止运行或紧急停机。机组的运行过程为：达到启动风速开始启动，达到切入风速并网；达到额定功率时将进行调节（如失速方式或变桨距方法），当达到停机（切出）风速时，机组将停止运行，直到风速回到停机风速以下，机组再恢复运行。无论是变桨距还是失速功率都是通过叶片上升阻力的变化，以达到发电输出功率稳定而不超过设定功率的目的，从而保证机组不受损害，机组不应长期在超功率下运行。

2. 对风和解缆

风电机组中上风向机组多数是主动对风偏航的。当风向与机舱之间的夹角超过 10°，机组将控制偏航系统动作，偏航刹车解开，然后对风，对风正确后，再将刹车闭合。由于风电机组长期运行，有可能向一个方向对风次数较多，造成下落电缆绞缆。为保证电缆安全，安装在电缆上的绞缆传感器将动作，使机舱反方向转动解缆。

（三）风电机组的故障

1. 故障统计

目前我国各风电场中安装的风电机组的类型较多，主要有 Vestas、NEG/Micon、Nordex、Bouus、Tacke、Jacobs、Zond 等厂家的产品。机组单机容量从 55kW 到 1300kW 不等。各厂家采用部件不尽相同，无论是机械还是电控方面的部件相差很大。几乎所有部件都有发生故障的可能性，表 7-1-1 是世界上部分风电机组故障分类统计。丹麦、德国、美国等都对故障做了详细的统计。在故障统计上，应在两个层面上分析：一是故障停机时间（部件）占总的故障停机时间（部件）的比例；二是造成的直接、间接费用损失占整个故障损失费用的比例。通过对故障的统计，可以帮助人们了解哪些部件出现故障的几率高，以便采取必要的措施。应分析故障发生的确切原因，然后加以改进以避免故障的重复发生。尤其是叶片、齿轮箱、发电机等几个大型部件，应从被动失效分析判断，变成主动失效分析，也就是应定期对各部件及整个机组的状态进行预期失效分析，比如对齿轮箱啮合情况的测试，检查各轴承部位的运转状态、润滑油脂的好坏等。对机组振动进行频谱分析，可提早和及时发现潜在的隐患，适时安排和指导检修，减少停机损失。

表 7-1-1　　　　　　　　　　风力发电机组故障分类统计一览表

故障及其部位		故障内容	故障现象	故障原因	保护状态	自启动
控制系统故障	传感器	风速计	风速与功率（转速）	风速仪损坏或断线	正常停机	否
		风向计	机舱方位	风向计损坏	正常停机	否
		转速传感器	当风轮静止，测量转速超过允许值或在风轮转动时，风轮转速与发电机转速不按齿轮速比变化	接近开关损坏或断线	正常停机	否
		TV100 温度传感器	当温度长时间不变或温度突变到正常温度以外	铂电阻 PT100 损坏或断线	正常停机	否
		振动传感器	振动不能复位	传感器故障或断线	紧急停机	否

故障及其部位		故障内容	故障现象	故障原因	保护状态	自启动
控制系统故障	计算机	微处理器	微处理器不能复位自检	程序、内存、CPU故障	紧急停机	否
		记录错误	记录不能进行	内部运算记录故障	记录被复位	是
		电池不足	电池电压低报警	电池使用时间过长或失效	警告	是
		时间错误	不能正确读取日期和时间	微处理器故障	警告	否
		内存错误				
		参数错误				
		功率曲线故障	风电机组输出功率与给定功率曲线的值相差太大	叶片结霜（冰）	正常停机	否
	电网故障	电压过高	电网电压高出设定值	电网负荷波动	正常停机	是
		电压过低	电网电压低于设定值	电网负荷波动	正常停机	是
		频率过高	电网频率高出设定值	电网波动	正常停机	是
		频率过低	电网频率低于设定值	电网波动	正常停机	是
		相序错误	电网三相与发电机三相不对应	电网故障、连接错误	紧急停机	是
		三相电流不平衡	三相电流中的一相电流超过保护设定值	三相电流不平衡	紧急停机	是
		电网冲击	电网电压电流在0.1s内发生突变	电网故障	紧急停机	是
	电源	主断路器切除	主断路器断开	内部短路	紧急停机	否
		24V电源	控制回路断电	变压器损坏或断线	紧急停机	否
		UPS电源	当电网停电时，不能工作	电池或控制回路损坏	报警	
		主接触器故障	主回路没接通	触头或线圈损坏	紧急停机	否
	软件网	晶闸管	主断路器跳闸，晶闸管电流超过设定值	晶闸管缺陷或损坏	紧急停机	否
		并网次数过多	当并网次数超过设定值时		正常刹车、报警	是
		并网时间过长	并网时间超过设定值		正常刹车	否
	远控	远控开停机	远方操作风电机组启停，风电机组不动作	通信故障、软件错误	报警	
		通信故障	远控系统不通信、不显示	通信系统损坏、计算机故障	报警	
	控制器	控制器内温度过低	控制器温度低于设定允许值	加热器损坏、控制元件损坏、断线	正常停机	是
		顶箱控制器故障或人为停机	顶箱控制器发生故障或人为操作停机		正常或紧急停机	否
		顶箱与底箱通信故障	顶箱与底箱不通信	通信电缆损坏或通信程序损坏	紧急停机	否

257

续表

故障及其部位		故障内容	故障现象	故障原因	保护状态	自启动
机械系统故障	风轮	风轮超速	风轮转速超过设定值	转速传感器故障或未正常并网	紧急停机	否
		叶尖刹车液压系统故障	叶尖刹车不能回位或甩出	液压缸、叶片结构故障		
	发电机	发电机超速	发电机转速超过设定额定	发电机损坏、电网故障、传感器故障	紧急停机	否
		发电机轴承温度过高	发电机轴承超过温度（如90℃）	轴承损坏、缺油	紧急停机	否
		发电机定子温度过高	发电机定子温度超过设置值（140℃）	散热器损坏、发电机损坏	正常刹车	是
		发电机功率输出过高	发电功率超过设定值（如+15%）	叶片安装角不对	正常刹车	否
		电动启动时间过长	处于电动启动的时间超过允许值	刹车未打开、发电机故障	正常刹车	是
	齿轮箱	齿轮箱油温过高	齿轮箱油温超过允许值（如95℃）	油冷却故障、齿轮箱中部件损坏	正常刹车	否
		齿轮箱油温过低	齿轮箱油温低于允许的启动油温值	气温低、长时间未运行	正常刹车	否
		齿轮箱油滤清器故障	油流过滤清器指示器报警	滤清器脏或失效		
	偏航	偏航电机热保护	在一定时间内偏航电机的热保护继电器动作	偏航过热、损坏	正常刹车	是
		解缆故障	当偏航积累一定圈数后未解缆	偏航系统故障	正常刹车	是
	刹车	刹车故障	在停机过程中发电机转速仍保持一定值	刹车未动作	紧急刹车	否
		刹车片磨损（过薄）	长时间刹车片已磨薄	磨损报警	紧急刹车	否
		刹车时间过长	在刹车动作后一定时间内转速仍存在	刹车故障	紧急刹车	否
	振动	部件如叶片不平衡、发电机损坏、螺栓松动	机组振动停机	振动传感器动作	紧急停机	否
外界条件	风速	风速过高切出	风速超过切出风速	正常停机		是
	温度	外界温度过高	外界温度超过机组设定最高温度		正常停机	是
		外界温度过低	外界温度低于机组设定最低温度	正常停机		是

2. 故障分类

(1) 按主要结构来分类。

1) 电控类。电控类指的是电控系统出现的故障，主要指传感器、继电器、断路器、电源、控制回路等。

2) 机械类。机械类指的是机械传动系统、发电机、叶片等出现的故障，如机组振动、液压、偏航、主轴、刹车等故障。

3) 通信远传系统。指的是从机组控制系统到主控室之间的通信数据传输和主控制室中远方监视系统所出现的故障。

(2) 从故障产生后所处状态来分类。

1) 自启动故障。可自动复位。自启动故障指的是当计算机检测发现某一故障后，采取保护措施，等待一段时间后故障状态消除或恢复正常状态，控制系统将自动恢复启动运行。

2) 不可自启动故障。需人工复位。不可自启动故障是当故障出现后，故障无法自动消除或故障比较严重，必须等运行人员到达现场进行检修的故障。

3) 报警故障。实际上报警故障应归纳到不可自启动故障中，这种故障表明机组出现比较严重故障，通过远控系统或控制柜中的报警系统进行声光报警，提示运行人员迅速处理。

故障信息应便于运行人员理解和查找，并指导运行人员进行故障处理，如哪些故障运行人员可以自选处理、哪些故障应通知厂家或请求其他技术人员帮助处理等。因此故障表应包括故障编号、故障名称、故障原因（源）、故障状态（如刹车、报警、90°偏航、能否自复位、故障时间等）。目前国际上各风电机组厂家所使用的控制系统不同，故障类型也各不相同，这里根据各厂家的故障表将各类风电机组出现的主要故障按前面的分类列出，包括故障可能出现的原因和应检查的部位，供运行人员参考（表7-1-1）。

(四) 风电场运行记录

1. 日常运行日志

每个风电场都必须建立日常运行日志。日志中应详细记录每日发电量、风速、天气变化、抄表记录结果以及出现故障的情况、时间等。

2. 故障记录

每台风电机组都必须设置故障记录表，每当发生故障时，特别是发生不可自动复位故障时，应详细记录故障类型、当时机组状态、外界条件（如风速大小、天气、机组本身有无异常）、运行人员进行哪些处理、结果如何等，以备后查。

(五) 维护与检修

1. 正常维修（日常性维护）

正常维修是指风电场运行人员平时（每日）应进行的检查、调整、注油、清理以及临时发生故障的检查、分析和处理。

2. 定期检修

通常定期检修按厂家规定进行，但一般对如下部件的状态进行检查：叶片、齿轮箱、发电机、塔架、刹车系统、偏航系统、传感器、主轴、各部位螺栓、控制系统等部件。

除状态检查外应进行有关功能试验，包括超速、叶片顺桨、正常和紧急停机试验等。

检修中的测量包括刹车间隙、螺栓预紧力、接地电阻、计量系统的标定、油品取样化验以及发电机的部位的绝缘测量等。

风电机组各部件（位）定期检查内容见表7-1-2。

定期检修还应包括对整个机组的清理，如漏油的清理、灰尘清理、滤清器清理等。

表7-1-2　　　　　　　　风电机组各部件（位）定期检查内容一览表

检查部位	检查内容	可视性检查（是否损坏）	功能性检查	时间间隔
叶片	叶片表面检查	裂缝、针孔、雷击		一年
	叶片上螺栓	外观及腐蚀情况	20％抽样检查螺栓紧固	一年
	接地系统		是否正常	一年
导流罩	导流罩	有无损坏		一年
	紧固螺栓		有无松动	一年
轮毂	轮毂表面	有无腐蚀		一年
	主轴法兰与轮毂装配螺栓紧固		20％抽样	一年
	检查变桨距系统	有无漏油	有无异常情况	半年
主轴	主轴部件检查	有无破损、磨损、腐蚀、裂纹	100％紧固轴套与机座螺栓有无异常声音	一年
	主轴润滑系统及轴封	有无泄漏，轴承两端轴封润滑情况	按要求进行注油	半年
	轴承（前端和后盖）罩盖	有无异常情况		一年
	注油罐油位	是否正常		半年
	主轴与齿轮箱的连接	是否正常		一年
空气制动系统（气动刹车）	叶尖刹车块与主叶片	是否复位		半年
	液压缸及附件	有无泄漏		半年
	连接钢索	是否牢固		半年
液压系统	液压电机		是否异常	半年
	液压系统本体	有无渗油、液压管有无磨损、电气接线端子有无松动		半年
	相关阀件	工作是否正常		半年
	液压系统压力		是否达到设计压力值	半年
	液压连接软管和液压缸	泄漏与磨损情况		半年
	液压油位	是否正常		半年

续表

检查部位	检查内容	可视性检查（是否损坏）	功能性检查	时间间隔
机械制动系统	接线端子	有无松动		
	刹车盘和蹄片间隙		间隙不能超过厂家规定数值	一年
	制动块	磨损程度多少	必要时按厂家规定的标准进行更换	一年
	制动盘	是否松动，有无磨损和裂缝	如果需要更换，按厂家规定标准执行	半年
	机械制动器相应螺栓		100%紧固力矩	一年
	过滤器			按厂家规定时间进行更新
	测量制动时间		按规定进行调整	
齿轮箱	齿轮箱噪声	有无异常声		每月
	油温、油色、油标位置	是否正常		经常
	油冷却器和油泵系统	有无泄漏		半年
	箱体外观	有无泄漏		半年
	齿轮箱油过滤器			按厂家规定时间进行更换
	齿轮油化验			两年采集一次油样化验
	齿轮箱支座缓冲胶垫及老化情况	是否正常		一年
	齿轮箱与机座螺栓		100%紧固力矩	一年
	齿轮及齿面磨损及损坏情况	目视检查是否正常		一年
弹性联轴器	两个万向节点的运行情况	径向和轴向窜动情况		半年
	万向节螺栓	目视检查是否正常		半年
	弹性联轴器	万向节润滑注油	按厂家规定加注	半年
	橡胶缓冲部件	有无老化及损坏		一年
	联轴器		同心度检查	一年

续表

检查部位	检查内容	可视性检查（是否损坏）	功能性检查	时间间隔
发电机	发电机电缆	有无损坏、破裂和绝缘老化		半年
	空气入口、通风装置和外壳冷却散热系统	目视检查是否正常		半年
	水冷却系统	有无渗漏		每半年按厂家规定时间更换水及冷却剂、防冻剂
	紧固电缆接线端子	有无松动	按厂家规定力矩标准执行	一年
	发电机消音装置	目视检查是否正常		
	轴承注油，检查油质			注油型号和用量按有关标准执行
	空气过滤器	每年检查并清洗一次		
	绝缘强度、直流电阻		定期检查发电机绝缘强度、直流电阻等电气参数	五年
	发电机与底座紧固标准		按力矩表100%紧固螺栓	半年
	发电机轴偏差		按有关标准进行调整	五年
传感器	风速、风向、转速、齿轮箱液位、液压液位、温度、振动、方向传感器	有无异常松动、断线、损坏、结冰		半年
偏航系统	偏航齿轮箱外观	有无渗漏、损坏		半年
	塔顶法兰螺栓		20%抽样紧固	半年
	偏航系统螺栓		100%紧固	半年
	偏航系统转动部分润滑			注油、油型、油量及间隔时间按有关规定
	偏航齿圈、齿牙	有无损坏，转动是否自如	必要时需做均衡调整	半年
	偏航电动机或偏航液压马达功能	是否正常		半年
	液压系统本体	有无渗油、液压管有无磨损，电气接线端子有无松动		半年
	检测偏航功率损耗		是否在规定、范围之内	一年
	偏航制动系统	是否正常		一年

续表

检查部位	检查内容	可视性检查（是否损坏）	功能性检查	时间间隔
机舱控制箱	测试面板上的按钮功能		是否正常	半年
	接线端子、模板	是否松动、断线		半年
	箱体固定	是否牢固		半年
塔架	中法兰和底法兰螺栓		20%进行抽样紧固	半年
	电缆表面	有无磨损、老化和损坏		半年
	塔门和塔壁	焊接有无裂纹		半年
	梯子、平台、电缆支架、防风挂钩，门及锁、灯、安全开关等	有无异常，如断线、脱落		半年
	塔身喷漆	有无脱漆腐蚀、密封是否良好		半年
	塔架垂直度		在厂家规定范围内	一年

（六）风力发电机组的磨损及润滑

1. 风力发电机组的磨损

从风电机组目前发生的故障来看，齿轮箱、发电机、偏航等部位的齿轮、轴承部件的损坏主要有黏附磨损、表面疲劳磨损、腐蚀磨损、微动磨损和空蚀几种情况的磨损。使用润滑油脂的作用就是要降低摩擦，减少磨损以及防止腐蚀和空蚀。

（1）黏附磨损。指的是接触表面相对运动时，两个相对运动表面发生局部黏连（主要现象是表面划伤、烧合、咬死），在齿轮表面或轴承中常发生这种磨损现象。

（2）表面疲劳磨损。指两个滑动和滚动摩擦表面在交变的应力作用下，表层材料出现疲劳，然后出现微观裂缝，直至分离出碎片剥落或出现点蚀、麻点、凹坑等。常出现在齿轮表面和轴承中。

（3）腐蚀磨损。指的是金属表面在摩擦过程中，与周围介质在化学与电化学反应作用下产生的磨损，原因是润滑油、脂失效。如氧化、水化等。

（4）微动磨损。指的是在微小振幅重复摆动作用下，在两个接触表面产生的磨损。它的现象如同黏附和腐蚀磨损等共同磨损的结果。

（5）空蚀。指固体与液体相对运动时，由于液体中系统在固体表面附近破裂时产生的局部高冲击压力或局部高温引起的磨损，尤其齿轮箱中常出现这类问题。

2. 润滑油的选择

风电机组中主要采用合成油和矿物油，合成润滑油包括多种不同类型、不同化学结构和不同性能的化合物，多使用在比较苛刻的环境工况下，如重载、高温、低温以及有高腐蚀性的环境下，因此，在风电机组中最为常用。

为了使风电机组保持正常的运转，减少磨损延长寿命，提高经济效益，必须在选择和添加齿轮油时注意齿轮油如下的情况：

（1）合适的黏度。特别是在北方地区，这样才能保证齿轮油在弹性流体动压润滑状态下，形成足够的油膜，在冬季低温及大负荷下有足够的承载能力，降低齿面磨损。

（2）良好的抗压抗磨性。这一特性尤其针对重载下工作的齿轮，避免产生点蚀和磨损。

（3）良好的抗氧化稳定性。这一特性是为避免齿轮箱油在高温下的失效而生产损坏。

（4）良好的抗剪切安全性。

（5）良好的抗泡沫性。

（6）良好的防锈性。

（7）良好的抗乳化性。

3. 润滑脂的选择

润滑脂主要用于风电机组中轴承和偏航齿轮上，它除了有抗摩擦、减磨和润滑作用外，还起着密封、减振、阻尼、防锈等作用，在风电机组维护工作中占有很重要的位置。

润滑脂分为钙基（Ca）润滑脂、钠基（Na）润滑脂和锂基（Li）润滑脂。由于锂基润滑脂具有钙基润滑脂和钠基润滑脂的相似优点，而没有它们的缺点，即可使用在高温下，又可使用在潮湿的环境，因此风电机组中锂基润滑脂使用较多。在进口的润滑脂上，常标有 NLGI 的字样，指的是润滑脂的稠度，等级从 NLGI0－6，数值越小，润滑脂越软。

在一般风电机组中，滚动轴承采用 NLGI2 或 NLGI3 等。有些标号如 LT、MT 和 HT 分别指的是工作温度的低、中、高。还有一种称为 EP 的润滑脂（耐挤压）或 EM 耐挤压添加二硫化钼，具有不同的添加剂以加强膜的强度。

4. 润滑油、润滑脂使用注意事项

在风电机组定期检修时，必须检测齿轮油的性能如何，齿轮油是否失效，检查齿轮油油位，齿轮油样应送到专业厂家进行化验。检测其成分状态，如果需要更换其他品牌的齿轮油，应按照上述选择齿轮油的原则进行考虑，并得到厂家或专业部门的认可方可更换。应经常检查齿轮油滤芯，并根据情况进行清洗或及时更换。

风电机组中常常发生的轴承损坏，从润滑角度看，有以下几个主要原因：

（1）润滑脂或润滑油失效，原因是使用时间超长。

（2）不同型式不相容润滑脂或润滑油混用或选用错误。

（3）润滑脂过分搅拌或油位太高，过分搅拌产生高温或漏油。

（4）润滑不足。

（5）轴承的安装、定位，调整（间隙等）不合适。

因此在风电机组定期检修时，应注意定期加强新润滑脂的加入，并挤出旧的脏的润滑脂，保持轴承内部润滑脂的清洁。应注意正确的充填量，速度高、振动大的轴承滑脂不能加得太多（60%左右）；应注意不同基油和稠度的润滑脂不得混用，否则会降低稠度和润滑效果。应注意轴承的工作状态，如是否有振动、噪声等异常，有条件时应检测它的振动和频谱，判断轴承是否已经失效。经常检查轴承密封状况，防止灰尘等杂物进入轴承。

<h2 style="text-align:center">任务回顾与思考</h2>

1. 试述风电场运行工作的主要内容。
2. 风电场运行记录包括哪些内容？
3. 试述风力发电机组故障分类。

任务二　风电场的生产与技术管理

学习目标：

1. 风电场生产与技术管理的主要内容。
2. 风电机组的维护工作安全注意事项。

风电场应根据场内风电机组及输变电设施的实际运行状况以及生产任务完成情况，按规定时间进行月度、季度、年度风电场运行分析报告。报告中应结合历年的报告及数据对设备的运行状况、电网状况、风速变化情况以及生产任务完成情况进行分析对比。找出事物的变化规律，及时发现生产过程存在的问题，进行可行的分析，提出行之有效的解决方案，促进运行管理水平的提高。

一、风电场的生产管理

（一）生产指挥系统

风电场运行管理工作的主要任务就是提高设备可利用率和供电可靠性，保证风电场的安全经济运行和工作人员的人身安全，保持输出电能符合电网质量标准，降低各种损耗。工作中必须以安全生产为基础，科技进步为先导，以整治设备为重点，以提高员工素质为保证，以经济效益为中心，全面扎实地做好各项工作。

生产指挥系统是风电场运行管理的重要环节，是实现场长负责制及总工程师为领导的技术负责制的组织措施。它的正常运转能有力地保证指挥有序，有章可循，层层负责，人尽其职；也是实现风电场生产稳定、安全，提高设备可利用率的重要手段；更是严格贯彻落实各项规章制度的有力保证。

风电场在国内作为一种新兴的发电企业形式，因其自身发展和生产性质的特点，还未形成一种统一的组织机构形式。就目前的已有形式来说，可用"小而全，少而精"来概括。这主要表现在：风力发电涉及专业较多，包括电力电子、机械制造、空气动力、工业控制、机电一体化等；人员规模相对较小，组织机构简单；专业水平要求高，员工必须有较高的专业知识、技术业务水平和必要的技能技巧、即动手能力，在工作中要采用比较先进的管理方法和手段才能较好地完成各项工作任务。为此，生产指挥系统在机构设置上必须充分适应风力发电的行业特点，做到机构精干、指挥有力、工作高效。

生产指挥除了过去单一的行政命令以外，应当根据各风电场的实际情况，积极采用承包经营责任制等经济手段充分调动基层单位和员工的积极性，实现最佳的企业经济效益。

（二）安全管理

安全管理是企业生产管理的重要组成部分，是一门综合性的系统科学。风电场因其所处行业的特点，安全管理涉及生产的全过程。必须坚持"安全生产，预防为主"的方针，这是电力生产性质决定的。因为没有安全就没有生产，就没有经济效益。安全工作要实现全员、全过程、全方位的管理和监督，要积极开展各项预防性的工作防止安全事故发生。工作中应按照标准执行。

（1）根据现场实际，建立健全安全监察机构和安全网风电场应当设置专职的安全监察机构和专（兼）职安全员，负责各项安全工作的监督执行。同时安全生产需要全体员工共同参与，形成一个覆盖各生产岗位的安全网络组织，这是安全工作的组织保证。

（2）安全教育常抓不懈做到"全员教育、全面教育、全过程教育"，并掌握好教育的时间和方法，达到好的教育效果。对于新员工要切实落实三级安全教育制度，对已有员工定期进行安全规程的培训考核，考核合格后方可上岗工作。

（3）严肃认真地贯彻执行各项规章制度，工作中应当严格执行 DL 796—2001《风力发电场安全规程》，并结合风电生产的特点，建立符合生产需要，切实可行的"工作票制度""操作票制度""交接班制度""巡回检查制度""操作监护制度""维护检修制度"等，认真按照规程工作。

（4）建立和完善安全生产责任制。明确每个员工的安全职责，做到奖优、罚劣，以做好涉及安全的各项工作为手段，达到提高安全管理水平、消灭事故、保证安全的目的。

（5）事故调查要坚持"三不放过"。调查分析事故应当按照《电业生产事故调查规程》的要求，实事求是，严肃认真。切实做到事故原因不清不放过；事故责任者和各其他员工没有受到教育不放过；没有采取防范措施不放过。

（6）认真编制并完成安措、反措计划安全技术措施计划和反事故措施计划应包括事故对策、安全培训、安全检查及有关安全工作的上级指示等，对安全生产十分重要。应当结合电场生产实际做到针对性强、内容具体，将安全工作做在其他各项工作的前面。

二、风电机组维护工作安全注意事项

（1）维护风电机组时应打开塔架及机舱内的照明灯具，保证工作现场有足够的照明亮度。

（2）在登塔工作前必须手动停机，并把维护开关置于维护状态，将远程控制屏蔽。

（3）在登塔工作时，要佩戴安全帽、系安全带，并把防坠落安全锁扣安装在钢丝绳上，同时要穿结实防滑的胶底鞋。

（4）把维修用的工具、润滑油等放进工具包里，确保工具包无破损。在攀登时把工具包挂在安全带上或者背在身上，切记避免在攀登时掉下任何物品。

（5）在攀登塔架时，不要过急，应平稳攀登，若中途体力不支可在中间平台休息后继续攀登，遇有身体不适，情绪异常者不得登塔作业。

（6）在通过每一层平台后，应将层平台盖板盖上，尽量减少工具跌落伤人的可能性。

（7）在风电机组机舱内工作时，风速低于 12m/s 时可以开启机舱盖，但在离开风电机组前要将机舱盖合上，并可靠锁定。在风速超过 18m/s 时禁止登塔工作。

（8）在机舱内工作时禁止吸烟，在工作结束之后要认真清理工作现场，不允许遗留弃物。

（9）若在机舱外高压工作需系好安全带，安全带要与刚性物体连接，不允许将安全带系在电缆等物体上，且要两人以上配合工作。

（10）需断开主开关在机舱工作时，必须在主开关把手上悬挂警告牌，在检查机组主回路时，应保证与电源有明显断开点。

（11）机舱内的工作需要与地面相互配合时，应通过对讲机保证可靠的相互联系。

（12）若机舱内某些工作确需短时开机时，工作人员应远离转动部分并放好工具包，同时应保证急停按钮在维护人员的控制范围内。

（13）检查维护液压系统时，应按规定使用护目镜和防护手套。检查液压回路前必须开启泄压手阀，保证回路内已无压力。

（14）在使用提升机时，应保证起吊物品的重量在提升机的额定起吊重量以内，吊运物品应绑扎牢靠，风速较高时应使用导向绳牵引。

（15）在手动偏航时，工作人员要与偏航电动机、偏航齿圈保持一定的距离，使用的工具、工作人员身体均要远离旋转和移动的部件。

（16）在风电机组风轮上工作时需将风轮锁定。

（17）在风电机组启动前，应确保机组已处于正常状态，工作人员已全部离开机舱回到地面。

（18）若风电机组发生失火事故时，必须按下紧急停机键，并切断主空开及变压器刀闸，进行力所能及的灭火工作，防止火势蔓延，同时拨打火警电话。当机组发生危及人员和设备安全的故障时，值班人员应立即拉开该机组线路侧的断路器，并组织工作人员撤离险区。

（19）若风电机组发生飞车事故时，工作人员需立刻离开风电机组，通过远控可将风电机组侧风 90°，在风电机组的叶尖扰流器或叶片顺桨的作用下，使风电机组风轮转速保持在安全转速范围内。

（20）如果发现风电机组风轮结冰，要使风电机组立刻停机，待冰融化后再开机，同时不要过于靠近风电机组。

（21）在雷雨天气时不要停留在风电机组内或靠近风电机组。雷击过后至少 1h 才可以接近风电机组；在空气潮湿时，风电机组叶片有时因受潮而发出杂音，这时不要接近风电机组，以防止感应电。

三、人员培训管理

随着风电场的不断发展，新技术的广泛使用，人员综合素质的培训提高显得日益重要。风电场的行业特点也决定了员工培训工作应当贯穿生产管理的全过程。培训分为新员工进场实习、岗前实习培训和员工岗位培训。

1. 进场实习培训

新员工到风电场报到后，必须先经过一个月的理论知识和基础操作培训，对风电机组的基本结构、工作原理、输变电设施概况以及风电场的组织结构、生产过程和各项规章制度进行全面的了解。在进场实习培训期间应由技术部门派专人负责讲解指导，根据生产的实际适当地进行一些基本工作技能的培训，并对各个职能部门的基本工作内容进行初步了解，但一定要有监护人陪同，不得影响正常生产程序。培训结束后由技术部门组织进行笔试和实际操作考试，合格后方可进入下一步培训。

新员工进场培训的主要内容如下：

（1）风电场各项规章制度。

（2）风电机组的基本结构、原理介绍。

（3）风电场输变电设备基本结构原理。

（4）风电场的生产过程。

（5）风电场的组织结构。

（6）风电场安全规程初步学习。

2. 岗前实习培训

岗前实习培训的重要目的是使新员工在对风电场的整个生产概况进行初步了解的基础上，针对生产实际的需要全面系统地掌握风能利用的基础知识、风电机的结构及运行原理、风电机组及变电所运行维护基本技能以及风电场各项管理制度的学习与领会。在此基础上，由值班长根据生产的需要，安排实习员工逐步参与实际工作，进一步培养独立处理问题的能力。在运行部进行五个月的岗前实习后进行考评，考评内容包括理论知识及管理规程笔试、实际操作技能考评和部门考评。考评合格后方可正式上岗工作。岗前实习培训考评不合格者不能上岗，继续进行岗前实习培训。

岗前实习培训的主要内容如下：

（1）风能资源及其利用的基本常识。

（2）风电机组的结构原理。

（3）风电机组的总装配工艺。

（4）风电机组的出厂试验。

（5）风电机组的安装工序。

（6）风电机组调试。

（7）风电机组的试运行。

（8）风电机组运行维护基本技能。

（9）变电所运行维护基本技能。

（10）风电机组常见故障处理技能。

（11）风电场运行相关规程、规范。

（12）风电场各项管理制度。

3. 员工岗位培训

在职员工应当有计划地进行岗位培训，培训的内容应与生产实际紧密结合，做到学以致用。员工岗位培训应本着为生产服务的目的，采用多种可行的培训方式，全面高员工素质,促进企业的健康发展。

4. 员工的基本素质要求

(1) 员工要热爱本职工作,工作态度积极主动,工作中乐于奉献、不怕吃苦。

(2) 经检查鉴定身体条件能够满足工作的需要,能够进行日常登高作业。

(3) 对各类风电机组的工作原理维护方法及运行程序熟练掌握,具备基本的机械及电气知识。

(4) 有一定的独立工作能力,能够独立对风电机组出现的常见故障进行判断处理,对一些突发故障有基本应变能力,能发现风电机组运行中存在的隐患,并能分析找出原因。

(5) 有一定计算机理论知识及运用能力,能够熟练操作常用办公自动化软件。能使用计算机打印工作所需的报告及表格,能独立完成的运行日志及有关质量记录的填写,具有基本的外语阅读和表达能力。

(6) 具有良好的工作习惯,认真严谨、安全操作、善始善终、爱护工具及其他维护用品。

(7) 掌握触电现场急救方法,能够正确使用消防器材。

(8) 勤学好问,积极学习业务知识,不断提高自身的综合素质。

四、技术管理

(一) 运行分析制度

风电场应根据场内风电机组及输变电设施的实际运行状况以及生产任务完成情况,按规定时间进行月度、季度、年度风电场运行分析报告。报告中应结合历年的报告及数据对设备的运行状况、电网状况、风速变化情况以及生产任务完成情况进行分析对比。找出事物的变化规律,及时发现生产过程存在的问题,进行可行的分析,提出行之有效的解决方案,促进运行管理水平的提高。

(二) 技术文件的管理

风电场应设立专人进行技术文件的管理工作,建立完善的技术文件管理体系,为生产实际提供有效的技术支持。风电场除应配备电力生产企业生产需要的国家有关政策、文件、标准、规定、规程、制度外,还应针对风电场的生产特点建立风力发电机组技术档案及场内输变电设施技术档案,具体内容如下。

1. 机组建设期档案

(1) 机组出厂信息。

1) 机组技术参数介绍。

2) 主要零部件技术参数。

3) 机组出厂合格证。

4) 出厂检验清单。

5) 机组试验报告。

6) 机组主要零部件清单。

7) 机组专用工具清单。

(2) 机组配套输变电设施资料。

1）机组配套输变电设施技术参数。

2）设备编号及相关图纸。

（3）机组安装记录。

1）机组安装检验报告。

2）机组现场调试报告。

3）机组试运行报告。

4）验收报告。

5）机组交接协议。

2. 运行期档案

（1）运行记录。

1）机组月度产量记录表。

2）机组月度故障记录表。

3）机组月度发电小时记录表。

4）机组年度检修清单。

5）机组零部件更换记录表。

6）机组油品更换记录表。

7）机组配套输变电设施维护记录表。

（2）运行报告。

1）机组年度运行报告。

2）机组油品分析报告。

3）机组运行功率曲线。

4）机组非常规性故障处理报告。

五、备品配件及工具的管理

（一）备品配件的管理

备品配件的管理工作是设备全过程管理的一部分，技术性较强，做好此项工作对设备正常维护、提高设备健康水平和经济效益、确保安全运行至关重要。备品配件管理的重要目的是科学合理地分析风电场备品配件的消耗规律，寻找出符合生产实际需求的管理方法。在保证生产实际需求的前提下，减少库存、避免积压、降低运行成本。

目前大多数风电场使用风电机组的多是进口机型，加之机组备品配件通用性及互换性较差，且购买费用较高、手续繁杂、供货周期长。这就给备品配件的管理提出了较高的要求。在实际工作中根据历年的消耗情况并结合风电机组的实际运行状况制定出年度一般性耗材采购计划，而批量的备品配件的采购和影响机组正常工作的关键部件的采购则应根据实际消耗量、库存量、采购周期和企业资金状况制定出 3 年或 5 年的中远期采购计划。目的是实现资源的合理配置，保证风电场的正常生产。在规模较大的风电场还应根据现场实际考虑对机组的重要部件（齿轮箱、发电机等）进行合理的储备，避免上述部件损坏后导致机组长期停运。对损坏的机组部件应当积极查找损坏原因及部位，采取相应的应对措施。有修复价值的部件应当安排修复，节约生产成本。无修复价值的部件应予以报废，避免与备品配件混用。其次，进口设备配件的国产化是保证设备安全、经济运行的重要手段，日常工作中应积极搜集相关备品配件的信息，在国内寻找部分进口件替代品。对部分需求较大，进口价格偏高的备品配件还可考虑与国内有关厂家协作，进行国内生产，进一步降低运行成本。

（二）工具的使用管理

（1）工具使用必须按操作规程，正确合理使用，不得违章野蛮操作。

（2）工具使用完毕后应精心维护保养，保证工具的完好清洁，并按规定位置及方式摆放整齐。

（3）工作过程中携带工具物品应固定牢靠，轻拿轻放，避免发生工具跌落损坏事故。

（4）临时借用的工具使用完毕后应主动及时归还，不得随意放置，以免丢失。

（5）贵重工具（如扭力扳手等）必须由值班长负责借用，并对使用者强调使用安全。

（6）安全带、安全绳的可靠性直接关系到运行人员的工作安全，应当妥善保管，合理使用，定期检查，避免划伤、损坏，并不得移为他用。严禁将上述物品用作吊具，超限起吊重物。

（7）对损坏的工具应当及时进行修复，暂无条件修复的应妥善保管。

（8）工具的报废与赔偿。

1）工具必须符合下列条件之一者，才能提出申请报废。

a. 超过使用年限，结构陈旧，精度低劣，影响工作效率，无修复价值者。

b. 损坏严重，无修复价值者或继续使用易发生事故者。

c. 绝缘老化，性能低劣，且无修复价值者。

d. 因事故或其他灾害使工具严重损坏，无修复价值者。

2）因工具使用不慎造成损坏的，需总结经验，找出原因，以教育为主。

3）严重违反操作规程，损失严重者，应追究主要当事人责任，并由厂领导研究决定具体赔偿金额。

（9）工具室应定期进行盘点，做到账物相符。对遗失的工具应追查责任人。

（三）库房管理

风电场因自然环境较为特殊且备品配件和生产用工器具价格较高、种类较多，所以对库房的管理有较高的要求。库房的设置应能满足备品配件及工器具的存放环境要求，并有足够的消防设备和防盗措施。在库房中长期存放的各物资，要定期检验与保养，防止损坏和锈蚀，因淘汰或损坏的物资应及时处理或报废。

库内物资应实行档案化规范管理，建立健全设备台账。将有关图纸、产品说明、合格证书、质量证明、验收记录、采购合同、联系方式等存入档案，以方便查阅。此外，随着电场规模的不断扩大，还应尝试采用计算机管理等先进技术手段，不断提高备品配件的科学管理水平，以适应电场不断发展的要求。

六、风电场经营管理

风电场项目公司在初始阶段主要是负责风电场的筹建工作，为项目筹资、贷款、征地，购售电协议谈判与签约，争取各项优惠政策，组织和参与工程施工完成后的工程验收和项目的运行管理等。

风电场项目公司应作为一个独立经营的企业实体来进行经营管理，公司除了要按国家有关规定，搞好风力发电场的生产运行和经营管理外，对下列事项应予以注意。

1. 上网电价的落实

风电场项目的上网电价是风电场经营效益能否实现的关键，电价水平的高低决定着风电场效益的好坏。在完全商品经济和法制社会中，电价应由发售电供需双方，即风电场和当地电力公司在所签订的购售电协议中予以明确。在我国，现阶段大多数情况下风电电价都是由当地物价局以行文批准的方式予以规定的。由于有国家政策的扶持，在风电电量的销售和电价问题上理应较易解决。

2. 电费的兑现

电费的兑现风险是支付中出现的问题，即风力发电买方承认所购电量和规定的电价，但由于种种原因拒绝支付或长时间拖欠电费，造成风电场不能及时还贷，出现风险。这个问题一般出现在供、需双方没有签订购售电协议，风电电价仅由当地政府物价局的批文规定的情况下。如果项目公司与当地电力公司签订了购售电协议，并且在协议中规定了付款方式，鉴于各地电力公司的资信情况，电费兑现风险不会出现。

3. 争取优惠政策

风电作为国家鼓励和提倡的清洁能源，对我国能源可持续发展具有重要的意义，又由于风电目前还是发展的初期，国家和各地政府都很关注风电的发展，因此采取了一些政策来扶持风电场的开发建设。

国家和各地方对于风电开发的扶持政策大多表现在对风电项目的批复、风电电量的收购、电价的核定、电价补贴、风电场用地、风电税收等各个方面。风电场项目公司应充分地利用政策，争取较好的效益，达到风力发电进一步发展的目的。

4. 加强内部管理

风电项目公司的内部管理原则上与其他公司的内部管理大同小异，在此不做赘述。为了发展风电事业，应该鼓励和动员社会资金投资风电场项目。风电场作为一个新的投资领域，应欢迎各方面积极参与投资。出资方多一些，可以加大投资，建设较大的项目。同时多个投资商，股权比较分散，有利于实施和完善现代企业制度；对公司进行规范化管理，增加管理透明度都有好处；可以减少管理漏洞和由此所造成的风险。

七、提高风电场综合经济效益的技术措施

风电场的经济效益取决于风电场的发电收入和运营管理费用。采取有效的技术措施保证风电场风机的发电量、控制和降低运营管理费用，是保证风电场经济效益的重要措施。

1. 提高风力发电机组发电量的技术措施

影响风电机组发电量的主要因素，包括风机的可利用率、风电场设备的安全管理和风机的最优输出。

（1）提高风电机组的可利用率。通过以下几方面技术措施，保证风电机组的可利用率。

1）高效、快速处理和解决风电机组运行过程中出现的故障，降低风电机组故障停运

时间；主要技术措施：①建立风电机组各类故障清单、故障处理程序、方法等技术标准；②建立故障处理定额标准、质量记录等方面的管理标准；③建立考核体系及方法。

2）提高风电机组的运行维护工作质量，发现风电机组运行存在的潜在质量隐患，及时有效处理。风电机组潜在质量隐患，主要包括风电机组、变配电设备所包含的部件（叶片、齿轮箱、发电机、液压系统、偏航系统、电控装置及其部件、箱变、电缆、变电站一、二次设备等）质量隐患。

主要技术措施：①根据机组运行时间，抽样测试部件的性能参数，与该部件本身技术要求进行核对；定期进行机组噪声、温升、振动、接地、保护定值校验等方面的测试；做好质量记录；建立考核体系等方法；②储备合理、经济数量的备品备件，保证风电机组故障时，能够快速处理、排除故障；③依据风电机组的运行时间，科学合理地进行风电场设备的定期检查、预防性试验。

（2）保证风电机组、变配电设备等资产的安全。风电场资产的安全管理，对保证风电场设备的稳定、可靠运行非常重要。主要包括以下内容：

1）风电场资产的安全管理；保证不丢失、损坏。

2）保证特殊情况下风电场设备的安全防护。

（3）风机输出的优化。风电机组在运行过程中，输出功率受到风机安装地点的空气密度、湍流、叶片污染、周围地形、地表植被等方面的影响，风电机组的输出达不到最优状态。

风电机组投入运行后，应根据风电机组安装地点的具体情况，调整叶片的安装角度，使风机的功率曲线满足现场风资源的风频分布，保证风电机组发电量最大。

2. 控制和降低风电场运营管理成本

风电场运营管理成本，主要包括人工费用、检修费用、系统损耗、下网电量（场用电）、办公及其他费用。

控制和降低风电场运营管理成本，对提高风电场经济效益意义显著。

（1）人工费用控制。

1）合理规划和设计风电场工作岗位，优化岗位结构。

2）建立长期、稳定的人才队伍，满足风电场可持续运营发展的需要；避免人才频繁流动，造成风电场人工费用的增加。

3）科学、合理地编制、实施人员培训计划，使人员的素质、技能满足岗位工作的要求，避免人力资源的浪费。

（2）检修费用。

1）依据风电场实际运行情况，配置合适数量的检修工具、设备、仪器。

2）科学、合理地编制、实施年度定期检修计划，控制设备定期检修时的机械费用（如吊车租用费用等）。

3. 控制场用电或下网电量、降低系统损耗

控制风电场下网用电量、降低系统损耗（变压器、输电线路、用电设备）就是间接地增加风电场发电量，提高发电收入。系统降损是提高风电场发电收入的重要措施。

任 务 回 顾 与 思 考

1. 试述风电场运行管理的模式。
2. 试述提高风电场综合经济效益的技术措施。
3. 试述生产与技术管理的主要内容及注意事项。
4. 试述提高风电场综合经济效益的技术措施。

参 考 文 献

[1] 王承熙，张原 . 风力发电技术 ［M］. 北京：中国电力出版社，2007.

[2] 刘万琨，张志英 . 风能与风力发电技术 ［M］. 北京：化学工业出版社，2007.

[3] 宫靖远，风电场工程技术手册 ［M］. 北京：机械工业出版社，2008.

[4] 叶杭冶，风力发电机组控制技术 ［M］. 北京：机械工业出版社，2008.

[5] 任清晨，风力发电机组安装 . 运行 . 维护 ［M］. 北京：机械工业出版社，2010.

[6] 廖明夫 . 风力发电技术 ［M］. 西安：西北工业大学出版社，2009.

[7] 高虎，刘薇，王艳 . 中国风资源测量和评估实务 ［M］. 北京：化学工业出版社，2009.

[8] 任永峰 . 双馈式风力发电机组柔性并网运行与控制 ［M］. 北京：机械工业出版社，2011.